O CÓDIGO SECRETO DA RIQUEZA

JANGUIÊ DINIZ

PREFÁCIO DE GUILHERME BENCHIMOL
POSFÁCIO DE JOÃO APPOLINÁRIO

O CÓDIGO SECRETO DA RIQUEZA

AS 12 CHAVES QUE LHE TRARÃO SUCESSO, PROSPERIDADE E RIQUEZA FINANCEIRA

Diretora
Rosely Boschini
Gerente Editorial Sênior
Rosângela de Araujo Pinheiro Barbosa
Assistente Editorial
Rafaella Carrilho
Produção Gráfica
Fábio Esteves
Preparação
Andréa Bruno
Capa
Vanessa Lima
Projeto gráfico e diagramação
Gisele Baptista de Oliveira
Revisão
Amanda Oliveira
Impressão
Rettec

Este livro foi impresso pela Rettec em papel pólen bold 70 g/m² e couché 115 g/m² em outubro de 2021.

Rua Original, 141/143 – Sumarezinho
São Paulo, SP – CEP 05435-050
Telefone: (11) 3670-2500
Site: www.editoragente.com.br
E-mail: gente@editoragente.com.br

Nota: Empreendemos todos os esforços para identificar a autoria dos textos indicados como de autoria desconhecida, mas não fomos bem-sucedidos. Caso você conheça a autoria deles, por favor, entre em contato conosco para nos dar essa informação. Teremos o maior prazer em incluí-la numa próxima tiragem deste livro.

Dados Internacionais de Catalogação na Publicação (CIP)
Angélica Ilacqua CRB-8/7057

Diniz, Janguiê
O código secreto da riqueza : as 12 chaves que lhe trarão sucesso, prosperidade e riqueza financeira / Janguiê Diniz. - São Paulo : Editora Gente, 2021.
400 p.

ISBN 978-65-5544-173-4

1. Desenvolvimento profissional 2. Riqueza 3. Sucesso I. Título

21-4728 CDD 158.1

Índices para catálogo sistemático:
1. Desenvolvimento profissional

Nota da Publisher

Como ficar rico? Essa é a pergunta que vale 1 bilhão de reais – e que Janguiê Diniz ouve com frequência. Daí veio sua motivação para escrever esta preciosa obra que você tem em mãos.

Obstinado em tudo que faz, o menino que já trabalhou como engraxate hoje faz parte da lista de bilionários da *Forbes*. Empresário bem-sucedido da área de educação e reconhecido mundialmente, Janguiê tem se dedicado à promoção desse que é o meio mais efetivo de mobilidade social. Foi assim que ele mudou sua realidade: estudando.

Riqueza é um tema amplamente abordado, porém *O código secreto da riqueza* apresenta uma metodologia realista, desenvolvida por quem percorreu um caminho de obstáculos apoiado em resiliência, força, dedicação e determinação.

Aqui, Janguiê mostra que tudo começa quando se decide mudar de vida. Neste livro, o autor mostrará a você as doze chaves que impulsionaram seu próprio desenvolvimento e ensinará como empregá-las e ativá-las para alcançar seus objetivos.

Com esta leitura, você estará preparado para desenvolver uma programação mental capaz de levá-lo aonde sempre quis chegar. Reforço o convite de Janguiê: seja você um obstinado também!

Rosely Boschini – CEO e Publisher da Editora Gente

DEDICO este livro a todos os sócios do Instituto Êxito de Empreendedorismo que, assim como eu, acreditam que somente por meio da educação e do empreendedorismo pode se efetuar uma verdadeira transformação no Brasil para que ele se torne uma nação mais educada, mais rica, mais igual, mais justa e mais solidária.

Movimento "obstinados"

Ao longo de minha jornada como empreendedor, constatei que existem dois tipos de pessoa: os que se deixam dominar pela ignorância, em vez de procurar superá-la por meio da busca de conhecimento, e os que já nascem ou são posteriormente contaminados pelo vírus do conhecimento, da ação, da curiosidade e do dinamismo, tornando-se proativos e obstinados até conseguir alcançar suas metas.

As pessoas ignorantes não se permitem sonhar, acreditar, aprender. Devido a suas circunstâncias, acham que não são capazes, pois se sentem coitadinhas e miseráveis e, portanto, não se consideram dignas e merecedoras de materializar qualquer ideal que tenham. Por causa disso, não acreditam, não sonham, não agem, não estudam, não lutam. São as não-não, vivem na inércia e são tomadas pela letargia. Como disse o escritor francês François Rabelais, "a ignorância é a mãe de todos os males".[1] Do mesmo modo, para o alemão Goethe, "não há nada mais terrível que uma ignorância ativa".[2] Ou não há nada mais aterrorizador que "a ignorância em ação". Com efeito, aqueles que nada fazem para superar a própria ignorância jamais conquistarão o sucesso, a prosperidade, a riqueza, nem alcançarão a liberdade financeira.

Já as pessoas **obstinadas** são detentoras de mentalidade ilimitada de crescimento e de riqueza e têm convicção de que suas habilidades e competências podem ser ampliadas por meio da educação e do conhecimento continuado para que possam sempre evoluir, prosperar, conquistar a riqueza financeira, enfim, voar muito mais alto, independentemente das circunstâncias ou da realidade em que vivem.

Eu mesmo só transformei vários sonhos em realidade porque, de forma intensa, veemente e proativa, sempre combati a ignorância por meio da luta incessante por angariar conhecimento. Por isso afirmo sem medo de errar que, se você, como eu, escolher ser uma pessoa proativa, incansável, imparável e **obstinada** e combater intensa e perenemente a ignorância, as próximas páginas deste livro poderão ajudá-lo a mudar sua vida da água para o vinho, transformando-o em um vencedor, em um milionário e, quiçá, em um bilionário.

Junte-se ao movimento "**obstinados" e seja um criador de riqueza conquistando sua liberdade financeira.**

Janguiê Diniz

São Paulo, junho de 2021.

AD – AUTOR DESCONHECIDO.
ASDS – AUTORES DESCONHECIDOS.

As siglas acima referem-se a citações de autores anônimos ou desconhecidos citadas por mim no decorrer da obra, que foram assimiladas por mim ao longo da minha luta incessante em angariar conhecimento e obtidas por meio de palestras, textos de internet, revistas etc., mas sem fontes específicas de informações.

Sumário

Prefácio

Aos 8 anos, um menino pobre que nasceu no interior da Paraíba começou a trabalhar como engraxate. Algum tempo depois, ainda na infância, passou a vender laranjas e picolés para ajudar no sustento da família. Entre uma mudança de cidade e outra, dos 10 aos 14 anos, trabalhou em um bar, uma lanchonete e uma loja de roupas. Antes de completar o ensino médio, foi ainda office boy de um escritório de contabilidade e locutor infantil. O menino esforçado que nunca parou de estudar se formou em Direito (UFPE), Letras (Unicap) e fez mestrado e doutorado. Antes de fundar um dos maiores grupos educacionais do Brasil, foi professor da Faculdade de Direito do Recife (UFPE), juiz federal do Tribunal Regional do Trabalho da 6ª Região e procurador do trabalho do Ministério Público da União, além de mestre e doutor em Direito. Esse é um breve resumo da trajetória fantástica do meu amigo Janguiê Diniz.

Conheci o Janguiê há alguns anos e, logo de cara, nos conectamos pelo mesmo propósito: transformar o Brasil por meio da educação. Assim como ele, percebi muito cedo que o verdadeiro desenvolvimento de uma sociedade não começa pelo dinheiro, mas pelo conhecimento.

Não sei se você sabe, mas comecei a XP Inc. dando aulas sobre investimentos. Sou apaixonado por ensinar e, acima de tudo, aprender. E é por isso que recomendo a leitura e a utilização prática do livro *O código secreto da riqueza: as 12 chaves que lhe trarão sucesso, prosperidade e riqueza financeira*. Se eu tivesse lido este livro quando era mais jovem, com certeza teria economizado um bom tempo de vida, energia e, até mesmo, dinheiro.

Destaco aqui três pontos-chave que fazem de *O código secreto da riqueza* um marco da literatura financeira e de empreendedorismo no Brasil:

1. **Ele traz à tona antigos ensinamentos sagrados sobre o verdadeiro significado de riqueza;**
2. **Não é apenas mais um livro que preenche prateleira sobre "como ganhar dinheiro rápido", mas um guia prático sobre construção de riqueza, que demonstra de forma simples todas as fases da jornada do crescimento financeiro;**
3. **Aborda um tema ainda pouco explorado no Brasil, com estratégias de como "fazer dinheiro" de forma sustentável, construir renda, lucro, patrimônio e alcançar a liberdade financeira.**

A maior mentira de todos os tempos não é a mentira que contaram a você, é a mentira que você conta a si mesmo todos os dias quando acredita que não é capaz de algo. É por isso que eu sempre digo: sonhe grande, comece pequeno, faça as coisas corretas, esteja ao lado das pessoas certas, seja muito humilde, não meça esforços para chegar lá e acredite no longo prazo. Estude sempre, aprenda a reaprender independentemente da sua idade, pois sempre é tempo de sermos uma versão melhor de nós mesmos. Todos nós somos capazes!

Milhares de livros já foram escritos sobre os grandes segredos da vida e do universo, muitos dos quais por pessoas que não tinham uma história de vida condizente com o que ensinavam. No caso do Janguiê, porém, ele é a prova de que, com muito esforço, humildade, dedicação e resiliência, somos capazes de construir coisas incríveis. A história dele por si só já seria suficiente para nos inspirar, mas temos aqui a sorte de esse grande brasileiro ter, na educação e no empreendedorismo, o seu propósito de vida. Seja você também um protagonista da sua transformação.

Boa leitura.

Guilherme Benchimol
Fundador e presidente executivo do
Conselho de Administração da XP Inc.
São Paulo, maio de 2021.

Apresentação
As riquezas mais importantes da vida

Toda a minha vida sempre foi eivada de obstáculos, difi-culdades e adversidades; enfim, de muitas pedras. Sou um sertanejo nascido em Santana dos Garrotes, uma pequena cidade de 8 mil habitantes do sertão paraibano que na época nem sequer constava no mapa.

Meus pais não tiveram a oportunidade de estudar e até hoje são analfabetos funcionais. Quando eu tinha 6 anos, fugindo da seca, eles se mudaram para Naviraí, em Mato Grosso do Sul. Foi lá que, aos 8 anos, montei meu primeiro empreendimento, uma caixa de engraxate. Aos 9, decidi trocar de projeto e comecei a vender laranjas e mexericas de casa em casa, mas logo desisti ao descobrir que a safra era sazonal. Aos 10, já estava vendendo picolés de porta em porta. Lembro-me de que, quando eu tinha uns 9 anos, meu pai resolveu montar um bar para servir café da manhã aos peões das fazendas. Eu acordava umas 4 da matina para ir a uma fazenda a uns 18 quilômetros da cidade buscar o leite. Pegava o ônibus lá pelas 4h30 e por volta das 5 da manhã parava na porteira da fazenda e lá ficava esperando o vaqueiro trazer o leite a cavalo, que geralmente chegava perto das 5h30. Recebia dois botijões de 10 litros de leite e pegava o ônibus de volta às 6 horas para chegar à cidade em torno das 6h30.

Um dia, o ônibus quebrou e não apareceu no horário de sempre. Esperei cerca de uma hora, mas nada de ele chegar. Como não tinha alternativa, comecei a andar, arrastando os dois botijões de leite por alguns quilômetros, até conseguir uma carona. Por isso só cheguei ao bar cerca de 8 da manhã e por pouco não levei uma surra do meu pai. Quando eu completei 10 anos, meu pai resolveu se transferir de Mato Grosso do Sul para Pimenta Bueno, em Rondônia. Ali, dos 10 aos 14 anos, trabalhei como garçom em bar, vendedor de roupas em loja, office boy em escritório de contabilidade e até locutor infantil na rádio da cidade. A vida era difícil em Pimenta Bueno. Meu pai era agricultor, um guerreiro no campo. Trabalhava feito um cavalo. Infelizmente gostava de beber e, nessas ocasiões, se tornava muito violento, a ponto de me dar inúmeras surras desmerecidas e até ameaçar minha mãe. Assim que me formei em Direito e ganhei meu primeiro salário, levei minha mãe para longe dele, libertando-a daquela escravidão.

Entretanto, apesar de todo o sofrimento devido à pobreza e à violência sofrida, não tenho o mínimo rancor nem desprezo pelo meu velho pai. Ao contrário, amo-o infinitamente e cuido dele com zelo e prazer. Perdoei-o verdadeiramente por considerar que sua atitude em relação a mim, meus irmãos e minha mãe nada mais era que a manifestação de padrões negativos assimilados dos seus pais, que, por sua vez, também tinham adquirido esses padrões de seus ancestrais.

Apesar de a minha vida ter sido cheia de obstáculos, dificuldades e adversidades, sempre foi pautada por muita força de vontade, disciplina, dedicação, compromisso, persistência e muita iluminação divina, que me fizeram um obstinado em mudar de vida, de história, de destino; enfim, mudar o *statu quo* para dar uma vida mais digna a minha mãe e meus irmãos, já que sou o mais velho de oito.

Tudo isso me ajudou a progredir, ter sucesso, prosperidade; enfim, vencer na vida, conquistando vários tipos de riqueza, inclusive a financeira. São esses elementos e as chaves que você, leitor, descobrirá nas linhas a seguir que me fizeram superar dificuldades, obstáculos e adversidades.

E é claro que o primeiro sonho era vencer na vida. Inicialmente, foi a decisão de mudar minha vida e sonhar grande que me permitiu dar os primeiros passos para transformá-la. Depois, foram a educação, a instrução e o conhecimento que mudaram minha história e meu destino. Graças à educação eu me formei em Direito, Letras, fiz vários cursos de pós-graduação, mestrado e doutorado e, por concurso público, fui juiz federal do trabalho, procurador do Ministério Público da União, professor da Universidade Federal de Pernambuco (UFPE), além de ter escrito 26 livros. E, quando transformo meus sonhos em realidade, começo a sonhar de novo e a correr para materializá-los.

Procurei também aprender com meus erros e fracassos e, depois de refletir sobre eles, esquecê-los, todos. Mas foram o trabalho, a resiliência, o otimismo, a positividade, a modelagem, bem como os relacionamentos adquiridos por meio do networking, as atitudes inovadoras, a programação mental para conquistar sucesso, prosperidade e riqueza, que me deram as condições para começar a empreender empresarialmente, criando vários empreendimentos, tornando realidade meu grande sonho, o Grupo Ser Educacional, que posteriormente tive a oportunidade de abrir capital na bolsa de valores do Brasil, a Bovespa, como o maior IPO brasileiro de um grupo de educação até o ano de 2013. O empreendedorismo empresarial me proporcionou o ingresso na seleta lista de bilionários da influente revista *Forbes Brasil*.

Logo, querido leitor obstinado, quero dizer que preparei este livro com muito trabalho, mas também com muito carinho, na esperança de que consiga lhe transmitir algo de valor, algo que possa tocar não só sua mente, mas sobretudo seu coração, e, por conseguinte, transformar sua vida para que você se torne uma pessoa de muito sucesso, de muita prosperidade e de muita riqueza. Enfim, um empreendedor vencedor, próspero e rico não só financeiramente mas também em saúde, relacionamentos familiares, amizades, networking, plenitude espiritual, com um propósito de vida bem definido, boa reputação, conhecimentos e sabedoria. Espero que goste.

Introdução

Tenho sido questionado com frequência sobre as principais chaves que impulsionaram meu desenvolvimento pessoal e profissional e me fizeram sair de um estágio de pobreza extrema na infância e na adolescência para transformar vários sonhos em realidade.

Para responder a essa pergunta, resolvi escrever este livro, em que abordo as principais chaves que utilizei ao longo da minha vida e que me impulsionaram rumo ao *statu quo* atual. Ressalvo, porém, que essas chaves não foram poucas, e sim dezenas, embora considere que algumas foram "chaves mestras", imprescindíveis. Outras, apesar de acessórias ou secundárias, também serão analisadas ao longo desta narrativa, sem ser denominadas "chaves", pois constituíram elementos de extrema importância para o meu crescimento pessoal e profissional.

E por que escolhi doze chaves mestras, e não quinze ou vinte, já que outras também tiveram um papel importante ao longo da minha trajetória de sucesso? Porque o número 12, desde os primórdios da civilização, é de importância transcendental na história e no desenvolvimento da humanidade.

O ano é composto de doze meses; o dia, dividido em dois períodos de doze horas; o relógio marca duas vezes as 12 horas; as notas musicais são doze, assim como os graus cromáticos; as matrizes de cores primárias, secundárias e complementares contabilizam doze; Hércules teve de cumprir doze trabalhos; são doze os principais arquétipos da personalidade; a Távola Redonda, do mito arturiano, era composta de doze cavaleiros; o calendário babilônico era baseado no número 12. As casas do zodíaco são doze, assim como os signos. O zodíaco chinês também usa o número 12 como base e é formado por doze animais, cada um representando um ano, completando um ciclo de doze anos[1] etc.

Ademais, o número 12 possui fortes significados e simbolismos na religião. O 12 tem uma aura sagrada na tradição judaico-cristã: doze apóstolos foram seguidores de Jesus; as doze tribos de Israel são decorrentes dos doze filhos de Jacó; a cidade de Jerusalém possuía doze portas, e doze anjos as protegiam; Jesus fez doze aparições depois de ser crucificado; após a multiplicação dos pães, doze cestos foram enchidos com as sobras; na Antiguidade, os rabinos diziam que o nome de Deus continha doze letras; a Bíblia afirma que o número dos eleitos era 144.000 (12 × 12.000); os profetas menores do Antigo Testamento totalizam doze (Abdias, Ageu, Amos, Habacuc, Joel, Jonas, Malaquias, Miqueias, Naum, Oseias, Sofrônio e Zacarias). Os dez mandamentos na verdade são doze. Segundo autor de nome desconhecido: "dois mandamentos foram perdidos e permanecerão ocultos até que o homem esteja preparado para recebê-los". Diversas culturas também davam relevância ao número 12: os deuses dos caldeus, etruscos e romanos se dividiam em doze grupos; o deus supremo da Escandinávia, Odin, era conhecido por doze nomes; doze deuses eram adorados no Japão; e eram doze os deuses gregos do Olimpo (Zeus, Hera, Poseidon, Atena, Ares, Deméter, Apolo, Ártemis, Hefesto, Afrodite, Hermes e Dionísio). Segundo a mitologia japonesa, o Criador senta-se sobre doze almofadas sagradas e, de acordo com as crenças coreanas, o mundo se divide em doze regiões.[2]

Para os antigos alquimistas, que trabalhavam com as misturas de elementos químicos, 12 era considerado o resultado da tríade dos elementos básicos – enxofre, mercúrio e sal – com os quatro elementos da natureza – fogo, ar, terra e água.

Finalmente, o número 12 também "possui uma forte ligação com as energias do amor, e seus influenciados possuem o dom de amar a tudo e a todos".[3]

Nesta obra trataremos com afinco e profundidade das doze chaves mestras que podem transformar a vida de qualquer ser humano e fazê-lo empreender na vida e nos negócios, inclusive levando-o à riqueza financeira para que se torne milionário e até bilionário.

Quais são essas chaves?

1. **A decisão de mudar de vida;**
2. **Programação mental;**
3. **Ter sonhos grandes;**
4. **Resiliência;**
5. **Conhecimento;**
6. **Modelagem;**
7. **Trabalho;**
8. **Networking;**
9. **Otimismo e positividade;**
10. **Criatividade e inovação;**
11. **Empreendedorismo;**
12. **Investimentos.**

Por fim, quero asseverar que quando digo "milionário e até bilionário" não estou me referindo apenas à riqueza material ou financeira, haja vista que a riqueza mais importante não é a que se toca, mas a que se sente. Isso porque existem muitos outros tipos de riqueza mais importantes que a material ou financeira, já que esta não deve ser o fim maior, mas a consequência de uma causa.

A saúde, a família, a riqueza espiritual ou energética, o conhecimento, o propósito de vida, os amigos, os relacionamentos , o networking e a reputação ilibada são riquezas tão ou mais importantes que a material ou financeira. Conquistando e cultivando essas importantes riquezas com afinco e profundidade é que se pode construir a riqueza material ou financeira e, em consequência, obter a liberdade financeira, tornando-se assim uma pessoa rica, um milionário, quiçá um bilionário.

Aqui, querido leitor, vou chamá-lo de empreendedor obstinado, poderoso, extraordinário, vencedor e rico porque o vejo dessa forma. Só que a maioria ainda não sabe disso ou não descobriu. Você é empreendedor obstinado, poderoso, extraordinário, vencedor e rico em força de vontade, energia, vitalidade, juventude, ousadia, coragem, obstinação, determinação, disciplina, dedicação, otimismo, positividade, autoconhecimento, motivação, autoconfiança, autoestima elevada, compromisso, persistência, paciência, foco, ideias, inovação, dons, propósitos, valores, amizades, gratidão, amor e, principalmente, é dotado de uma força espiritual extraordinária, que consiste na iluminação divina. E esses são os principais combustíveis para o sucesso, a prosperidade, os diversos tipos de riqueza, principalmente a riqueza material e financeira. Basta utilizar, a médio e longo prazo, esses combustíveis que você tem em abundância, embora talvez não os tenha descoberto, ou saiba que tem mas não os usa, e o resultado será a vitória, o sucesso, a prosperidade e a riqueza em todas as áreas da sua vida, inclusive a financeira.

Minha intenção, com este livro, é ajudá-lo a descobrir todos esses potenciais que você na verdade já possui e, com as doze chaves, como empregá-los corretamente para obter os resultados desejados. Mas antes disso quero lhe perguntar: quais são seus sonhos, ideais, projetos e propósitos de vida? Enfim, quais são suas utopias? Você tem propósitos de vida que o fazem acordar bem cedo todos os dias e correr em busca de materializar seus sonhos? Que legado quer deixar a seus filhos, seus parentes, seus amigos, à comunidade, enfim, à sociedade e à humanidade?

➔ **Aponte a câmera do seu celular e experiencie a mensagem deste vídeo.**

https://youtu.be/QjoyQfbW4nc

1

A primeira chave

A DECISÃO DE MUDAR DE VIDA

A VIDA REAL É FEITA DE ALTOS E BAIXOS

Na viagem da vida passamos por altos e baixos. Pela dor e pelo prazer, por dias ensolarados e por dias chuvosos, ganhos e perdas, adversidades e conquistas, tempestades e bonanças, amor e desilusão, felicidade e tristeza, sucesso e prosperidade, vitórias e fracassos. Passar por tudo isso significa que estamos vivendo, pois a vida é assim, hoje *down*, amanhã *up*. Até nossos batimentos cardíacos oscilam para cima e para baixo, todos os dias, de forma dinâmica. E eles só se estabilizam em uma linha reta, linear e plana quando partimos desta vida. Como disse o grande poeta Dante Milano, "viver é um ir-se embora da vida, hora após hora".[1] Logo, a frequência dinâmica dos batimentos cardíacos significa vida.

Segundo o influenciador motivacional britânico Jay Shetty, a vida é "uma espécie de montanha-russa grande e louca".

> [Ela] começa devagar, preenche você com antecipação e curiosidade. Te eleva e logo te empurra voando para baixo, só para te ver subindo rapidamente outra vez. Rimos até doer, choramos um pouco por dentro, passamos por alguns momentos onde queremos parar e esperamos que tudo termine, mas a marcha simplesmente continua.[2]

Observe que

> seu corpo, principalmente, se substitui a cada sete e quinze anos. Os órgãos que trabalham mais duro são os que trocam mais rápido. Adquirimos uma pele completamente nova a cada duas e quatro semanas, teus glóbulos vermelhos duram menos que meio ano e seu fígado se renova uma vez a cada dois anos.[3]

Nesse sentido,

> se [a pessoa] está saudável, é mais feliz que um milhão de pessoas que não sobreviverão esta semana. Se tem comida na geladeira, sapatos nos pés, roupas no corpo, uma cama onde dormir e um teto sobre a cabeça, é mais rica que 75% das pessoas no mundo. E se tem uma conta bancária, dinheiro na carteira ou no bolso, ou moedas num pote, está dentro de 8% dos mais ricos do mundo.[4]

Não podemos evitar os altos e baixos da vida, mas podemos mudar a forma de encará-los. Porque, como foi asseverado pelo filósofo Wayne Dyer (1940-2015), "quando mudamos a maneira que vemos as coisas, as coisas que olhamos mudam".[5]

A VIDA É UM VERDADEIRO MILAGRE

Acordar todos os dias é como ouvir Deus dizendo: "Bom dia, comece, recomece, aja, trabalhe, lute, brigue, corra, rasteje, grite, mas vá adiante. Enfrente, vá em frente, sempre avante, porque eu estarei ao seu lado".

Então, ao acordar, pense em cada um dos seus objetivos diários, em cada um dos seus sonhos e propósitos de vida e grite em alto e bom som: "Hoje eu vou começar a conquistar todos vocês, vou realizar meus sonhos, pôr em prática meus projetos e implementar meus propósitos de vida". Levante-se rapidamente e comece a agir porque "viver é agir constantemente" (Anatole France), e, como disse o físico Albert Einstein em carta ao filho Eduard, "a vida é como andar de bicicleta. Para manter o equilíbrio é preciso se manter em movimento".[6]

Agora, se você não consegue se levantar bem cedo, se não consegue vencer nem o próprio despertador, imagine alcançar seus objetivos e materializar seus sonhos e projetos de vida. É importante destacar que todos os seres humanos têm hábitos que acabam influenciando radicalmente sua produtividade. Quando ficamos mais quinze ou vinte minutos na cama, depois que o despertador toca, estamos boicotando nosso cérebro, que está pronto para acordar na hora programada. Então é necessário pular da cama logo que o alarme do relógio dispara para começar a agir.

Tenha sempre em mente este pensamento, atribuído a Buda: "Só há um tempo em que é fundamental despertar. Esse tempo é agora".[7]

Neste diapasão, prezado leitor, você tem que acordar cedo e começar a agir. E sua vontade de vencer e transformar seus sonhos em realidade deve necessariamente ser maior e mais forte que sua preguiça, inação, desídia, letargia, pois "os pequenos atos que se executam hoje são muito melhores e mais importantes que todos aqueles grandes que apenas se planejam".[8] E quem disse isso foi o general norte-americano George C. Marshall, combatente na Primeira e na Segunda Guerra mundiais, autor do Plano Marshall, criado para ajudar na reconstrução da Europa pós-1945, e que devido a sua ação recebeu o Prêmio Nobel da Paz em 1953. Já que "uma formiga em movimento faz muito mais do que um boi ou um elefante dormindo" (Lao-tsé), e "as pessoas não se afogam ao cair na água, elas se afogam por permanecerem lá" (Steve Sims).

PRIMEIRO É PRECISO QUE VOCÊ SE TRANSFORME

"Se você não mudar o que faz hoje, querido amigo, todos os amanhãs serão iguais ao ontem" (AD). Saiba que a mudança deve acontecer dentro de você, no seu eu, no seu interior, jamais nos outros. Como dizia o ex-jogador de futebol irlandês Terry Neill, depois técnico do Arsenal, "a mudança é uma porta que só pode ser aberta por dentro",[9] ou seja, de dentro para fora.

Registre-se que "nada é tão duradouro quanto uma profunda mudança" (Karl Ludwig Börne), mas, "seja a mudança que você quer ver no mundo" (Mahatma Gandhi),[10] porque "é impossível haver progresso sem mudanças, e aqueles que não conseguem mudar suas mentes nada mudam" (George Bernard Shaw).[11]

Saiba que a caminhada rumo ao seu destino é sua e somente sua, pois sua vida é sua responsabilidade, de mais ninguém.

"A sua estrada é somente sua. Outros podem acompanhá-lo, mas ninguém pode andar por você" (Rumi), pois "você é o seu inferno e seu céu também" (Osho). E Deus, o maior empreendedor do mundo, disse ao necessitado: "eu te ajudo, desde que você faça sua parte". Por outro lado, assinalou o filósofo Confúcio há centenas de anos: "de nada vale ajudar quem não se ajuda".

Com efeito, perceba que você nasceu para ser o condutor, o motorista, o líder, o fiador e o avalista do seu destino. Para ser o protagonista da sua história, jamais um coadjuvante. Para ser o presidente, o CEO da sua vida, e não um mero colaborador, é preciso agir com garra e proatividade.

Nesse sentido, se você não gosta do lugar onde está, corra, ande, rasteje, mas não fique inerte e estático, pois "você não é um poste". Pare de bater cabeça andando em círculos e parta em busca de seus objetivos, procurando estar sempre na frente dos outros e do seu tempo, pois nesta vida é muito mais importante "fazer poeira do que comer poeira". A diferença entre quem você é e quem você quer se tornar são as ações, as atitudes e os passos que deve dar todos os dias da sua vida. Não siga o "fluxo comum" da maioria mediana. Não se perca no *common place*, na mesmice da multidão.

É preciso que você dê o primeiro passo para criar a *sua* trajetória, a *sua* história. Logo, comece dando o primeiro passo e jamais pare, por nada. O primeiro passo pode até não levá-lo aonde quer chegar, mas certamente vai tirá-lo do marasmo, da apatia, da inércia, da letargia, do lugar-comum onde você está. Inspire-se neste ditado, atribuído ao filósofo chinês Lao-tsé: "Uma jornada de mil milhas começa com o primeiro passo". E você não precisa esquecer suas origens, de onde você veio, mas é importante que apenas não continue lá.

Logo, prezado leitor, quando se decide mudar de vida de forma radical, dê um grito bem alto: chega desta vidinha medíocre, pois eu vou mudar a partir de agora, começando a agir – aí você deu o primeiro passo para a transformação da sua vida.

E é importante destacar que esse passo não pode significar apenas ter a intenção de mudar e transformar sua vida. É necessário empreender, agir concretamente para alcançar seu objetivo maior, porque mera intenção, sem força de vontade, atitudes e "ação é mera alucinação e pode se transformar em frustração" (Roman Romancini), o que é uma grande aberração.

Em primeiro lugar há de se ter intenção e força de vontade, porque "uma alma fraca e pequena é forjada apenas de desejos, ideais e sonhos. Uma grande e forte alma é forjada de uma força de vontade invencível", haja vista que "parte da cura está na vontade de ficar curado" (Sêneca), pois "o desejo é a metade da vida; a indiferença é a metade da morte" (Khalil Gibran), já que "a força não provém da capacidade física, mas sim de uma vontade indomável" (Mahatma Gandhi), pois "algo superior e poderoso que torna os homens diferentes dos animais e que faz resistir além de suas forças, alcançar limites acima do possível é a força de vontade" (Amyr Klink),[12] porquanto "não existe um grande talento sem uma grande força de vontade" (Honoré de Balzac).

Atente ao velho ditado que diz: "O inferno está cheio de gente com apenas boas intenções", e "o céu está cheio de gente com força de vontade, proatividade e ações". De fato, "se empregar todo seu esforço, vontade e força, até o rato pode devorar o gato" (provérbio árabe), pois "nenhum vencedor acredita no acaso" (Friedrich Nietzsche).

SEJA UM "FODIDO" OBSTINADO E COMECE IMEDIATAMENTE E SEM MEDO

Ao decidir mudar e transformar sua vida, você precisa **começar imediatamente e sem medo**, pois "o que eu penso não muda nada além do meu pensamento. O que eu faço a partir disso muda tudo" (Leandro Karnal), procurando fazer aquilo de que gosta e o que consegue fazer muito bem. Foque aquilo em que você é excepcional, pois "o feito é melhor que o não feito", ou o "feito bem-feito é melhor do que o feito perfeito", e o bom é arqui-inimigo do ótimo. Já ensinou Aristóteles: "é fazendo que se aprende a fazer aquilo que se deve aprender a fazer".

Logo, seja "foda" e comece, pois, para ter sucesso e prosperidade na vida e nos empreendimentos a fim de conquistar a liberdade financeira, você tem que ser um **"fodido" obstinado, jamais um "fudido" vitmizado.** E para ser um "fodido" obstinado você deve ser um guerreiro e nortear-se pelos princípios dos guerreiros. Para T. Harv Eker, um desses princípios diz: "Se você só estiver disposto a realizar o que é fácil, sua vida será difícil. Mas, se concordar e estiver disposto a fazer o que é difícil, sua vida será fácil e de sucesso". Pois "tudo que hoje é fácil um dia foi difícil" (AD).

Observe que "homens fortes criam tempos fáceis e tempos fáceis geram homens fracos, mas homens fracos criam tempos difíceis e tempos difíceis geram homens fortes".[13] Para ilustrar esse provérbio oriental, veja que, quando o fundador de Dubai, Sheik Rashid, foi questionado sobre o futuro de seu emirado, ele afirmou: "Meu avô andava a camelo, meu pai andava a camelo, eu ando de Mercedes, meu filho anda de Land Rover e meu neto vai andar de Land Rover, mas meu bisneto vai andar a camelo".[14] De fato, não é fácil conhecer uma pessoa forte que tenha tido um passado fácil.

Logo, "lute com determinação, abrace a vida com paixão, perca com classe e vença com ousadia, porque o mundo pertence a quem se atreve e a vida é muito para ser insignificante" (Charlie Chaplin), já que, para Bertolt Brecht, "há homens que lutam um dia e são bons. Há homens que lutam muitos dias e são melhores ainda. Há homens que lutam anos e são excelentes. Há homens que lutam toda a vida e estes são os imprescindíveis", porque o sucesso e a prosperidade "não são um passeio no bosque. São uma viagem cheia de tempestades, pedras, obstáculos, perigos, armadilhas, ervas daninhas etc." (T. Harv Eker).

Assim sendo, é muita burrice esperar ficar bom, expert, especialista ou ter experiência e prática para realizar ou fazer alguma coisa na vida. A única maneira de ser bom, expert ou especialista em algo na vida é fazendo e praticando, porquanto o ser humano "não precisa ser bom para começar uma coisa. Ele precisa começar uma coisa para ser bom".

Segundo a filosofia japonesa, *Kaizen* é a prática e a repetição que traz a excelência. Ensina essa filosofia que devemos ser hoje melhores do que ontem. Amanhã melhor do que hoje. E depois de amanhã melhor do que amanhã. Com efeito, deve-se treinar e praticar muito, pois, para aprender a andar de bicicleta, não basta ler livros sobre andar de bicicleta. mas, sim, extremamente necessário andar de bicicleta. Assim é com o sucesso, a prosperidade, a vitória e a riqueza.

Dessa perspectiva, "se você é ruim, treine e pratique até ficar bom. Se você é bom, treine e pratique até ficar ótimo. Se você é ótimo, treine e pratique até ficar excelente". E, "quando você achar que está excelente e pronto, treine e pratique muito mais" (Daniel Velasques), pois "a prática e a repetição são a mãe e o pai da aprendizagem". Nunca se esqueça: "Não apenas treine e pratique até acertar. Treine e pratique até que seja impossível errar".

Ao treinar e praticar, faça o seu melhor, muito mais que o necessário, não apenas o possível. Portanto, precisamos sempre procurar fazer mais e dar o nosso melhor em tudo que nos propomos a fazer, e devemos ter como princípio fundamental de nossas vidas: "Faça sempre mais que o necessário, dê sempre mais e o seu melhor dentro das condições que lhe são impostas, e não apenas o possível, mas o impossível".

SE NÃO DER CERTO E FRACASSAR, RECOMECE!

E, ao começar, se não der certo e fracassar, recomece, pois "o recomeço é uma oportunidade divina para você, desta vez, fazer da forma correta com mais experiência e maturidade, e não cometer os mesmos erros do passado" (AD). E não tenha medo de recomeçar, pois grandes personagens da história da humanidade tiveram que recomeçar várias vezes. Segundo um autor desconhecido, José do Egito teve que recomeçar quando foi expulso da casa do seu pai e vendido para o Egito; o Rei Davi teve que recomeçar quando Saul começou a persegui-lo e sair de Israel fugido para terra estrangeira. E, inclusive, Deus, o Criador, recomeçou um novo mundo com Noé através da Arca.

Logo, meu amigo, se Deus, que é o maior empreendedor do mundo, recomeçou, por que nós, que somos simples mortais, não podemos aprender com os erros e os fracassos do passado e recomeçar, procurando agir da forma mais correta para não errar de novo? É importante ter em mente que "o recomeço faz com que a pessoa tenha a melhor chance de criar um fim muito melhor do que o final que ocorreu no começo". "Embora ninguém possa voltar atrás e fazer um novo começo, qualquer um pode começar agora e fazer um novo fim" (James R. Sherman).[15]

Assim sendo, caro leitor, não desanime, levante-se e vá pegar o que é seu! Torne-se você mesmo a sua melhor obra, sua própria escultura, esculpindo-se e se reinventando diária e diuturnamente, pois ninguém vai fazer isso por você a não ser você mesmo, porquanto "ações mostram quem são as pessoas, palavras apenas mostram quem elas gostariam de ser". E lembre-se de que "as palavras que falam e não agem de acordo com o que dizem são como cheques sem fundos" (Marisa Raja Gabaglia).[16]

Portanto, não terceirize sua vida e seu destino. Não fique procurando super-heróis, rock stars ou pop stars. Seja você mesmo seu próprio super-herói, *rock star* ou *pop star*, parando de terceirizar ou até quarterizar sua vida e seu destino, assumindo totalmente seu controle, pois, como diz Samuel Pereira, "quando acabaram as minhas desculpas, começaram os meus resultados".[17] Já que, seguindo os ensinamentos de Tony Robbins, "não são suas condições, mas suas decisões que determinam seu destino", pois não interessa de onde você vem, mas para onde você quer ir, porque "não importa o que fizeram de você. O que importa é o que você vai fazer com o que fizeram de você" (Paul Sartre), e "só há dois tipos de gente neste mundo: pessoas de ação e todos os demais".

Logo, prezado leitor, quero que você repita várias vezes a seguinte frase: "Hoje eu me liberto do meu passado e começo a escrever e construir o meu novo futuro". Depois disso, bata uma calorosa salva de palmas para si mesmo, porque você reconheceu os erros do passado, decidiu deixar para trás uma vida medíocre e assumiu com confiança o protagonismo de sua vida daqui para a frente, passando a ser seu próprio super-herói, *rock star* ou *pop star*.

Agora, comece a agir imediatamente, pois, como afirmou o investidor norte-americano Warren Buffett, "Noé não começou a construir a arca quando estava a chover",[18] mas, muito tempo antes, pois "a preparação é tudo".

➔ **Aponte a câmera do seu celular e experiencie a mensagem deste vídeo.**

https://youtu.be/5_Hl031xk1Q

A PRIMEIRA PESSOA QUE VOCÊ VAI TER QUE VENCER É VOCÊ MESMO

Entretanto, para começar a agir na empreitada da vida com vistas ao sucesso, prosperidade e riqueza, a primeira pessoa que você terá que vencer é você mesmo, pois você é seu maior competidor, seu maior adversário, seu maior e mais perigoso inimigo, pois é a única pessoa capaz de sabotar, procrastinar, adiar e até desistir das suas utopias, dos seus ideais, sonhos, projetos e propósitos de vida.

Você não pode se esquecer de que sempre haverá alguém que ponha em dúvida sua competência e suas capacidades. O importante é que essa pessoa não seja você, pois seus maiores competidores e adversários não são outras pessoas, mas você mesmo. Porque seus maiores adversários são seu ego, sua falta de força de vontade, suas dúvidas, indecisões, sua preguiça, sua procrastinação, sua autossabotagem, que inventa desculpas para que você não comece a agir; enfim, os seus maus hábitos. Já afirmou Hermann Hesse que "só em seu próprio interior vive aquela outra realidade por que anseia", pois jamais "você escapa de si mesmo" (Marcelo Grassmann). Com efeito, como disse o filósofo chinês Lao-tsé, "conhecer os outros é inteligência, conhecer a si próprio é verdadeira sabedoria".[19] Ou no dito popular: "conhecer os outros é tão somente ciência, mas, conhecer a si próprio é sapiência".

Ainda sobre esse assunto, o filósofo Sêneca preveniu que "o perigo não nos é externo, nenhum muro nos separa do inimigo. Ao contrário, os perigos mortais estão dentro de nós",[20] pois, "se duvidas de ti mesmo, estás vencido de antemão" (Henrik Ibsen), já que "a pessoa mais fácil de enganar é a gente mesmo" (Edward Bulwer-Lytton). Logo, procure vencer suas crenças limitantes para tornar-se invencível, pois "quem vence os outros é forte, entretanto, quem vence a si mesmo torna-se invencível" (Lao-tsé). Porquanto, conforme afirmou Josemaría Escrivá de Balaguer, "se não és o senhor de ti mesmo, ainda que sejas poderoso, dá-me pena e riso o teu poderio".

> Você já sabe onde se oculta esse outro mundo, já sabe que esse outro mundo que busca é a sua própria alma. Só em seu próprio interior vive aquela outra realidade por que anseia. Nada lhe posso dar que já não exista em você mesmo, não posso abrir-lhe outro mundo de imagens além daquele que há em sua própria alma. Nada lhe posso dar, a não ser a oportunidade, o impulso, a chave. Eu o ajudarei a tornar visível seu próprio mundo, e isso é tudo. (Hermann Hesse)[21]

Com efeito, "o sentimento de solidão não é causado porque não há alguém do lado, mas por se estar mal acompanhado de si próprio" (Paulo Sternick). De fato, a única pessoa com quem não podemos deixar de ter uma boa convivência somos nós mesmos, pois, para Oscar Wilde, "amar a si mesmo é o começo de um romance que vai durar a vida inteira". Logo, lembre-se sempre de que uma das maiores vitórias da sua vida é ser amigo de si mesmo, pois dessa forma não precisará confiar em alguém para resolver os seus problemas, uma vez que "você é livre no momento em que não busca fora de si mesmo alguém para resolver os seus problemas" (Immanuel Kant); porquanto, seguindo as pegadas de Ethel Bauzer Medeiros, "ninguém liberta ninguém. Cada um é que pode se libertar", haja vista que "a liberdade é uma atitude, obtida ao preço de uma luta incessante, contra si mesmo e contra o próprio mundo" (Franz Kafka). Logo, não deixe sobre os ombros dos outros a responsabilidade por sua felicidade.

De fato, é importante observar os ensinamentos de Nizan Guanaes quando afirma: "seja sempre você mesmo, mas não seja sempre o mesmo". E também de Clarice Lispector, que sublinha: "complete a si mesmo e procure alguém que te transborde.

Neste diapasão, querido leitor, fazendo minhas as palavras de Horácio, "todas as suas esperanças estão em você. Conte apenas com você. Não ponha nos outros a sua felicidade, isso é fundamental para ter uma vida feliz", já que "um bebê se cumprimenta a si mesmo dando sua mão a seu pé" (Ramón Gómez de la Serna).

Na realidade, "por mais que na batalha da vida se vença um ou mais inimigos, a vitória sobre si mesmo é a maior e mais importante de todas as vitórias" (Buda).

TODA PESSOA É UM SER DE LUZ E NASCE PARA DAR CERTO

Todos podem crescer, ter sucesso, prosperidade, vencer na vida e conquistar a liberdade financeira. Sabe por quê? Porque toda pessoa nasce para ser um ser de luz. As negatividades, segundo Bob Hoffman,[22] ela adquire até os 7 ou 8 anos com os pais biológicos ou substitutos, mas podem ser combatidas.

O ser humano nasce para dar certo. É o "selo indelével de Deus", como diz o padre Fabrício Timóteo, que afirma que existe uma "centelha divina dentro de você, uma vida divina, enfim, uma "divindade", que é o seu ser espiritual que consiste numa "força celestial eterna" que o potencializa e o capacita diuturnamente para superar todas as dificuldades, adversidades e obstáculos que surgem em sua vida. Portanto, não acredite em negativismo, pessimismo e derrotismo, que negam o seu valor, sua força, sua vitalidade, sua energia, sua grandeza e sua dignidade ontológica. O poder que há em você é muito maior que os problemas que existem diante de você. [...] Portanto, não desista.[23]

Perceba que "nossos problemas, obstáculos e adversidades têm o tamanho que damos a eles" (Rosa Avello), e, para Henry Ford, "são eles, os problemas, os obstáculos e as adversidades, aquelas coisas terríveis que a gente vê quando desvia os olhos do nosso objetivo final". Entretanto, "não podemos conhecer e avaliar o sucesso e a prosperidade sem antes tomar lições nas escolas dos problemas, dos obstáculos e das adversidades" (Mariano da Fonseca), pois, para Honoré de Balzac, são "nas crises e nas adversidades que o coração parte-se ou endurece", já que "jamais se encontrará um *sparing* melhor que qualquer adversidade" (Golda Meir), e ela, a adversidade, nas palavras de Píndaro, "serve para colocar a prudência no coração do homem".

Logo, "quem quer colher rosas deve suportar os espinhos" (provérbio chinês); pois, "quando a escuridão é suficiente, a gente pode ver estrelas" (Ralph Waldo Emerson), tendo em vista que "por trás de toda sombra existe uma luz". Nesse sentido, "se o vento não for favorável baixe as velas e pegue os remos" (provérbio latino), pois, para o ex-constituinte Ulysses Guimarães, "as grandes mudanças não se operam em épocas de calmaria", e "quando uma porta se fecha outra se abre. Mas muitas vezes nós ficamos olhando tanto tempo triste para a porta fechada que nem notamos aquela que se abre" (Alexander Graham Bell).

SAIA DA INÉRCIA E DA ZONA DE CONFORTO

A zona de conforto é um lugar agradável, mas será que é possível fazer com que algo cresça nele? Então por que damos tanto valor a ela e evitamos sempre o que nos deixa desconfortáveis?

"A cabeça logo cria uma 'narrativa' que justifica por que devemos fazer o que parece ser o mais 'fácil', mesmo que no fundo, se ouvirmos a voz da consciência com sinceridade, saibamos o que devíamos de fato fazer, movidos por coragem e disciplina."[24]

Por outro lado, toda vez que você se sentir em estado de conforto estará deixando de crescer e de progredir, pois estará "hibernando" e, em consequência, "morrendo", já que "grandes empreendedores estão sempre confortáveis em estarem desconfortáveis" (Steve Blank).

Existe até uma equação criada pelo escritor T. Harv Eker que ensina: "ZC (zona de conforto) é diferente da ZS (zona de sucesso ou de riqueza)"; isto é, sua "zona de conforto" é diferente da sua zona de sucesso ou riqueza, pois, quanto mais confortável você quiser se sentir, menos riscos correrá, menos oportunidades explorará, menos estratégias desenvolverá e não conquistará sucesso e riqueza.

Na realidade, temos que aprender com as lições das águias, que ensinam os filhotes a voar logo cedo, empurrando-os do ninho – seu local de conforto – ainda pequenos. É que para crescer e prosperar precisamos sair da nossa zona de conforto.

SAIA DA INAÇÃO DANDO PASSOS, MESMO QUE DESCONFORTÁVEIS E DOLOROSOS

Para sairmos da nossa zona de conforto e prosperar, temos que dar vários passos que exigirão sacrifícios, serão desconfortáveis e até dolorosos em nossa vida, pois o sucesso, a prosperidade e a riqueza financeira estão inexoravelmente vinculados ao sacrifício, ao desconforto e à dor. Já diziam os ingleses: *no pain no gain*. "Não existe crescimento sem a dor do aprendizado" (Howard Fast). São 90% de transpiração e apenas 10% de inspiração, pois "o gênio é composto por 2% de talento e 98% de perseverante aplicação" (Ludwig van Beethoven). É que, segundo Mario Sérgio Cortella, vaca não dá leite. A pessoa tem que acordar de madrugada, ir para o curral enlameado e tirar o leite da vaca.

Para o professor de liderança psicológica Rodolfo Tamborin, essa tese, já amplamente validada, consiste no "triângulo dos 3 Cs" (conhecido, conveniente e confortável), de acordo com um provérbio japonês. Ou dos 3 Ds (desconfortável, desconhecido e doloroso). Tudo o que for conhecido demais, conveniente demais e confortável demais para a pessoa evitará que ela se desenvolva, cresça, evolua, prospere e adquira riqueza financeira. Segundo Tamborin, "o conforto demais é viciante igual a açúcar, e o excesso prejudica sobremaneira, criando doenças tipo diabetes".

Mas o sucesso e a prosperidade moram fora do triângulo dos 3 Cs ou dos 3 Ds. Ou seja, longe do que é conhecido, conveniente e confortável ou desconfortável, desconhecido e doloroso. O processo para aquisição do sucesso, da prosperidade e da riqueza financeira acontece quando a pessoa foge do desconhecido, do conveniente e do confortável. Exemplo disso é o músculo humano. Ele só cresce com desconforto e dor. O músculo acostuma-se com o treino, o peso e o ritmo do treino, e cabe ao professor mudar os exercícios, aumentando o peso, mudando as repetições etc., visando tornar-se desconhecido, desconfortável e doloroso para que o músculo volte a crescer. Ademais, lembre-se de que o grão de areia, ao entrar em contato com a ostra, vai incomodá-la, mas é esse contato que forjará a pérola.

LEMBRE-SE DE QUE O GRÃO DE AREIA, AO ENTRAR EM CONTATO COM A OSTRA, VAI INCOMODÁ-LA, MAS É ESSE CONTATO QUE FORJARÁ A PÉROLA.

É fato que o desenvolvimento pessoal e/ou profissional na maioria das vezes não é prazeroso. Se for, como regra não se constitui em desenvolvimento pessoal, mas diversão e lazer, pois a regra do desenvolvimento e do crescimento em 90% dos casos é que se dê por meio de sacrifício, desconforto e dor.

Dessa forma, observe sempre se um dos 3 Cs ou 3 Ds está presente na luta pelo crescimento e pela conquista da riqueza financeira em sua vida. Por vezes, apenas um C pode estar presente, ou a combinação de dois ou até dos três. Se a experiência for demasiadamente conhecida, conveniente ou confortável, pode estar impedindo-o de transformar seus sonhos em realidade; ou seja, crescer, prosperar e conquistar a riqueza financeira.

O que mora dentro dos 3 Cs é a mesmice, a inércia, a inação e a letargia e, em consequência, o insucesso, a decadência e a pobreza.

A vantagem é que os sacrifícios e as dores serão temporários, pois no futuro conduzirão a recompensas, vitórias e conquistas duradouras.

Para ilustrar a vinculação do sucesso e da prosperidade através do sacrifício, desconforto e dor, e não apenas por via da inteligência e do talento, um autor desconhecido conta que, ao fim de um concerto, um grande pianista ouviu de uma fã: "Eu daria minha vida para tocar como o senhor". E ele respondeu: "Eu dei a minha, senhora. Eu dei a minha". É que ele ensaiava cerca de seis horas por dia desde os 6 anos, renunciando à própria vida.

Ora, amigo, "se as pessoas com dom, inteligência e talento têm que treinar, ensaiar, se esforçar horas e horas por dia, imaginem os pobres mortais como nós. É costume as pessoas só olharem o sucesso dos outros. Só que, até chegar a ele, anos e anos se passaram com esforço, sacrifício e dedicação diária".[25]

Para T. Harv Eker, não precisa ser o melhor, o mais inteligente ou ter mais talento. Mas tem que ser o que mais quer e o que mais se esforça para conseguir. Tem que se esforçar mais que os outros, fazer mais que os outros e mais que o necessário. Para Eker, "às vezes, quem se compromete com um esforço obstinado acaba até superando outros que têm muito mais inteligência e talento, mas não se esforçam nem se dedicam o necessário. Fora do esforço não há salvação".

CURE-SE DA DOENÇA DA VITIMIZAÇÃO, DO MISERALISMO, DO SEM SORTISMO OU DO COITADISMO

Ademais, para atingirmos o sucesso, a prosperidade e a riqueza material, temos que sair da inércia, da letargia e da zona de conforto por meio de passos sacrificantes, desconfortáveis e dolorosos, mas temos também que nos curar da doença da vitimização, do miseralismo, do sem sortismo ou do coitadismo e se libertar das crenças limitantes e das "muletas e cadeiras de roda invisíveis" (Ricardo Bellino) e deixar de se queixar, de reclamar e lamuriar.

Quero registrar aqui que, no Brasil, cerca de 5% da população tem algum tipo deficiência, seja física ou psicológica. Por outro lado, dos 95% restantes da população que não tem deficiência física ou psicológica, grande parte sofre de um mal chamado doença da vitimização, do miseralismo ou do sem sortismo, que alguns autores intitulam síndrome ou patologia do coitadismo, "seja por pessimismo, visão pequena do mundo, ou visão negativa da vida".

Cultivam diversos padrões negativos e crenças limitantes, que geram "muletas e cadeiras de rodas invisíveis" que fazem que não reconheçam a maravilha de ter uma vida com saúde plena. Procuram desculpas para justificar sua inércia, sua letargia, sua inação e sua incapacidade de sair do óbvio, do padrão, da caixa, do lugar-comum, do piloto automático e da zona de conforto.

Cure-se da doença da vitimização, do miseralismo e do sem sortismo. Faça como Alexandre, o Grande, que aos 33 anos conquistou o "mundo", e na época não existia antibiótico nem internet.

É importante enfatizar que quem se faz de vítima "perde a capacidade produtiva, pois constrói sua própria prisão, nela entra, tranca e joga a chave fora, tornando-se assim um prisioneiro" (Caio Carneiro), sem perspectiva de habeas corpus.

Você conhece a fábula do elefante do circo que circula amplamente na internet? O elefante é um animal poderoso que pode arrancar uma árvore, tamanha a sua força. E por que ele fica acorrentado a uma pequena estaca presa a poucos centímetros do chão no circo? Porque foi treinado e programado mentalmente para isso quando ainda era um filhote. Quando filhote, ele tentou arrancar a estaca e, como não conseguiu, cresceu com essa crença, com esse padrão negativo de que não podia, não era capaz. Assim ocorre com certas pessoas que se fazem de vítimas, coitadinhas, azaradas, achando que não são capazes, não podem, não conseguem sonhar e concretizar esses sonhos devido a crenças limitantes, padrões negativos adquiridos de seus pais, biológicos ou não, até os 7, 8 anos, mas que podem ser combatidas e vencidas.

Segundo Bob Hoffman, criador do Processo Hoffman da Quadrinidade, que atua sobre as quatro dimensões do ser humano (os aspectos físico, emocional, intelectual e espiritual), até os 7 ou 8 anos a criança forma sua personalidade. Até essa idade, em virtude de não ter sido amada incondicionalmente pelos pais biológicos ou substitutos (pessoas que dela cuidaram), recebendo apenas amor condicional, ou seja, amor condicionado ao cumprimento de determinada tarefa (se for bonzinho, ganhará um beijo; se fizer a tarefa da escola, poderá ir brincar etc.), ela procura imitar seus pais para tentar ganhar amor incondicional, e, por conta disso, a criança vai assimilando e adquirindo todas as crenças, padrões negativos ou negatividades dos pais biológicos ou substitutos, como arrogância, prepotência, insegurança, medo, pessimismo etc., e também os padrões positivos, como determinação, disciplina, otimismo, persistência etc.

De acordo com Bob Hoffman, é entre 6 e 7 anos que a criança entra na idade da vulnerabilidade, da dor, da raiva e da vingança internalizadas. A partir dos 7 anos surge o intelecto, que consiste na inteligência racional da criança, e ela começa a se alfabetizar e a pensar. Depois dessa idade, ela passa a adquirir lucidez e criatividade, mas também a ser racionalizadora, e, em face dos padrões negativos assimilados dos seus pais biológicos ou substitutos, começa a impor vontades, a julgar, preconceituar, criticar, ser arrogante e prepotente, adquirindo, assim, o sentimento da vingança.

Sobre a vingança, o Processo Hoffman ensina que ela também decorre do processo de amor condicionado em sua relação com os pais ou substitutos. Em virtude desse amor negativo, a criança cria um pacto de vingança e quer se vingar dos pais, começando a pensar "vou provar que posso", "vou provar que não é assim", e, por meio do psiquismo, afirma internamente "vou me vingar de vocês".

Com esse sentimento de vingança, a criança, já adulta, coloca-se no papel de vítima, coitadinha, miserável. Como disse Buda, "guardar raiva é como segurar um carvão em brasa com a intenção de atirá-lo em alguém. É você que se queima".[26] É importante registrar que a vingança é uma "energia sórdida", um sentimento que pode pôr tudo a perder na vida do ser humano. Logo, a máxima de que "a vingança é um prato que se come frio pelas beiradas" é uma tolice.

Na verdade, é importante que a pessoa se conscientize e compreenda que adquiriu as crenças ou padrões negativos em sua vida, mas também os padrões positivos dos pais biológicos ou substitutos até os 7 ou 8 anos. E, a partir dessa conscientização e compreensão, ela deve dar destaque aos padrões positivos e se libertar das negatividades e ao mesmo tempo perdoar com muita compaixão seus pais ou substitutos, pois, se fizer uma pesquisa sobre a vida deles, constatará que lhe deram muito mais coisas positivas do que receberam dos seus pais, que, por sua vez, receberam de seus avós. Isso porque a transmissão de negatividade constitui-se numa herança maldita transmitida de geração em geração. Daí a necessidade de haver uma conscientização, com o consequente perdão e extrema compaixão, para que a pessoa possa ter um novo comportamento e, a partir daí, transformar sua vida para viver seus momentos com felicidade plena e abundante. Lembre-se de que "só se perdoa o imperdoável, pois o perdoável já está perdoado" (Jacques Derrida).

Tendo tudo isso em mente, caro leitor, liberte-se das negatividades e das crenças limitantes. Seja como uma águia, que em seu voo paira acima de tudo, jamais um ganso ou uma galinha, que têm um campo de ação limitado.

NÃO DESISTA JAMAIS DOS SEUS IDEAIS, SONHOS, PROJETOS E PROPÓSITOS DE VIDA

Comece, fracasse, recomece e não desista jamais dos seus ideais, sonhos, projetos e propósitos de vida, pois, "quando você desiste de algo na vida, desiste de tudo que vem depois". Já dizia Steve Jobs que "cada sonho que você desiste é um pedaço do seu futuro que deixa de existir", e Thomas Edison que "muitos dos fracassos da vida ocorrem quando não percebemos quão próximos estávamos do sucesso na hora em que desistimos".

Não podemos nos esquecer de que a vida tem duas regras que devem ser profundamente seguidas por aqueles que querem triunfar: "a primeira é não desistir jamais. A segunda é nunca se esquecer da primeira", pois, "quando tudo parecer estar contra você, lembre-se de que o avião decola contra o vento, não com a ajuda dele" (Henry Ford).

Por outro lado, como afirmou o piloto Ayrton Senna: "nas adversidades, uns, os fracos, desistem, outros, os vencedores, batem recordes". Com efeito, "os covardes nunca tentam, os fracassados nunca terminam, os vencedores nunca desistem".[27] Reflita sobre essa sábia frase do escritor norte-americano Norman Vincent Peale. Todos passam pelas mesmas dificuldades e enfrentam o mesmo mundo hostil. A diferença é que uns desistem e ficam pelo caminho enquanto os vencedores jamais desistem de seus sonhos, ideais, projetos e propósitos de vida.

E perceba que talvez a grande maioria das pessoas que desistiram cedo demais de seus sonhos esteja hoje chorando amargamente ou trabalhando para aquela minoria que nunca desistiu de seus ideais. Pois, como vaticinou Henry Ford, "há mais pessoas que desistem do que pessoas que fracassam".

Talvez neste momento você esteja pensando "Janguiê, e se eu me cansar, ficar exausto de tanto tentar e não conseguir?". Ora, aprenda a descansar, mas nunca esmoreça ou desista, pois a derrota não significa falhar ou fracassar nas tentativas, e sim desistir de perseguir seus sonhos e seus projetos de vida, já que para ser um vencedor a pessoa jamais pode desistir. Ela até pode diminuir o ritmo, parar e até dar um passo atrás ou recuar, mas apenas se isso servir para redefinir estratégias, rumos e sua trajetória. Entretanto, em seguida recomeça e avança novamente, sem parar, sem desistir jamais. Logo, caro leitor, se você quer ser um vencedor, comece, avance, diminua, pare, recue, pivote-se, reinvente-se, recrie-se, refaça, recomece, avance, sempre avante, mas nunca desista da sua caminhada rumo aos seus propósitos e até utopias.

A título de exemplo, lembre-se de que o inventor Thomas Edison falhou cerca de 10 mil vezes antes de inventar a lâmpada elétrica, mas jamais desistiu do seu objetivo. E ele disse com toda a simplicidade: "Eu não falhei. Só descobri 10 mil caminhos que não eram o certo".[28] Por outro lado, veja também a lição que o rei das selvas nos passa: "O leão, quando sai para caçar, falha de sete a dez vezes, ou seja, 85% antes de capturar sua presa" (AD); entretanto, não desiste até se alimentar.

Nesse sentido, já afirmou Ernesto Che Guevara que "a única luta que se perde é a que se abandona ou desiste", já que, "chorar é aceitável, gritar é aceitável, sangrar é aceitável, rastejar é aceitável, cair é aceitável, humilhar-se é aceitável, sofrer é aceitável. Desistir é inaceitável".

Assim sendo, como foi ensinado por Bill Gates, se tiver que desistir de um sonho, ideal ou projeto de vida, "desista de ser fraco". E como já ensinei, "desista de desistir". Ou melhor, você pode até desistir de algo em sua vida, desde que seja "do bom para perseguir o ótimo", ou do "pequeno para perseguir o grande", pois, para os conquistadores, o único tipo de desistência que se admite na vida é esse.

Por fim, prezado amigo leitor, faça um juramento consigo mesmo no sentido de que, por mais que as dificuldades, os obstáculos, as pedras e as adversidades aparecerem em sua vida, você simplesmente não vai desistir nunca "até viver a vida que você sempre sonhou", pois, "a vida é questão de fazer e agir até dar certo e não se der certo" (Fagner Borges).

Finalmente, prezado amigo, quero que nunca se esqueça da seguinte mensagem: se por acaso você me vir desistir de algum dos meus sonhos, projetos e propósitos de vida, "mate meu corpo, pois minha alma já terá se esvaído".

Para não desistir é preciso lutar diuturnamente, de cabeça erguida, sempre norteando-se pela máxima universal que diz: "Diante de Deus de joelhos, mas diante dos problemas e das adversidades sempre em pé". Haja vista que os problemas, as tribulações, as dificuldades e as adversidades passarão, pois na vida tudo passa. "Só o amor e Deus nunca passará" pois, segundo os adágios populares: 1) "não há mal que sempre dure nem bem que nunca acabe"; 2) "o ruim das coisas boas é que acabam, e o bom das coisas ruins é que também acabam". Por outro lado, "aconteça o que acontecer, até o sol dos piores dias se põe". Lembre-se de que, aconteça o que acontecer, "a primavera chegará, mesmo que ninguém mais saiba seu nome, nem acredite no calendário, nem possua jardim para recebê-la" (Cecília Meireles).[29]

➔ Aponte a câmera do seu celular e experiencie a mensagem deste vídeo.

https://youtu.be/iEHaNdhWp08

AS GRANDES VIRADAS EM MINHA VIDA

As pessoas sempre me perguntam quando foi meu *turn around*, ou seja, quando foi que decidi mudar de vida radicalmente e dar uma grande virada. Minha resposta é que, por viver em constante evolução, eu já dei grandes viradas ao longo dos anos e tenho plena consciência de que darei várias daqui para a frente.

A primeira grande virada ocorreu quando eu tinha 14 anos e havia acabado de concluir o ensino fundamental. Eu vivia em Pimenta Bueno, no estado de Rondônia, e, na época, lá não era oferecido o ensino médio. As cidades mais próximas onde eu poderia cursá-lo eram Ji-Paraná e Porto Velho, também em Rondônia, e Cuiabá, em Mato Grosso. Por causa disso, meu pai simplesmente me convidou para trabalhar com ele como agricultor, porém eu queria estudar, pois sabia que a educação – o conhecimento – era a única maneira de mudar de vida e sair daquela pobreza extrema.

Foi então que decidi dizer bem alto para mim mesmo: "Quero estudar! Não quero trabalhar como agricultor". Então, em dezembro de 1979, arrumei minha mala e parti para o Nordeste. Inicialmente, estudei durante um ano no colégio público Lyceu Paraibano, em João Pessoa, morando na casa de minha querida e saudosa tia Irene Bezerra. No ano seguinte, fui para Recife em busca da ajuda de um irmão da minha mãe, o advogado Nivan Bezerra da Costa, que considero meu segundo pai. Graças ao curso de datilografia que eu havia feito em Pimenta Bueno, Nivan me contratou como office boy do escritório, ganhando um salário mínimo. E foi por meio desse emprego que consegui continuar meus estudos.

A segunda grande virada em minha vida aconteceu em dezembro de 1982, quando fui aprovado no vestibular da Faculdade de Direito de Recife, da Universidade Federal de Pernambuco (UFPE), considerada, na época, uma das duas melhores faculdades de Direito do Brasil, ao lado da Faculdade de Direito da Universidade de São Paulo (USP). Ambas são também as mais antigas do Brasil e foram criadas por um decreto do imperador dom Pedro II. Depois de dois anos de muito sacrifício, pois eu trabalhava durante o dia no escritório do tio Nivan e estudava à noite em uma escola pública, além de sábados, domingos e feriados em bibliotecas públicas, consegui ser aprovado entre os primeiros colocados naquela grande instituição e me formei em Direito em dezembro de 1987.

A terceira grande virada ocorreu quando fui aprovado em um concurso para juiz federal do trabalho do Tribunal Regional do Trabalho da Sexta Região. Tudo começou quando tive que fechar a Janguiê Cobrança, empresa encarregada de fazer cobranças jurídicas, por falta de clientes. Foi aí que, por necessidade, eu decidi mudar de vida e tracei o plano ousado de estudar, durante três anos, seis horas por dia, inclusive aos sábados, domingos e feriados. Cumpri a meta. Alguém sempre me perguntava: "E quando você, por algum motivo, não podia estudar as seis horas diárias estipuladas, o que fazia?". Às vezes acontecia de eu ficar doente, por exemplo, e não poder estudar um dia, mas eu ficava devendo a mim mesmo aquelas horas e as recuperava estudando cerca de oito horas nos dias seguintes até compensar aquele dia sem estudo. Com efeito, em dois anos, prazo menor que o da meta, portanto, eu consegui estudar todo o programa do concurso três vezes e, depois de ter sido reprovado em vários concursos para a magistratura em diversos tribunais do Brasil, fiquei entre os primeiros colocados no concurso para o TRT da 6ª Região, em Pernambuco, e também em muitos outros.

A quarta grande virada se deu quando decidi pedir exoneração do cargo de magistrado federal do trabalho para assumir o cargo de procurador do trabalho do Ministério Público da União. Fiz isso porque, como magistrado, eu teria que assumir a jurisdição de uma vara trabalhista em uma cidade do interior de Pernambuco por alguns anos e também lá residir. Entretanto, eu tinha outros sonhos, como o de fazer mestrado, doutorado, ser professor da UFPE e empreender, criando um cursinho preparatório para concursos públicos. De fato, contra tudo e contra todos, em dezembro de 1993, pedi exoneração da magistratura, fiz o concurso público para procurador do trabalho do Ministério Público da União, concorrendo com cerca de 9 mil candidatos de todo o Brasil, e consegui obter a 11ª colocação. Assumi o cargo de procurador, passei no concurso para professor da UFPE e fiquei lá por quase vinte anos. Fiz mestrado e doutorado também na UFPE e montei o Bureau Jurídico – Cursos para Concursos, um dos maiores cursos preparatórios para concursos públicos do Brasil, embrião do Grupo Ser Educacional.

A quinta virada aconteceu quando resolvi fundar a Faculdade Maurício de Nassau, em Recife. Apesar de o Bureau Jurídico – Curso para Concursos estar indo muito bem, eu queria criar uma faculdade de Direito, pois na época a demanda era grande, já que existiam apenas quatro cursos de Direito em todo o estado de Pernambuco. Com efeito, em janeiro de 2000 dei entrada nos projetos de seis cursos superiores, incluindo o de Direito, no Ministério da Educação (MEC), e quase três anos depois de tê-los protocolado, em maio de 2003, os cursos foram aprovados. Ainda naquele mês publiquei o edital para o vestibular e, em 11 de agosto de 2003, começou a funcionar a primeira Faculdade Maurício de Nassau do Grupo Ser Educacional.

A sexta grande virada ocorreu quando pedi exoneração do cargo de professor da UFPE e também de membro do Ministério Público do Trabalho para presidir o Conselho de Administração do Grupo Ser Educacional. É que, embora fosse o sócio majoritário do Grupo Ser, nunca pude ser seu gestor e administrá-lo por impedimento legal em virtude de eu ser procurador na época. Entretanto, como tinha a intenção de abrir o capital do grupo na Bolsa de Valores, como fundador, eu precisava assumir a responsabilidade gerencial do grupo. Por causa disso, em setembro de 2013, depois de ser exonerado do cargo de docente da UFPE, também pedi exoneração do Ministério Público da União, perdendo, assim, todos os direitos previdenciários que me eram até então garantidos.

A sétima grande virada ocorreu quando, depois de ter vendido parte das ações do Grupo Ser Educacional a um fundo de *private equity* (capital privado), abri, em setembro de 2013, o capital do Grupo Ser Educacional na Bolsa de Valores de São Paulo (Bovespa), que, na época, foi a maior IPO (oferta pública inicial, em português) de uma empresa de educação.

Como afirmei anteriormente, agora que estou começando minha jornada empreendedora muitas outras viradas ocorrerão porque, quando sonhamos em montar um empreendimento e realizamos nosso sonho, não podemos parar, não podemos ficar inertes contemplando as vitórias obtidas. É preciso ir além.

2

A segunda chave

PROGRAMAÇÃO MENTAL

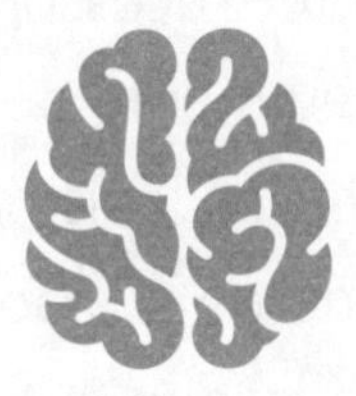

A segunda chave para a conquista do sucesso, da prosperidade e da riqueza financeira consiste no condicionamento, modelagem ou programação mental. Entretanto, antes de a pessoa programar-se para o sucesso e para a riqueza financeira, ela tem que sentir-se merecedora do que almeja, ou seja, deve acreditar em sua meritocracia.

CRENÇA NA MERITOCRACIA

Inicialmente, é preciso ressaltar que ninguém conquista o sucesso, a prosperidade e a riqueza material sem, em primeiro lugar, esforçar-se bastante e, em segundo, sem que se sinta merecedor do sucesso, da prosperidade e da riqueza.

Com efeito, o indivíduo pode ser super-habilidoso, ter informações, conhecimento, inteligência emocional, talento e competência. No entanto, se, inicialmente, não se esforçar bastante e se não tiver confiança em si mesmo, não acreditar que é digno de obter sucesso, ou seja, não se sentir merecedor, acreditando em seu mérito ou em sua meritocracia, jamais conquistará seus objetivos, pois não se entregará de corpo e alma, não dará o máximo de si, não concentrará energia suficiente e necessária para chegar ao que almeja.

Não podemos nos esquecer de que a luta pelo sucesso, pela prosperidade e pela riqueza financeira, assim como a fidelidade, só aceita 100% de dedicação e de entrega. Não existe 99% de fidelidade a alguma coisa. Ou você é 100% fiel ou não é fiel. Já imaginou dizer a sua/seu namorada/o que é 99% fiel a ela/ele? Vai levar um tapa na cara. A luta pela riqueza financeira segue a mesma lógica. É preciso ter 100% de dedicação.

A crença no mérito ou na meritocracia constitui um poderoso princípio, indispensável para ser bem-sucedido e chegar à riqueza financeira. Entretanto, muito mais poderosa é a crença no "demérito", ou "demeritocracia", ou seja, a crença de que você não é digno, não é merecedor de conquistar algo em sua vida, principalmente sucesso, prosperidade e riqueza financeira. Sendo assim, se você não se sente merecedor do sucesso ou da riqueza financeira, ou seja, se tem crença no "demérito" ou na "demeritocracia" de que não é merecedor ou digno de conquistar sucesso e riqueza financeira, jamais conquistará.

MODELO, CONDICIONAMENTO OU PROGRAMAÇÃO MENTAL

Para falar sobre programação mental é interessante distinguir os tipos de *mindset*, ou mentalidade. Nesse sentido, Carol Dweck, autora do best-seller *Mindset*,[1] afirma que existem dois tipos de mentalidade: a mentalidade fixa, ou limitada, e a mentalidade ilimitada, de crescimento ou riqueza.

Para Dweck, as pessoas que pertencem ao primeiro tipo acreditam que as habilidades humanas básicas, a inteligência e os talentos são fixos e limitados e não podem ser alterados, modificados ou ampliados. As pessoas com esse tipo de mentalidade têm padrões negativos e crenças limitantes. São pacientes da chamada doença da "vitimização", do "coitadismo", do "miseralismo" ou do "sem sortismo" e até acham que podem sonhar, mas não são capazes de materializar seus sonhos. Elas, em geral, dizem frases do tipo "eu não consigo", "isso não é para mim", "sou muito burro", "não consigo fazer", "não consigo aprender" etc.

Por outro lado, as pessoas que se encaixam no segundo tipo creem que as habilidades, a inteligência e o talento humano são ilimitados e podem sempre ser adquiridos e ampliados. Para elas, as habilidades são apenas o ponto de partida. São pessoas otimistas e positivas, acreditam que têm potencialidade para fazer muito mais e por isso estão sempre em busca de coisas novas, do *extra mile*, confiantes em que podem conquistá-las.

Observe que existem diversas máximas universais, entre as quais duas muito importantes elencadas por T. Harv Eker:

1. **"O corpo só realiza e alcança aquilo que a mente acredita", pois, "o homem nada mais é que o fruto de seus pensamentos". O que ele crê ele cria, já que "o pensamento cria";**
2. **"A pessoa se torna aquilo em que ela acredita".**

Nessa linha, importa registrar que "a vida nada mais é do que a manifestação física dos seus pensamentos" (Heráclito), pois "você se torna aquilo em que passa a maior parte do tempo pensando" (Michael John Bobak), porque "a maior batalha que você vai lutar é aquela que acontece dentro de você" (AD), haja vista que, "quanto mais você se organiza do lado de dentro, mais a vida se organiza do lado de fora" (Daniel Azevedo). Lembre-se de que "você é exatamente aquilo que acredita ser" (Buda), pois "o homem e a mulher nada mais são que o fruto de seus pensamentos" (Jean-Jacques Rousseau). O que pensamos é o que nos tornaremos e, mais cedo ou mais tarde, "aqueles que acreditam que podem vencer são os que de fato vencem" (AD), já que "é capaz quem pensa que é capaz" (Buda). Com efeito, "suas chances de sucesso são determinadas pelo quanto você acredita em si mesmo" (Betina Braga Barros).

Na mesma linha de raciocínio, para Walt Disney, "se você pode sonhar, você pode fazer", porque "a imaginação governa o mundo" (Napoleão III) e "tudo aquilo em que se acredita existe" (Hugo von Hofmannsthal). E "o homem acaba por se assemelhar àquilo que gostaria de ser" (Charles Baudelaire) pois "torna-se o que pensa" (Maurice Maeterlinck). Logo, prezado triunfador, faça como Marco Aurélio: "controle a sua mente, esse cavalo selvagem, em vez de ser controlado por ela". Já disse Fernando Pessoa: "porque eu sou do tamanho do que vejo, e não do tamanho da minha altura".

Como enfatiza o escritor norte-americano Napoleon Hill, "sua única limitação é aquela que você impõe na sua própria mente".[2] Quando você define que chegou ao seu limite, acabou de criá-lo, pois as correntes que mais nos limitam são mais mentais do que físicas, pois "mentes são como paraquedas: elas só funcionam quando são abertas" (James Dewar).

O hipnoterapeuta Lucas Naves diz que "a única coisa que diferencia você das pessoas de sucesso e dos milionários é que os programas mentais que rodam na mente deles ainda não estão rodando na sua mente". Ou seja, existe uma programação mental para o sucesso e para a riqueza financeira, uma forma de usar o nosso cérebro que nos favorece para que sejamos bem-sucedidos.

Tudo depende, em resumo, das crenças que alimentamos em nossa mente – em especial em nosso subconsciente. São os programas que rodam em nosso cérebro – ou seja, nossas crenças – que definem até onde chegaremos e quais resultados obteremos.

Lucas Naves nos alerta, ainda, sobre o fato de que

> o cérebro físico é como se fosse o hardware, o disco físico do nosso computador, onde ficam armazenados todos os nossos programas. Basicamente, o hardware é igual para todas as pessoas. Mas os nossos softwares, os programas que rodam na mente de cada ser humano, são sempre diferentes, de pessoa para pessoa.

É exatamente por isso que cada indivíduo tem um resultado distinto.

Logo, meu amigo, para ter sucesso e ser rico financeiramente, a pessoa precisa modelar-se, condicionar-se, programar-se mentalmente para ser rica porque, mesmo que tenha utilizado as várias chaves do sucesso, da prosperidade e da riqueza financeira, se o seu modelo mental – seu condicionamento mental, sua programação mental, o seu subconsciente, que é o seu mundo interior – não estiver programado adequadamente, ela estará condenada ao insucesso, à escassez e a pobreza financeira.

Existe até uma fórmula criada por T. Harv Eker na qual a programação, o condicionamento ou o modelo mental – que é o mundo interior ou o subconsciente – é que determinam o pensamento. O pensamento é que determina as decisões. As decisões determinam as ações. E as ações determinam os resultados – no mundo exterior –, que podem ser de sucesso, prosperidade e riqueza financeira ou não. Em síntese, PMdP/PdD/DdA/AdR.

Para Eker, é por esse motivo que, se uma pessoa não se programa mentalmente para ter sucesso e ser financeiramente próspera e ganha muito dinheiro sem estar mental ou interiormente preparada, o mais provável é que a sua riqueza tenha vida curta e ela acabe sem nada. Exemplo disso são as pessoas que ganham na loteria. Por outro lado, no caso de quem se programa mentalmente para o sucesso e para ser rico e enriquece por seu próprio esforço e mérito, ocorre o contrário, pois jamais perde o ingrediente mais importante: a mente programada para ser bem-sucedido e próspero. Exemplo disso é o ex-presidente dos Estados Unidos Donald Trump.

Por fim, o grande segredo para ter uma programação mental que favoreça o nosso sucesso e nos faça ganhar muito dinheiro é construir crenças que alavanquem o que temos de melhor e, ao mesmo tempo, enfraquecer e eliminar crenças negativas que eventualmente tenhamos.

Com um trabalho dedicado e cuidadoso por meio do autoconhecimento e de técnicas como a hipnose e a programação neurolinguística, é possível instalar crenças em nossa mente que nos motivem e estimulem a fazer algo especial e significativo que resulte em alguma diferença positiva no mundo.

Uma boa estratégia para melhorar a programação mental é fazer sempre cursos e treinamentos, ler bons livros, aprender constantemente. Em especial, é importante ler biografias de pessoas bem-sucedidas, de bilionários e de grandes realizadores como fontes de inspiração. De acordo com a programação neurolinguística, tudo o que colocamos de novidade em nossa mente cria novas conexões neurais, o que faz com que tenhamos novos horizontes, ideias e objetivos. E isso nos ajuda a desenvolver habilidades que nos trarão ainda mais êxito.

Para ilustrar nosso ponto de vista sobre programação mental para o sucesso e a riqueza financeira, vejamos a parábola do bosque dos desejos, de autor desconhecido.[3]

> Um homem caminhava pelo chamado bosque dos desejos. De repente, já cansado, viu uma árvore frondosa que tinha uma placa em que estava escrito "Árvore dos desejos. Tudo o que você desejar vai acontecer imediatamente". Ele então sentou-se debaixo da árvore, sentiu fome e desejou que houvesse comida. Imediatamente surgiu uma refeição maravilhosa à sua frente. Ele comeu até se empanturrar. Teve sede e desejou que houvesse água para beber. Então surgiu água pura e cristalina. E bebeu até se fartar. De repente pensou: "Será que isso é verdade? Eu desejo comida e aparece. Desejo água e aparece. Isso não pode ser verdade, só podem ser demônios!". Imediatamente apareceram demônios que começaram a esganá-lo e a sufocá-lo. Quando estava sendo sufocado, ele pensou: "Meu Deus, desse jeito eu vou morrer, desse jeito serei assassinado". E seu desejo foi realizado. Ele foi assassinado.

Faço minhas as palavras desse autor:

> Assim é o nosso mundo: um grande bosque dos desejos. Inconscientemente, certas pessoas, por ignorância, desejam coisas ruins, contrárias à própria felicidade. São programações ou condicionamentos mentais negativos e preconcebidos como "eu não posso", "eu não consigo", "não sou capaz", "eu não sei", "não tenho talento", "eu tenho medo", "eu sou muito baixo/pequeno/feio", "nasci para não dar certo" etc. Vivem repetindo crenças e padrões negativos e limitantes como "quem nasceu para lagartixa jamais chegará a jacaré"; "quem nasceu para tostão jamais chegará ao milhão"; 'filho de peixe peixinho é"; "minha memória é péssima" etc. Dizem isso e não percebem que as pessoas são fruto dos seus pensamentos, pois o condicionamento ou a programação mental criam os pensamentos, os pensamentos criam os sentimentos ou decisões, os sentimentos ou as decisões criam os comportamentos ou as ações e os comportamentos ou ações criam os resultados e a realidade da vida de cada um. Logo, se cada um soubesse que vive em um grande bosque dos desejos e que tudo que desejar acontecerá, sejam coisas boas, sejam ruins, só desejaria coisas boas.

Por isso deseje somente coisas boas para você, para sua família e para os outros. Controle seus pensamentos, suas emoções, seus sentimentos, suas palavras, suas decisões e suas ações, pois são elas que forjam seus resultados. Pense em ser feliz e também faça as pessoas felizes, pois, segundo um provérbio chinês, "sempre fica um pouco de perfume nas mãos de quem oferece flores".

MINHA PROGRAMAÇÃO MENTAL PARA O SUCESSO E A RIQUEZA

Sempre tive em mente que de alguma forma teria sucesso em minha vida e conseguiria conquistar a riqueza financeira.

Quando comecei a namorar minha esposa, Sandra, eu com 23 anos e ela com 16, era recém-formado em Direito e já tinha a mentalidade de que iria conquistar o mundo. Depois de alguns dias de namoro, Sandra me convidou para ir a sua casa, pois queria me apresentar à sua família. Ao chegar lá, conheci a mãe dela, e, cheio de autoconfiança e de autoestima, e de certa forma muito "folgado" e abusado, deitei-me no sofá da sala, coloquei os pés sobre a almofada e disse que ficasse totalmente despreocupada com sua filha porque eu cuidaria muito bem da Sandra, uma vez que tinha certeza de que eu teria grande sucesso e conquistaria muita riqueza financeira.

É claro que eu não tinha a mínima ideia de como obteria aquele sucesso pretendido e construiria a riqueza financeira. Entretanto, eu já tinha a profunda certeza de que, de algum modo, eu chegaria lá, pois já havia introjetado em minha mente a programação rígida de que de alguma forma iria alcançar o sucesso e conquistar a liberdade financeira.

E deu certo...

3

A terceira chave

TER SONHOS GRANDES

SONHAR E TRANSFORMAR O SONHO EM UM PROJETO DE VIDA

A terceira chave para se tornar um vencedor na vida e nos negócios, transformar-se em uma pessoa rica, milionária ou até mesmo bilionária, conquistando a liberdade financeira, é sonhar. Mas não basta sonhar, pois esse é apenas o primeiro passo, é o "mapa" para o sucesso, a prosperidade e a riqueza financeira. Tem que sonhar, transformar o sonho em um projeto de vida, em um propósito de vida, e a partir daí traçar metas e buscar cumpri-las com empenho, determinação, métodos, compromisso, disciplina (com amor), persistência, foco, dedicação, criatividade, inovação e muito trabalho. O universo, então, conspirará a favor da materialização de seu sonho.

Sonhe grande e aja de forma árdua e extenuante, diuturnamente, para materializar esse sonho, pois apenas sonhar não basta, já que, como foi asseverado por Roman Romancini, "sonho sem ação é mera alucinação e pode se transformar em frustração", o que é uma aberração. Nesse contexto, atente para o fato de que "nenhum sonho virá buscá-lo na porta da sua casa, você terá que sair correndo atrás dele para materializá-lo" (AD), porquanto "a distância entre seu sonho e a realização dele é a quantidade de energia que você está disposto a gastar para concretizá-lo" (AD).

Ou seja, como ensinou Gabriel García Márquez: "não é verdade que as pessoas param de sonhar porque elas envelhecem. Elas envelhecem porque pararam de perseguir seus sonhos". Quem vive atrás da realização dos seus sonhos nunca envelhece. Eu, por estar sempre sonhando sonhos novos e lutando para transformá-los em realidade, não vou envelhecer nunca. O meu corpo pode até envelhecer, mas minha mente, jamais.

Desse modo, tenha consciência de que, conforme afirmou Hoshan, "alguém até pode roubar o seu sonho, mas nunca poderá roubar a sua vontade de seguir sonhando", pois, como asseverou Charles de Gaulle: "a glória dá-se somente aos que sempre sonharam com ela" e se esforçam para conquistá-la, já que "a vitória ama o esforço" (Caio Valério Catulo). Mas, como disse, não basta sonhar, temos de agir, pois "cada passo representa uma vitória" (Lao-tsé).

Para isso, sonhe um sonho e transforme-o em um propósito de vida, pois, como diz Rick Warren em seu livro *Uma vida com propósitos*, "viver com propósitos é a única maneira de viver de verdade. Todo o resto é apenas existir",[1] ou sobreviver. Além disso, apaixone-se pelo seu sonho, regue-o diuturnamente e trabalhe duro por ele, pois "sonho é igual planta". Você tem que regá-la dia após dia ou ela morrerá de sede. O mesmo ocorre com o seu sonho. Alimente-o, nutra-o diariamente.

Ame o seu sonho apaixonadamente, pois "ou você constrói o seu próprio sonho e se apaixona por ele, ou fará parte da construção do sonho de alguém" (AD). E nunca deixe de trabalhar para concretizar seus sonhos, já que, para Steve Jobs, "se você não trabalhar pelos seus sonhos, alguém irá te contratar para trabalhar pelos dele".

Pergunte também, diariamente, para os outros e principalmente a si mesmo quanto vale o seu sonho. E quando conseguir afirmar que ele não tem preço, ou seja, que seu valor é inestimável, você não abrirá mão dele por nada nesta vida, tampouco neste mundo. Entretanto, se não souber afirmar seu valor, alguém vai lhe dizer qual é e tenha certeza de que será infinitamente inferior ao que ele realmente vale.

SONHAR SONHOS GRANDES

Com efeito, quero afirmar a você, prezado leitor, que sou um homem de sonhar muitos sonhos, pois "o homem de um sonho só é pobre de espírito e de espírito pobre" (AD). Eu nasci para sonhar inúmeros sonhos e venho ao longo desta minha jornada sonhando com muitos, realizando alguns e frustrado com outros, e "uns poucos restam sepultados na cova do tempo" (AD). E também para sonhar sonhos impossíveis, porque "só o impossível é digno de ser sonhado. O possível é colhido facilmente no solo fértil de cada dia" (AD). Já enfatizara Walt Disney: "é divertido fazer o impossível". Por outro lado, Lewis Carroll afirmara que "a única forma de chegar ao impossível é acreditar que é possível". Doutra parte, cumpre mostrar que "o impossível é feito de várias partes possíveis" (AD). É importante se dedicar e realizar diariamente as partes possíveis para conquistar o impossível, pois "é dos campeões do impossível e não dos escravos do possível que a evolução tira sua força criadora" (Barbara Wootton).[2]

Quando falo de sonhos impossíveis, não estou me referindo a sonhos inexequíveis ou irrealizáveis. Mas a sonhos grandiosos. Porque todo ser humano tem que desejar ser "Alexandre, o Grande. Nunca Alexandre, o Médio, e jamais Alexandre, o Pequeno" (AD). Nesse mesmo sentido, Jorge Paulo Lemann, um dos maiores empreendedores do Brasil, já lecionou que "sonhar grande dá o mesmo trabalho que sonhar pequeno". É que, de acordo com certo brocardo, "se você atirar nas estrelas, atingirá pelo menos a Lua. Mas, se atirar apenas no telhado da casa, não acertará nem a cumeeira". Pois sonhar grande é um dos "princípios da prosperidade": significa olhar muito à frente, colocando os grandes propósitos de longo prazo acima de interesses pequenos e imediatos. Quem pensa pequeno corre o risco de nada adquirir ou conquistar apenas migalhas.

Veja o que pensa Jorge Paulo Lemann, um dos maiores empreendedores do mundo, sobre a necessidade de ter sonhos difíceis, mas não inatingíveis:

> Sempre vendi o sonho muito maior do que o tamanho da empresa; é claro que se você vende um sonho que não chega nem perto da realidade, a turma não acredita. Se você vende o sonho que é difícil, mas que é atingível, melhor. Assim, você vai aumentando de sonho em sonho, engajando todo mundo, conforme a empresa cresce. Nós gostamos de metas anuais "esticadas". Tem que ser esticada, mas não impossível.[3]

Logo, amigo, sonhe sempre um sonho grandioso, "mesmo que ele se transforme num pesadelo, a ponto de assustá-lo, pois, se não te assustar o bastante, fatalmente não terá a grandiosidade almejada, já que uma das maiores frustações que se pode ter não é a de ter um sonho grande e fracassar, mas a de ter um sonho muito pequeno e conseguir alcançá-lo" (AD). Saiba que "enquanto você sonha, está fazendo um rascunho do seu futuro" (Charlie Chaplin). E, como frisou Alexandre Pinto, "nada pode ser tão alto, tão longe ou tão difícil que um sonho grande não possa alcançar", haja vista que "ao erguermos a vista, não avistamos fronteiras" (provérbio japonês). Logo, caro leitor, pense grande para ser grande. E faça com que todos ao seu redor também se sintam grandes, pois "o verdadeiro grande homem é aquele que faz com que todos se sintam grandes" (Chesterton).[4] Mas tenha sempre em mente o ensinamento de William Shakespeare de que "ser grande é abraçar uma grande causa", e eis que com pensamentos pequenos não se realizam grandes coisas.

Dessa forma, tenha um sonho grande e faça desse sonho a sua vida. Acorde sempre pensando nele, "deixe cérebro, músculos, nervos e todas as partes do seu corpo serem preenchidas por esse sonho, pois esse é o caminho para o sucesso, para a prosperidade e para a riqueza financeira" (Swami Vivekananda). Agora, "se você tem um grande sonho, saiba que você deve estar disposto a um grande esforço para concretizá-lo, porque somente o grande alcança o grande" (Facundo Cabral).

Ampliando o quadro de considerações, afirmo para você com muita propriedade que eu tenho sonhado meus sonhos grandes e impossíveis e convivido muito bem com isso, pois, segundo certo provérbio, "as cargas e os fardos que escolhemos não pesam em nossas costas". Tenho sonhado meus sonhos grandes e impossíveis, carregado minhas cargas e meus fardos, sempre seguindo a filosofia do grande filósofo Nietzsche, que, certa vez, quando indagado por um discípulo seu a respeito do melhor modo de subir determinada montanha, simplesmente respondeu: "sobes sempre, não penses nisso". Meta a cara sem pensar. Aja, vá em frente, enfrente, pois, "o feito é melhor que o não feito", e o feito bem-feito é muito melhor que o perfeito, assim como o bom é inimigo do ótimo. Agora, jamais se esqueça de que, para ser um sonhador e realizador, você vai ter que pagar um preço muito alto, porque "a sociedade frequentemente perdoa o criminoso, ela nunca perdoa o sonhador" (Oscar Wilde), já que o sucesso alheio incomoda muito mais gente que o fracasso.

NÃO TENHA MEDO DE SONHAR

Nunca tenha medo de sonhar porque o medo e o friozinho na barriga são inerentes a todos os seres humanos. Todos têm medo, mas os verdadeiros vencedores são aqueles que conseguem gerir e vencer esse temor. Saiba que o medo é até benéfico em nossa vida, pois serve para nos mostrar que devemos nos preparar mais que o necessário para enfrentar as tarefas diárias da melhor forma possível. Quem não tem medo vira um grande imprudente, um negligente e até um "inconsequente". O que não podemos ter presente em nossa vida e em nossa jornada é o "excesso de medo", comumente chamado de "pânico". Esse sim é extremamente prejudicial para nós, pois paralisa nosso cérebro e nossos músculos, impossibilitando-nos de agir.

Considere que o medo é o maior inimigo do ser humano, o maior adversário que uma pessoa poderá ter na vida, e "derrota mais pessoas que qualquer outra coisa no mundo.[5] Para o próprio Ralph Waldo Emerson, "o medo é um microscópio que sempre aumenta o perigo". Outrossim, como ensinou há muito tempo o grande filósofo Sêneca, "o homem que sofre antes do necessário sofre mais que o necessário"[6] porque passa grande parte da vida com medo de algo que pode vir a não acontecer.

Por conseguinte, caro leitor, só tenha medo de uma coisa na vida, que é de ter medo. Porque, como ponderou Franklin Delano Roosevelt, "a única coisa a temer na vida é o próprio medo". Dessa forma, "faça o que tem medo e o medo perecerá" (Ralph Waldo Emerson).[7]

Temos que ser corajosos e fazer de tudo para controlar, superar os nossos medos e enfrentar todos os desafios, obstáculos e adversidades que surgem diariamente em nossa vida. E não podemos nos esquecer de que o medo que nos paralisa, que nos incapacita e nos impede de realizar nossos projetos é temporário e passageiro. Mas o arrependimento pela não realização de algum projeto em razão do temor será constante, perene e até eterno. "Daqui a vinte anos você estará mais arrependido pelas coisas que não fez do que pelas que fez. Então solte suas amarras. Afaste-se do porto seguro. Agarre o vento em suas velas. Explore. Sonhe. Descubra" (H. Jackson Brown Jr.).[8] Porque "é possível repousar e suportar qualquer dor de qualquer desventura, desilusão e descontentamento, menos sobre o arrependimento. No arrependimento, não há descanso nem paz, e por isso é a maior e mais amarga de todas as desilusões" (Giacomo Leopardi). Por isso combata, domine e supere qualquer medo, pois ele não dirige carros importados. Considere que a "coragem não é a ausência do medo, pois todas as pessoas têm medo, mas, a gestão, a vitória e o triunfo sobre ele" (Nelson Mandela). Por outro lado, de acordo com Winston Churchill, "a coragem é a primeira das qualidades humanas, porque é a qualidade que garante as demais", já que ela "é a escada por onde sobem as outras virtudes" (Clare Boothe Luce). Nesse contexto, é importante observar que "o sucesso sempre foi o filho da audácia e da coragem" (Claude-Prosper Jolyot), visto que "a vida se retrai ou se expande na proporção de nossa coragem" (Anaïs Nin), e "numa sociedade de lobos, é preciso aprender a uivar" (Madame du Barry).

Com efeito, "a verdadeira coragem é enfrentar o perigo quando se tem medo" (Lyman Frank Baum), porque a coragem não é a ausência do medo. Ela consiste em uma gestão eficaz e efetiva do temor, com a consciência de que algo que será feito é muito mais importante que o medo em si. Ou seja: a coragem é o domínio do próprio medo e a insurgência contra ele. Logo, estamos com John Wayne quando afirma que "ser corajoso é estar morto de medo e, mesmo assim, encilhar o cavalo".

SEJA DETERMINADO E MOTIVADO

Faça uma boa gestão dos seus medos, sempre com muita determinação. Temos que ser decididos, ousados, destemidos, audazes e intrépidos para realizar os nossos sonhos. Eis que, segundo Tony Robbins, "a determinação é o toque de despertar para a vontade humana".

Ademais, na luta pelo sucesso, pela prosperidade e pela riqueza financeira tenha sempre uma boa motivação que lhe dê força e energia para que seja proativo, pois é ela que faz você começar a trabalhar pelos seus sonhos. Mas são a disciplina e o hábito, considerados a mãe e o pai do êxito, que nos fazem persistir e não desistir até conseguirmos materializar nossos objetivos.

E, para ilustrar a importância da motivação, trazemos à baila o exemplo dado pelo amigo e desembargador federal Willian Douglas. Willian, assim como eu, teve uma rotina dura e intensa de muitos anos de estudos para poder ser aprovado no concurso para juiz federal. Ele contou em uma palestra que, quando se cansava de ficar diante daquelas pilhas de livros, para não desanimar e parar de estudar, andava sempre com um contracheque de juiz federal no bolso. Ao ver-se desanimado, metia a mão no bolso e puxava o contracheque. Aquele papel, que comprovava o bom salário de um juiz, era uma das motivações que fazia Willian continuar em vez de desistir. A principal motivação para a materialização de nossos sonhos, entretanto, não pode ser exclusivamente financeira, pois essa não é a maior das riquezas. Ela deve ser consequência de uma causa, e não o fim maior. Como motivação, é superimportante, desde que não seja a única. Umas das grandes motivações deve ser a autorrealização, que advém da capacidade que a pessoa tem de desenvolver todas as suas potencialidades para prosperar, ou seja, a capacidade de crescer, progredir, ter sucesso e conquistar a liberdade financeira. Existe coisa melhor do que você se imaginar uma pessoa de sucesso, milionária ou até bilionária? Isso é autorrealização. A autorrealização desperta na pessoa a vontade de conhecer seu propósito de vida e cumpri-lo.

Eu, enquanto estudava para a magistratura federal do trabalho, além da autorrealização e de um bom salário, tinha como uma das minhas motivações a vontade de ser um juiz "justiceiro".

De fazer justiça com justeza. Quando criei, em Recife, a primeira Faculdade Maurício de Nassau, do Grupo Ser Educacional, minha motivação principal era o desejo de educar, de qualificar e de preparar a juventude brasileira para empreender na vida e nos negócios, de ajudar tanto os jovens quanto suas famílias, como também o Brasil, a criar riqueza, renda e trabalhabilidade. É que, somente por meio da educação, desde a básica até a superior, um país é capaz de sair de um estágio de subdesenvolvimento para atingir o nível de desenvolvimento. A riqueza no âmbito financeiro, apesar de também ser um desejo, veio como consequência. Quando criei o Instituto Janguiê Diniz e o Instituto Êxito de Empreendedorismo tive como principal motivação ajudar os jovens carentes, especialmente os de escolas públicas, a se qualificar e empreender, a princípio, na vida e, depois, nos negócios. Desse modo, ao se desenvolverem, poderiam gerar renda e riqueza para si mesmos, para seus familiares e para o próprio país.

Logo, amigo conquistador, é imprescindível que você mantenha sempre por perto alguma coisa que o motive constante e perenemente com o objetivo de ajudá-lo a chegar aonde você quer chegar. Entretanto, como nem sempre estará motivado, é de importância capital que você aprenda a ser uma pessoa extremamente disciplinada.

SEJA PERSISTENTE, PERSEVERANTE E OBSTINADO

Seja determinado, motivado e aja, sem cessar, com persistência, perseverança e obstinação para ser um superador de adversidades e realizador de sonhos, pois, conforme o dito popular, "água

TEMOS QUE SER CORAJOSOS E FAZER DE TUDO PARA CONTROLAR, SUPERAR OS NOSSOS MEDOS E ENFRENTAR TODOS OS DESAFIOS, OBSTÁCULOS E ADVERSIDADES QUE SURGEM DIARIAMENTE EM NOSSA VIDA.

mole em pedra dura tanto bate até que fura". Nesse mesmo sentido, o filósofo Confúcio ensinou que "não importa quão devagar você vá, desde que você não pare", ou seja: *persista*. O próprio Confúcio também lecionou: "transportai um punhado de terra todos os dias e fareis uma montanha". Essa máxima é materializada pelas formigas, que, dia após dia, transportam uma pequena quantidade de terra e, em pouco tempo, constroem um grande monte. Por outro lado, William Shakespeare doutrinou que: "muitos golpes, mesmo com um pequeno machado, destroçam e derrubam o carvalho de madeira mais rígido". Muito sábios esses ensinamentos, pois "todo homem pode alcançar o êxito se dirigir seus pensamentos em uma direção e insistir neles até que aconteça alguma coisa" (Thomas Edison).

Entretanto, não podemos confundir persistência e perseverança com "permanência" nem com "teimosia". A persistência é considerada uma virtude. É a insistência em fazer algo que se acredita da forma certa, modelando-se aos que já o fizeram e obtiveram sucesso. A permanência consiste em paralisia, inércia, inação e letargia. O permanente decide mentalmente fazer algo na vida, mas fica somente no estágio mental, pois nunca age. Por outro lado, a teimosia é a insistência em fazer algo sem qualquer conhecimento ou preparo e sem ter por referência alguém que já o tenha feito antes. A pessoa decide fazer algo sem se preparar, apenas pelo "achismo".

SEJA PACIENTE

Seja determinado, motivado, persistente, perseverante e obstinado, mas tenha muita paciência, pois ela constitui uma força ou um poder extraordinários. A paciência é uma das mais importantes virtudes do ser humano, pois é sinônimo de sabedoria. Como diz um ditado chinês, "é no profundo da paciência que está o ouro mais precioso".[9]

Já apontava Plutarco que "a paciência tem mais poder que a força" e "apesar de ser amarga, seu fruto é doce" (Jean-Jacques Rousseau), porque, "ela é a mais heroica das virtudes, justamente por não ter nenhuma aparência heroica" (Giacomo Leopardi). Basta lembrar que "o sol nunca se aborrece" (Ralph Waldo Emerson). Nesse sentido, "só o fraco perde a paciência e torna-se grosseiro. E assim fazendo, perde geralmente toda a dignidade humana" (Franz Kafka).

Logo, não tenha pressa, não se afobe, tampouco se precipite. A pressa, a afobação e a precipitação são inimigas da prudência, segundo o autor latino Publílio Siro (85-43 a.C.). Para ele, "não há nada que se possa fazer com pressa e prudência ao mesmo tempo". Daí ser afirmado por Stanislaw Ponte Preta que "a pressa e a precipitação são o grande mal dos ávidos, já que nunca se deve comer a merenda antes do recreio". E o filósofo chinês Confúcio assevera que "coisa feita com pressa é coisa malfeita",[10] pois "não é só inimiga da perfeição, é também sintoma de infelicidade" (provérbio chinês), e "uma das grandes desvantagens da pressa é o tempo que ela nos faz perder" (G. K. Chesterton). Portanto, siga a lição de Suetónio: "apressa-te devagar".

É preciso, entretanto, diferenciar pressa, afobação e precipitação de rapidez, agilidade e velocidade. Não podemos ter pressa, ser afobados ou precipitados, mas devemos ser rápidos, ágeis e velozes, qualidades essenciais na sociedade tecnológica em que vivemos. Para Abilio Diniz, na sociedade tecnológica, digital e disruptiva em que vivemos, a "velocidade é o nome do jogo".

DESENVOLVA A AUTOCONFIANÇA

A autoconfiança consiste na habilidade de a pessoa acreditar em si mesma, na sua potencialidade e na sua capacidade de transformar seus sonhos em realidade, alcançando, assim, seus objetivos.

Pessoas autoconfiantes transmitem credibilidade e são altamente inspiradoras. Elas também jamais desistem de seus sonhos e projetos de vida, encaram as dificuldades com bom humor e, por consequência, tornam-se mais fortes, poderosas e influentes.

A autoconfiança não é inerente nem inata ao ser humano, e também não é uma "pena perpétua", tampouco uma pena de morte por enforcamento. Ela pode ser adquirida, assimilada, desenvolvida, praticada e dominada. Pode ser criada e até ampliada por meio do autoconhecimento. A pessoa tem de procurar se conhecer para detectar seus pontos fortes e fracos, suas fraquezas e fortalezas, a chamada análise SWOT (em inglês: *strengths, weaknesses, opportunities e threats*, ou forças, fraquezas, oportunidades e ameaças).

É muito importante que você tenha plena consciência do que pode ou não realizar para poder confiar em si mesmo. Se considerarmos que ninguém confia em um desconhecido, se você não se conhecer bem o bastante será difícil confiar plenamente em si mesmo.

Com efeito, é importante assinalar que a autoconfiança constitui uma das mais importantes ferramentas para conquistar o sucesso, a prosperidade e a riqueza financeira. E uma das chaves para adquirir a autoconfiança e o autoconhecimento ou o conhecimento interno.

PROCURE TER UMA AUTOESTIMA ELEVADA

A autoestima é a capacidade de a pessoa gostar de si mesma. "É o julgamento que cada um faz de seu próprio eu" (AD). Segundo o psiquiatra e psicanalista Luiz Alberto Py, "para ser saudável, toda relação de amor começa pela autoestima. Se você não se ama, como poderá amar outra pessoa?".[11]

Cumpre enfatizar que a autoestima não é inata nem inerente ao ser humano. É formada, principalmente, durante a infância do indivíduo, tendo como base a educação e o tratamento recebido por familiares, professores, amigos etc. Uma vez desenvolvida a autoestima, ela pode ser elevada por meio do autoconhecimento e da autoconfiança, com a pessoa superestimando suas qualidades e subestimando seus defeitos, cuidando da aparência física, gostando de olhar-se no espelho, acreditando que merece ser amado e feliz e que pode desfrutar os mais simples prazeres da vida.

Com o autoconhecimento, a pessoa desenvolve a autoconfiança. Com o autoconhecimento e a autoconfiança, é capaz de controlar as emoções e aumentar a autoestima e também o otimismo e a positividade.

DEFINA METAS E CUMPRA-AS!

Tenha um sonho e defina metas para realizá-lo, pois para isso, você tem que definir objetivos, com método, dedicação e muita disciplina. Segundo o escritor e palestrante norte-americano Tony Robbins, "definir metas é o primeiro passo para transformar o invisível em visível".[12] Nesse sentido, é importante estipular uma meta elevada. Depois, divida-a em metas pequenas e comece a realizá-las até chegar à maior. E, quando estipular uma meta elevada, se achar que ela é ousada demais, em hipótese alguma a diminua. Pelo contrário: aumente substancialmente os seus esforços, já que, "se você traçar metas absurdamente altas e falhar, seu fracasso será muito melhor que o sucesso de todos" (James Cameron).[13]

Recuse-se a ficar na média, a ser mediano ou medíocre. Trabalhe e dedique-se acima da média para que possa ter uma vida também acima da média. Uma dica importante: seja atrevido e até "metido". Meta-se a fazer coisas criativas, inovadoras, importantes e grandiosas que o impulsionarão rumo ao sucesso, à prosperidade e à riqueza financeira uma vez que "o ridículo não existe: os que ousaram desafiá-lo conquistaram o mundo" (Octave Mirbeau). E, como poetizou Henfil: "se não houver frutos, valeu a beleza das flores; se não houver flores, valeu a sombra das folhas e, se não houver folhas, valeu a intenção da semente".

Afirmo para você, leitor, que já sonhei muitos sonhos. O principal deles foi vencer na vida. E a forma mais fácil de vencer é por meio da educação. A educação é a forma mais fácil de mobilidade social, de ascensão social. É "instrumento transformador e libertador do indivíduo" (Paulo Freire), além de ser instrumento que confere autonomia, independência e soberania a qualquer nação. Como já é de seu conhecimento, leitor, por meio da educação, eu consegui me formar em Direito e Letras; fiz vários cursos de especialização e MBAs; cursei mestrado e doutorado em Direito; fui aprovado no concurso de oficial de justiça do TRT da 6ª Região; fui aprovado no concurso de juiz federal do Trabalho, tendo exercido o cargo por certo período; fui aprovado no concurso de procurador do Trabalho do Ministério Público da União e exerci a função por quase vinte anos; fui aprovado para ser professor adjunto da Universidade Federal de Pernambuco e exerci o cargo por quase vinte anos também; publiquei 26 livros; recebi diversos títulos de cidadão de várias cidades e estados do Brasil; criei vários empreendimentos empresariais e sociais.

E, quando transformamos nossos sonhos em realidade, temos que sonhar de novo, pois "não podemos ficar parados, inertes, letárgicos contemplando, observando e admirando nossos êxitos, nossas vitórias, nossas conquistas e nossos triunfos" (AD), pois, "não podemos dormir sobre nossos louros". Temos que continuar sonhando para criar novos projetos e lutar para materializá-los, conquistando novas alturas e patamares.

TENHA FOCO

Sonhe em montar seu grande empreendimento e mantenha-se focado em realizar seu sonho, pois tentar fazer muitas coisas ao mesmo tempo consome muita energia e faz com que você perca a concentração. O empreendedor que prospera é aquele que, mesmo errando ou fracassando, sempre recomeça e tenta novamente sem perder o foco, haja vista que ele é o norte, "a bússola" de todo grande empreendedor, pois mostra o caminho a ser perseguido. O empreendedor focado não se distrai em sua jornada e cumpre todas as metas e objetivos traçados. Já dizia Benjamin Franklin que "aquele que persegue duas lebres de uma só vez não alcança uma delas e deixa a outra escapar".[14] Ademais, "o homem lento, mas que não perde de vista seu objetivo, é muito mais veloz do que aquele que vaga sem mirar um ponto fixo" (Gotthold Ephraim Lessing). Logo, queira ser leão, jamais queira ser pato.

Pato anda, corre, nada e voa, mas tudo muito mal. Nesse sentido, o Evangelho de Mateus 7:13-14 nos ensina que: "entrai pela porta estreita; porque larga é a porta, e espaçoso o caminho que conduz à perdição, e muitos são os que entram por ela. E porque estreita é a porta, e apertado o caminho que leva à vida, e poucos há que a encontrem".

Então, amigo leitor, mantenha o foco em seu objetivo principal. Faça uma coisa de cada vez. O foco é uma das principais ferramentas que pode fazer você sair do jogo do empreendedorismo como um grande vencedor.

Um notório exemplo de empreendedor extremamente focado que deve ser tido como referência para todos nós é Jorge Paulo Lemann, o qual dispensa comentários por tudo o que já fez e que ainda fará no empreendedorismo mundial. De acordo com Lemann, "foco é essencial. Um pouquinho disso, um pouquinho daquilo não dá certo. Fazer uma coisa de cada vez e com gente sua, que você treina. Escolha o que é bom e o que você gosta. E tem que ter gente disponível para gerir a empresa. Programas de trainee em todos os lugares é essencial".

Durante a minha trajetória, eu errei quando perdi o foco e investi em negócios diferentes dos que venho realizando há muito tempo. Entrei para as estatísticas de empresas que não deram certo e perdi alguns milhões de reais. Hoje só invisto em empreendimentos ligados à educação, à ciência e à tecnologia. Esse é o meu foco.

ALGUNS DOS MEUS SONHOS GRANDES

Sempre sonhei bastante em minha vida. E sonhos grandes. O primeiro sonho grandioso (rs!) foi ter uma casa grande repleta de pães doces. É que eu morava em um sítio no então distrito de Santana dos Garrotes, onde nasci, no estado da Paraíba. Naquela época, eu só comia pão doce quando meu pai ia fazer compras na feira da cidade, aos sábados. Eu adorava aquele pãozinho com melaço. Comia e ficava sonhando com o próximo sábado. Gostava tanto que, às vezes, dormia pensando no pão doce e sonhava com uma casa imensa cheia de pães doces. Naquela época não pude transformar o sonho em realidade. Mas depois...

Quando, aos 6 anos, fui morar em Naviraí, em Mato Grosso do Sul, eu ia de madrugada buscar leite em uma bela fazenda e comecei a sonhar em ser fazendeiro. Eu dizia: "Quando crescer, terei uma bela fazenda como esta". Pude realizar esse sonho posteriormente.

Quando, aos 10 anos, eu me mudei para Pimenta Bueno, em Rondônia, o meu maior sonho era ser dono do cinema da cidade. É que eu trabalhava como locutor infantil em uma rádio difusora que funcionava no andar de cima do cinema da cidade, e, às vezes, eu descia e conseguia assistir ao filme como convidado, sem ter que pagar nada. Entretanto, mesmo trabalhando na rádio que fazia a propaganda do cinema, muitas vezes eu tentava assistir ao filme e era barrado. Só podia entrar se pagasse o ingresso, mas eu não tinha dinheiro. Foi então que comecei a sonhar em poder comprar aquele cinema só para mim.

Quando estava finalizando o ensino fundamental em Pimenta Bueno, eu sonhava em ser médico-cirurgião. É que, depois do prefeito, os médicos eram as pessoas mais importantes da cidade. E eu queria ser uma pessoa importante. Ao me mudar para Recife, espelhando-me no meu tio, o advogado Nivan Bezerra, decidi me formar em Direito em vez de Medicina, e sonhava em ser o maior advogado trabalhista do Brasil. Entretanto, os caminhos árduos e extenuantes da advocacia trabalhista me fizeram seguir a carreira de magistrado federal do trabalho e depois de procurador do trabalho do Ministério Público da União e professor de Processo do Trabalho da Faculdade de Direito de Recife, na Universidade Federal de Pernambuco (UFPE), o que me proporcionou estabilidade financeira.

E, como sou homem de sonhar muitos sonhos, sonhei em criar o Bureau Jurídico, curso preparatório para concursos públicos, e tornei esse sonho realidade. Depois, sonhei em criar uma rede de universidades no Brasil, e nasceu a Faculdade Maurício de Nassau, que deu origem ao Grupo Ser Educacional, um dos maiores grupos educacionais do Brasil, hoje com mais de 300 mil alunos.

Também sonhei em ser escritor, e, no momento em que escrevo estas linhas, já tenho 26 livros publicados.

E os sonhos não pararam por aí. Então, como fruto do meu sonho de ajudar as pessoas, surgiu o Instituto Janguiê Diniz, cujo objetivo é ajudar a formar na universidade todos os jovens que terminam o ensino médio na pequena Santana dos Garrotes, minha terra natal. Depois veio o Instituto Êxito de Empreendedorismo, que visa ajudar jovens carentes, em especial os de escolas públicas, a adquirir uma mentalidade empreendedora para, inicialmente, empreenderem na vida e, depois, nos negócios.

Sonhei também em criar uma grande empresa de investimentos, e surgiu a Epitychia (que significa sucesso em grego), uma empresa de *private equity* e *venture capital* que visa comprar participações em outras empresas, especialmente em startups.

Como sou inquieto, inconformado, um obstinado patológico, digo que minha vida empreendedora está começando de verdade agora. Sob essa perspectiva, os sonhos e as atitudes para torná-los realidade não podem parar, pois, quando paramos de sonhar e de lutar para materializá-los, começamos a hibernar e a morrer, já que a aposentadoria é a antessala da morte. Com efeito, apesar de ter criado o Grupo Ser Educacional, um empreendimento bilionário, tenho ainda o sonho de criar mais cinco negócios bilionários. Ademais, sonho em levar o Instituto Janguiê Diniz para as cidades de Naviraí e Pimenta Bueno, lugares onde morei. Sonho em levar o Instituto Êxito de Empreendedorismo para todas as cidades do Brasil e, depois, para os países de língua portuguesa, espanhola e diversos outros países. Sonho também em escrever um livro que possa transformar a vida de milhões de pessoas e publicá-lo em diversas línguas. Enfim, continuarei sonhando sonhos grandes e materializando-os para impulsionar e acelerar a vida de muita gente no Brasil e no mundo.

4

A quarta chave

RESILIÊNCIA

O NÍVEL DE RESILIÊNCIA DETERMINA O TAMANHO DO SUCESSO

Como já mencionei em outro livro de minha autoria, *Fábrica de vencedores*, resiliência é a nossa capacidade de encarar os contratempos com serenidade, de tal maneira que conseguimos olhar para o futuro com foco na solução dos problemas em vez de ficarmos nos lamentando pelas dificuldades existentes. A resiliência consiste na habilidade de o indivíduo superar os obstáculos, os desafios e as adversidades que surgem em sua vida, "adaptar, aprender, mas sem ser tragado por eles" (Leo Babauta).

Nesse sentido, conforme escrevi no livro *O poder da modelagem: o sucesso deixa rastros*,[1] a resiliência deve ser entendida como a capacidade de lidar com problemas, adaptar-se a mudanças, superar obstáculos e/ou resistir à pressão causada por situações críticas, como choque ou estresse pós-traumático, por exemplo.

Conforme afirmou o político norte-americano Eric Greitens, "ninguém escapa da dor, do medo e do sofrimento. No entanto, da dor pode vir a sabedoria, do medo pode vir a coragem, do sofrimento pode vir a força – se tivermos a virtude da resiliência".[2]

Toda vez que abordo esse tema, gosto de citar alguns acontecimentos da minha vida para ilustrar como a resiliência sempre foi uma forte aliada nas minhas batalhas e nas minhas vitórias.

Foi por meio da educação, de bastante trabalho e do empreendedorismo que eu pude transformar em realidade vários sonhos, mas foi a resiliência que fez com que eu saísse de um estado de pobreza extrema e conquistasse muitas vitórias. Como você já sabe, me formei em Direito, em Letras, fiz vários MBAs e cursos de pós-graduação *latu sensu*, assim como pós-graduação *stricto sensu*, o mestrado e o doutorado. Escrevi 26 livros, fui professor concursado da Universidade Federal de Pernambuco (UFPE) e também passei nos concursos públicos para exercer os cargos de juiz federal do trabalho e de procurador do trabalho do Ministério Público da União. Tornei-me um bom palestrante, apesar de ser extremamente tímido. O estudo, o trabalho e a resiliência me permitiram também empreender: criei o Bureau Jurídico – Cursos para Concursos, fundei a Faculdade Maurício de Nassau, embrião do Grupo Ser Educacional, que é o maior grupo educacional do Norte e do Nordeste do Brasil e um dos maiores do país, o Family Office Epitychia, fundo de *venture capital*, *privaty equity* e *real estate*, que investe em empresas e startups, o Instituto Janguiê Diniz, que oferece bolsas de estudos em universidades para os jovens carentes da minha cidade natal, o Instituto Êxito de Empreendedorismo, ONG cuja missão é disseminar a educação empreendedora para jovens de escolas públicas. E fui muito além na criação e no desenvolvimento de outros inúmeros projetos e empreendimentos no Brasil todo.

A resiliência também me permitiu me casar com uma das mulheres mais lindas e inteligentes do planeta e ser agraciado por ela e por Deus com três filhos lindos e inteligentes, além de ajudar meus pais e irmãos.

Por isso afirmo, sem sombra de dúvida, que a resiliência foi uma das principais habilidades que desenvolvi e que fez com que eu saísse de um estado de pobreza extrema e entrasse para a lista da famosa revista *Forbes Brasil*.

Longe de mim que essas considerações a meu respeito soem como falta de modéstia, contudo, sim, tudo o que conquistei foi graças à potência de quatro forças extraordinárias e insuperáveis que cada um de nós tem na vida: o estudo, o trabalho, o empreendedorismo e, principalmente, a resiliência.

Com efeito, observando as pessoas de sucesso, é possível compreender que o nível de resiliência de um indivíduo determina o quanto de êxito ele terá. Quanto mais resilientes formos, mais fortes e preparados estaremos para lidar com as adversidades e, portanto, melhores serão nossos resultados.

As pessoas resilientes têm uma visão mais otimista da vida, além de, em geral, terem uma jornada mais significativa e desenvolverem relações mais harmoniosas. Os indivíduos com essa habilidade também possuem maior capacidade de acreditar em si mesmos e são mais confiantes em lidar com os desafios que surgem ao longo do caminho. Respondem às adversidades da vida com maior rapidez e flexibilidade, saem de momentos de crise com muito mais facilidade e veem suas inúmeras quedas e derrotas como oportunidade de aprendizado e crescimento.[3]

Nos empreendimentos, ter resiliência significa repensar constantemente a maneira como se veem e se vivem os altos e baixos inerentes ao negócio, encarando-os não como ameaças, mas como oportunidades de crescimento e evolução.

Lembre-se de que só não tem problemas quem já está no cemitério, quem já é defunto, quem já passou desta dimensão para outra. O que nos faz superar todos os desafios, dificuldades e obstáculos é uma "força poderosa" chamada resiliência. É que os altos e baixos da vida ajudam o indivíduo a adquirir ou a ampliar sua resiliência, característica fundamental para superar as adversidades decorrentes das frequentes oscilações na vida e nos negócios. Ampliando o quadro de reflexões, quero relembrar o que escrevi em outro livro, *O poder da modelagem*, sobre o fato de que, no campo da física, a resiliência consiste na propriedade que alguns corpos apresentam de retornar à forma original após terem sido submetidos a alguma deformação. Simbolicamente, podemos concluir, por essa definição, que no dia a dia o ser humano que é resiliente tem a capacidade de se recobrar facilmente após algum tipo de pressão ou decepção, ou, ainda, de se adaptar à má sorte ou às mudanças, pois ele sempre encontra meios de se renovar para seguir em frente, até conquistar seu objetivo maior.

Como enfatizou o grande empreendedor Geraldo Rufino em uma de suas palestras, "o ser humano por si só já é altamente resiliente". É o animal mais resiliente do mundo porque, para nascer, cada um de nós teve que vencer mais de 70 milhões de espermatozoides para então ser o escolhido para fecundar o óvulo. Aos demais, restou apenas ser "uma porra fudida".

Finalmente, registre-se que, quando alguém consegue superar os obstáculos e as adversidades, mas continua sendo a mesma pessoa, afirma-se que é altamente resiliente. Entretanto, quando consegue superar as adversidades e sai delas muito mais fortalecido, alguns autores dizem que se trata de um indivíduo "antifrágil".

PRINCÍPIOS DA RESILIÊNCIA

É interessante ressaltar que a resiliência não é nem intrínseca, nem inata, nem inerente ao ser humano, e pode ser adquirida, desenvolvida e até ampliada, desde que sejam observados alguns importantes princípios, entre os quais:

1. INDEPENDENTEMENTE DE QUAL SEJA O PROBLEMA, O OBSTÁCULO, A ADVERSIDADE, A QUEDA E/OU O FRACASSO, VEJA O LADO BOM E APRENDA COM ELES.

Toda adversidade que surgir em sua vida deve ser encarada como parte do seu crescimento pessoal e mesmo profissional. As dificuldades, os obstáculos, as pedras, as adversidades, os desafios, os problemas, os erros, as quedas, os fracassos podem ser os seus maiores – e melhores – professores se você fizer de tudo e se dispuser a aprender com eles.

Como assinalamos na obra *O poder da modelagem*, o escritor Donovan Campbell, que foi líder dos fuzileiros norte-americanos nas guerras do Iraque, explicou a perspectiva que adquiriu comandando um pelotão. De acordo com seu relato, o que se aprende em uma situação de extrema tensão e que demanda forte objetividade, como estar em um campo de batalha, é que, por mais que nos esforcemos e por melhores que sejamos, cometeremos erros algumas vezes e também vamos falhar – até mesmo por mudanças nas circunstâncias ou por acontecimentos inesperados.

O mais incrível, segundo ele, é que passamos a sentir-nos à vontade com essa ideia, porque aprendemos a não exigir de nós o que não depende de nossa vontade. Isso não quer dizer que desistimos do nosso objetivo maior. Apenas nos sentimos confortáveis o suficiente quando aceitamos o fracasso e assim podemos nos preparar para voltar à carga, à luta e encarar, com fôlego novo, a próxima batalha.

O grande problema de boa parte das pessoas é que elas são educadas, desde pequenas, para não cometer erros. Na escola, são recompensadas quando acertam as questões da prova. Quando adultas, arranjam um emprego e são promovidas quando acertam mais vezes do que erram. E assim esse sistema de recompensar os acertos e condenar os erros se perpetua. Por isso desenvolvemos a mentalidade de que "é errado errar", ou seja, de que os erros devem ser evitados a todo custo.

Quando passamos a aceitar os erros e os fracassos como parte normal da nossa jornada – e entendemos que muitas vezes eles resultam em muito aprendizado –, essa forma madura de encarar o fracasso leva a um crescimento pessoal significativo, além de se tornar um estímulo poderoso para que continuemos em ação, não importa quais consequências e dificuldades tenhamos de enfrentar. E então nos tornamos mais resilientes.

É por isso que, quando nos permitimos errar, falhar e até mesmo fracassar, fortalecemos nossa resiliência, porque nos encorajamos a dar os próximos passos com a crença de que a partir daquela experiência teremos sucesso.

Ampliando a seara de observações sobre o princípio da resiliência, trago sugestões, algumas com base no livro *Liderança aberta*, da escritora norte-americana e especialista em mídias sociais Charlene Li,[4] que podemos adotar para estimular a resiliência.

- **Reconheça e aceite que falhas acontecem. Aceitar que vamos falhar é fundamental para que nos tornemos resilientes. Uma vez aceita essa ideia, será inclusive mais fácil identificar nossas falhas e corrigir nosso rumo.**
- **Separe a pessoa do fracasso. Em vez de dizer "eu falhei", diga "o projeto falhou". Sobre isso, o palestrante Zig Ziglar sempre alertava que "o fracasso é um evento, e não uma pessoa". Na maioria dos casos, a verdade é esta: não é porque falhamos que nos tornamos fracassados. E é na retomada da caminhada depois de uma falha que reforçamos a resiliência.**
- **Aprenda com seus erros, quedas e fracassos. Essa é a base maior para o fortalecimento da resiliência. A partir do momento em que sabemos que cada erro, cada falha, cada eventual fracasso nos proporciona lições preciosas, nós nos dispomos a arriscar mais e a continuar caminhando em frente depois de cada tropeço.**

TODAS AS PESSOAS JÁ ERRARAM OU FRACASSARAM NA VIDA

A verdade é que só não tem problemas quem já virou defunto e mora no cemitério. Todos já enfrentaram algum tipo de problema, dificuldade, adversidade. Todos já erraram, caíram ou fracassaram. Quem nunca falhou é porque também nunca tentou fazer nada na vida, o que é muito pior.

Como todo mundo já errou e fracassou, é muito melhor aprender com os deslizes, com as quedas e os fracassos dos outros, porque é muito mais barato e menos doloroso. Entretanto, se nós errarmos, cairmos ou fracassarmos, temos que aprender com nossos erros, quedas e fracassos, porque eles são os nossos melhores professores, já que aprendemos muito mais com eles do que quando tudo vai bem e estamos nos desenvolvendo.

É importante ter em mente a lição do resiliente líder africano Nelson Mandela, que passou vinte e sete anos na prisão e depois se tornou presidente da África do Sul: "A grandeza da vida não consiste em não cair nunca, mas em nos levantarmos cada vez que caímos".[5] Ademais, para Laurence J. Peter, "a maneira de evitar erros é ganhar experiência. A maneira de ganhar experiência é cometer erros". Nessa mesma linha, é auspicioso mostrar o que enfatizou Charles Kettering: "um inventor fracassa 999 vezes e, se prospera apenas uma vez, ele está bem. Trate seus fracassos simplesmente como prática de tiros". Por outro lado, "o leão, quando sai para caçar, falha de sete a dez vezes, ou seja, 85%, antes de capturar sua presa".

Nessa perspectiva, cumpre mostrar também os ensinamentos de Stefan Zweig, o qual enfatizou que "apenas as derrotas proporcionaram ao homem a sua plena força de ataque". Ademais, embora "o fracasso não tenha amigos" (John F. Kennedy) e "na garupa do sucesso vem sempre o fracasso" (provérbio japonês), também é necessário nos recordarmos de que "nada fracassa mais do que o êxito" (William Inge). Portanto, de acordo com a lição de Ésquilo, "somente os deuses são imunes a fracassos".

Ampliando o quadro de considerações, cumpre afirmar, seguindo as pegadas de Winston Churchill, que "o sucesso é ir de fracasso em fracasso sem perder o entusiasmo", e que o fracasso

COMO TODO MUNDO
JÁ ERROU E FRACASSOU,
É MUITO MELHOR
APRENDER COM OS
DESLIZES, COM AS
QUEDAS E OS FRACASSOS
DOS OUTROS, PORQUE
É MUITO MAIS BARATO E
MENOS DOLOROSO.

é apenas "um evento passageiro", "uma etapa do sucesso", e não o oposto dele, uma vez que "o sucesso é 99% feito de fracassos" (AD), haja vista que "o fracasso é sucesso se aprendemos com ele" (Malcolm Forbes) e que "nossos melhores sucessos vêm depois de nossas maiores decepções" (Henry Ward Beecher). Com efeito, "o fracasso ou insucesso é apenas uma oportunidade para recomeçar com mais inteligência" (Henry Ford).

Logo, caro amigo poderoso, como no poema de Carlos Drummond de Andrade, "tinha uma pedra no meio do caminho", não podemos parar diante das pedras que vão surgir em nosso caminho. Façamos como as águas de um rio: contornemo-las.

ESQUEÇA OS PROBLEMAS E FOQUE APENAS AS SOLUÇÕES

Quando os problemas, as quedas e os fracassos aparecerem, procure esquecer os problemas e focar apenas as soluções. Muitas vezes, o problema é sério, mas a solução pode ser bastante simples. Concentre-se na solução e procure métodos e alternativas diferentes para resolver o problema em vez de ficar pensando apenas nas dificuldades. Henry Ford já bem disse: "Não ache um culpado, ache uma solução",[6] porque "se o problema tem solução, não esquente a cabeça, porque tem solução. Se o problema não tem solução, não esquente a cabeça, porque não tem solução" (provérbio chinês). "O problema não é o problema. O problema é a sua atitude com relação ao problema" (Kelly Young). Portanto, "tenha conversa de manteiga e tome decisão de aço em relação ao problema" (ditado popular).

Os outros não estão nem aí para os problemas alheios, especialmente os seus, caro leitor. Ninguém liga para eles a não ser você mesmo. Então, em sua luta pelo sucesso, pela prosperidade e pela riqueza financeira, também não se importe com as opiniões alheias, apenas observe-as, pois o maestro sempre rege a orquestra de costas para a plateia.

E lembre-se de que você nunca deve tomar uma decisão importante logo após uma queda ou um fracasso, já que é natural que o estado emocional fique fortemente abalado e então serão as emoções, e não você, racionalmente, que decidirão.

AO APRENDER COM OS ERROS E FRACASSOS, ESQUEÇA O PASSADO

Finalmente, precisamos aprender com os erros, as quedas e os fracassos do passado e, ao aprender com eles, devemos nos esquecer totalmente do passado. Passemos uma borracha nele, rompendo as "correntes do passado", pois o que já foi já foi e "a pior coisa que uma pessoa pode fazer pelo seu futuro é se prender ao seu passado".

Devemos ter sempre em mente esta frase do inventor norte-americano Charles Franklin Kettering, que patenteou mais de 140 inovações: "Meu interesse é no futuro, porque é lá que passarei o resto de minha vida".[7] Logo, façamos como Steve Jobs: "Vamos inventar o amanhã em vez de ficar nos preocupando com o que aconteceu ontem".[8] Assim, viva o aqui e agora e não olhe para trás, pois o motivo de os nossos olhos estarem no rosto e não nas costas foi para nos lembrarmos de que é mais importante olhar para a frente do que para trás.

CRITIQUE, MAS TAMBÉM ELOGIE

É lugar-comum ignorar as dezenas de acertos dos outros e destacar os poucos erros cometidos. Entretanto, não devemos apenas criticar os erros e os fracassos alheios; ao contrário, temos de elogiar seus esforços e acertos. De acordo com Sigmund Freud, "podemos nos defender de um ataque, mas somos indefesos a um elogio".[9] Não obstante, "o mal de quase todos nós é que preferimos ser arruinados pelo elogio a ser salvos pela crítica" (Norman Vincent Peale).

Para ilustrar a importância do elogio, conta-se por autor desconhecido[10] que, certo dia, "um professor escreveu no quadro-negro a seguinte sequência: 9 × 1 = 7; 9 × 2 = 18; 9 × 3 = 27; 9 × 4 = 36; 9 × 5 = 45; 9 × 6 = 54; 9 × 7 = 63; 9 × 8 = 72; 9 × 9 = 81; 9 × 10 = 90. Não faltaram piadas na sala porque o professor tinha errado o resultado de 9 × 1. Todos os alunos riram dele. O professor, então, esperou todo mundo se calar e somente depois disse: 'É assim que você é visto no mundo. Errei de propósito para mostrar a vocês como o mundo se comporta diante de qualquer erro seu. Ninguém o elogia por ter acertado nove vezes. Mas todo mundo ridiculariza, humilha e zomba de você porque errou apenas uma vez'".

Assim é a vida, caro leitor. Você pode acertar mil vezes, mas, se errar apenas uma, será crucificado. Com efeito, devemos aprender a valorizar as pessoas pelos acertos e não a desvalorizá-las pelos erros que cometeram sem antes sabermos os motivos. Há quem acerte muito mais do que erre e acabe sendo julgado por um único erro enquanto os inúmeros acertos não são valorizados. Isso serve para todos nós. Temos de elogiar mais e criticar menos.

MEUS ERROS ME ENSINARAM MUITO

Já passei por muitas adversidades. Já sofri bastante. Já apanhei, caí e fracassei inúmeras vezes, mas sempre procurei aprender com meus erros e minhas quedas. Cometi desde erros mais banais na infância, mas que tiveram ou poderiam ter consequências graves, até erros já adulto, como empresário, que me trouxeram prejuízos.

Errei quando levei uma tijolada no rosto quando trabalhava em uma loja de roupas em Pimenta Bueno. O dono era inimigo do vizinho, que também era lojista. Certo dia, o vizinho estava bêbado e, na rua, começou a xingar meu patrão, que estava comigo dentro da loja. Fiquei curioso e fui até a porta ver o que estava se passando. O bêbado atirou um tijolo que atingiu meu rosto, ocasionando um afundamento no lado esquerdo da face, e quase me matou. Aprendi que a curiosidade é um instrumento da criatividade, porém demanda cautela.

Errei quando pulava de cabeça da ponte do rio Barão de Melgaço, também em Pimenta Bueno, para tomar banho. Certo dia, ao pular, bati com a cabeça em uma pedra no fundo do rio. Poderia ter quebrado o pescoço e morrido. Aprendi que riscos desnecessários são ou burrice, ou suicídio. Você não recebe nada em troca.

Um grande erro que me ensinou demais foi o fato de eu ter celebrado uma sociedade com um grupo de mantenedores do Rio de Janeiro para criar uma universidade em Recife e não ter formalizado minha participação desde o início no contrato social da empresa. Como sempre confiei nas pessoas, combinamos a participação acionária, assinamos um memorando, e eu, despreocupadamente, não formalizei a participação societária. Alguns meses depois de tudo estar pronto e funcionando, fui surpreendido com a notícia de que não iriam mais formalizar. Felizmente, o Judiciário brasileiro fez justiça e mais tarde fiz um acordo que foi bom para ambas as partes. Aprendi que amizade é amizade, negócios à parte. Tudo tem de ser formalizado desde o início e bem documentado.

Outro grande erro foi o investimento de milhões de reais que fiz em uma construtora de estruturas metálicas, um negócio totalmente diferente do que eu conhecia. Isso aconteceu no início do segundo mandato do então presidente Luiz Inácio Lula da Silva. O Brasil estava crescendo acima das expectativas e Pernambuco também, em especial por causa da construção do Porto de Suape e da chegada de numerosas empresas ao estado. Como eu estava com liquidez, achei, erroneamente, que investir em uma empresa de estruturas metálicas poderia ser um negócio lucrativo. Quebrei a cara. As coisas não deram certo. Tive de revender a empresa ao ex-dono de forma parcelada e com grande carência. Até hoje tento receber para minimizar meu prejuízo financeiro. Aprendi que não adianta perder o foco e investir naquilo que você não conhece muito bem.

Cometi vários outros erros ao longo da vida e da minha jornada empreendedora. O importante é que de todos eles eu extraí grandes lições.

- **Crie alguns procedimentos para lidar com as falhas e o fracasso. É importante ter uma forma de abordagem bem definida e que possa ser acionada quase automaticamente quando uma falha ou fracasso ocorre**

em nossa vida. Isso pode ajudar a diminuir as reações emocionais àquelas situações e nos deixar mais objetivos e resilientes.

Uma história que ilustra bem esse princípio é o conto popular do jumento que caiu no poço, de autor desconhecido.[11]

Certo dia, um jumentinho caiu em um pequeno poço que estava seco. O sertanejo dono do sítio tentou de todas as formas tirar o animal de lá, sem êxito. Enquanto o jumentinho chorava por horas e horas, o dono do sítio pensava no que fazer. Lá pelas tantas, concluiu que o jumento já estava velho e o poço também não dava mais água, e decidiu que o melhor seria tapá-lo mesmo com o jumento lá dentro. Pegou uma pá e começou a jogar terra dentro do poço. O jumento, quando viu o que estava acontecendo, chorou desesperadamente, mas o sertanejo continuou o trabalho. Depois de algum tempo, o animal aquietou-se, embora a terra continuasse caindo sobre seu lombo. A cada pá de terra que caía, o jumento se sacudia e dava um passo sobre ela. Assim, para surpresa do dono do sítio, depois de certo tempo ele conseguiu chegar à borda do poço, passar por cima dela e sair dali correndo.

Qual é a moral da história? A vida vai jogar muitas pedras e muita terra nas suas costas, principalmente se você estiver no fundo do poço. O segredo para sair de lá é sacudir as pedras e a terra que vão jogar em suas costas e dar seus passos, pois cada pedra, cada pá de terra, cada obstáculo, cada problema, cada adversidade que surgir deve ser encarado como um degrau, um trampolim que poderá conduzi-lo à superfície. Tenha em mente que o fundo do poço vai nos ensinar lições que o topo da montanha jamais poderá nos dar. Com efeito, todos podem sair do poço ou do buraco mais profundos se jamais se derem por vencidos. Basta usar a terra, as pedras ou os próprios obstáculos que lhe atirarem para subir e seguir adiante, pois, na caminhada da vida, sempre existirão barreiras em seu caminho.

Nunca se esqueça de que "esperar que a vida lhe trate bem porque você é uma boa pessoa é como esperar que um tigre não o ataque porque é vegetariano" (Bruce Lee).[12]

2. PROCURE SER TOLERANTE E FLEXÍVEL EM SITUAÇÕES ADVERSAS

A tolerância, a flexibilidade, a maleabilidade, a condescendência e a transigência são elementos que ajudam os seres humanos a viver melhor, com mais harmonia e mais felicidade. Portanto, adapte-se, adeque-se a todas as situações difíceis e adversas que surjam para que você tenha uma existência mais plena e significativa.

Observe que "quando a severidade é excessiva, não cumpre seu objetivo. Arco muito estendido se quebra" (Friedrich Schiller). Logo, seja maleável e moderado, porquanto, como enfatizou Oscar Wilde, "convém ser moderado em tudo. Até na moderação".

Como enfrentar situações adversas e sofrer o mínimo possível com cada uma delas? Veremos, a seguir, seis atitudes para que você possa se dar bem quando isso acontecer:

1. **Procure agir como um camaleão. Esse animal se adapta aos momentos difíceis mudando de cor. Portanto, quando uma situação difícil surgir, nunca lute contra ela. Entre em sintonia com aquele momento, antes de se revoltar e atacar alguma circunstância que imponha**

limitação, contenção ou qualquer restrição, seja uma regra, uma lei ou uma situação como a que vivemos na pandemia de covid-19, por exemplo. Procure entender o porquê daquele contexto restritivo. No caso da pandemia, por que eu preciso ficar isolado em casa? Se houver a compreensão do problema – e, sim, isso leva certo tempo para ser digerido –, esse será um forte motivo para que você se convença de que é necessário se adaptar.

2. **Procure esquecer o passado.** Como diz o ditado, "quem vive de passado é museu". Não adianta ficar enchendo a mente com pensamentos sobre o que você fazia no passado ou culpando-se pelo que poderia ter sido evitado. Devemos refletir sobre as causas do infortúnio para evitar que aconteça novamente no futuro. Devemos aprender com os erros. Vire a página, passe uma borracha no passado e não fique se castigando com esses pensamentos pretéritos. Não pensar no passado, neste momento de adaptação, é a melhor opção. Pense 80% no presente e 20% no futuro. O futuro é incerto, ainda indefinido e nebuloso, não permite previsões exatas. Logo, o importante é viver o presente.

3. **Procure ajustar as velas.** Não repita a atitude da orquestra do *Titanic* enquanto o navio naufragava. O barco estava afundando e a orquestra, sem querer encarar a dura realidade da situação, permaneceu tocando, como se nada estivesse acontecendo. Ser equilibrado conta muito no momento de adaptação, porque a razão e o bom senso colocam a sua mente em um estado de equilíbrio. Procure não sentir nem euforia nem melancolia. Procure analisar o cenário e ajuste as velas. Se não houver vento, baixe-as e pegue os remos. Se você

sabe, por exemplo, que não poderá ir à academia nas próximas semanas devido às restrições decorrentes da pandemia de covid-19, procure fazer exercícios em casa. Acomode-se como a água em um novo recipiente. Nos negócios, a regra é não se precipitar, mas agir com base na análise de inúmeros cenários. No *Titanic*, a orquestra deveria ter parado e buscado auxiliar os passageiros do navio e também se salvar, mas perdeu o timing ao não agir como camaleão, ou seja, ao não se adequar à situação do iminente naufrágio.

4. **Considere o imprevisível.** A vida é cheia de altos e baixos. Constantemente nos deparamos com situações imprevisíveis e temos de encará-las e conviver com elas. Quando se está servindo o Exército, situações imprevisíveis são muito comuns. Apesar de eu não ter servido o Exército, um amigo que serviu me contou que, em determinado dia da semana, os oficiais diziam que ele ia encerrar o expediente mais cedo e ainda teria uma folga no dia seguinte. Faziam isso às quintas-feiras. Imagine a felicidade de sair mais cedo e ainda ter a sexta-feira de folga, emendando com o fim de semana! Pois bem, a um minuto da liberação na porta do quartel, chegava o sargento e avisava que tinha recebido uma ordem do comando e que todos deveriam se equipar com uniformes camuflados, receber os armamentos e partir em missão na selva. Meu amigo e seus colegas entravam no caminhão com vontade de chorar e partiam rumo a cinco dias de treinamento na floresta, dormindo ao relento, sem comer direito, podendo beber apenas 1 litro de água por dia, com direito a trinta segundos de banho! Muitos se desesperavam porque não conseguiam se desapegar do tão sonhado fim

de semana prolongado. Apenas os mais fortes e mais resilientes se adequavam e se amoldavam, percebendo que aquela semana ia passar rapidamente e que depois tudo se resolveria. Segundo meu amigo, esse treinamento é geralmente realizado para observar quem tem maior poder de adaptação à imprevisibilidade, quem tem mais inteligência emocional e consegue agir sob pressão, controlar suas emoções etc.

5. **Considere que tudo pode mudar e que boas notícias podem chegar.** Já passei por inúmeras situações nas quais o cenário era o pior possível, as chances de algo dar certo eram remotas, porém o melhor aconteceu. Se você pensar que nada dará certo, as coisas vão degringolar. Nem sempre o pior cenário acontece, nem sempre. Pensar positivo é como pensar grande. Não podemos nos contaminar pelas más previsões, porque são baseadas nas informações do momento. Se o momento muda, as previsões não se consolidam. Imagine se a cada passo que eu dei na minha vida eu fosse me guiar por uma previsão. Certamente, ainda estaria arrastando latas de leite nas madrugadas lá em Naviraí, em Mato Grosso do Sul!
6. **Procure se divertir durante as situações adversas.** Diz o ditado que quem canta seus males espanta. Busque divertir-se quando estiver enfrentando adversidades, abrindo um espaço para fazer, dentro do possível, aquilo de que gosta. Invista em algo divertido, por pior que seja o cenário. O que posso ter aqui de positivo, de diversão? Use a imaginação, leia, se puder ouça uma música, assista a um filme, ligue para um amigo, coma algo que lhe dá muito prazer. Crie uma rotina de satisfação.

3. TENHA COMPAIXÃO

Deseje o melhor a você e também a seus semelhantes, pois, como ensinou a psicóloga e palestrante norte-americana Yasmin Mogahed, "compaixão é olhar para além da sua própria dor, para ver a dor dos outros".[13] Nesse sentido, por meio da compaixão, a pessoa "sente o amor, testemunha a felicidade, faz o mundo se tornar mais belo e recebe o que o dinheiro não compra".[14] E, falando em amor, nunca se esqueça de que ele por si só deve ser sempre "simples, fácil e abundante" e deve ser sempre compartilhado. Com efeito, viver tendo como princípio a compaixão significa preocupar-se não só com o próprio sucesso, mas, principalmente, com o sucesso dos outros. Isso quer dizer estar disposto a deixar de lado as próprias necessidades para prestar atenção nas necessidades daqueles que estão ao seu redor. Como disse a escritora Sharon Salzberg, "a resiliência é baseada na compaixão por nós mesmos, bem como na compaixão pelos outros".

Tenha compaixão. Saiba dar, mas também saiba receber. Segundo T. Harv Eker, as pessoas ricas e de sucesso sabem dar mas também sabem receber, diferentemente das pessoas de mentalidade fraca que, além de terem a mentalidade pobre, pedem muito e, apesar de pedirem, não sabem receber. O prazer de receber deve ser tão grande quanto o de dar, tanto para quem dá quanto para quem recebe. Toda vez que alguém elogiá-lo, por exemplo, agradeça sem, na mesma hora, retribuir a gentileza, haja vista que isso permitirá que você receba plenamente o elogio e se aproprie dele em vez de devolvê-lo, garantindo a quem o elogiou a alegria de lhe dar esse presente sem ter o desprazer de recebê-lo de volta.

Agora, tanto a compaixão quanto a bondade têm que ter limites, levando em consideração sempre o princípio da razoabilidade, uma vez que: "1) a bondade que nunca repreende não é bondade: é passividade; 2) a paciência que nunca se esgota não é paciência: é subserviência; 3) a serenidade que nunca se desmancha não é serenidade: é indiferença; 4) a tolerância que nunca replica não é tolerância: é imbecilidade" (AD).

Logo, sejamos bondosos e tenhamos compaixão para que possamos viver melhor e mais felizes. É a famosa filosofia africana ubuntu. Sobre essa filosofia, Thiago Rodrigo[15] narra que

> um antropólogo estava estudando os usos e costumes de uma tribo africana quando, ao final dos trabalhos, propôs uma brincadeira às crianças da região. Colocou um cesto cheio de doces embaixo de uma árvore e propôs uma corrida, dizendo: "Olha, quem chegar primeiro leva o cesto". As crianças se alinharam, prontas para correr, e, quando estavam prontas para a corrida, ele disse "já!". Todas elas deram as mãos e correram juntas até a árvore, pegaram o cesto juntas e comemoraram juntas. O antropólogo olhou curioso para aquela situação e uma das crianças olhou de volta para ele e disse: "Ubuntu, tio! Como uma de nós poderia ficar feliz se todas as outras iriam ficar tristes?".
>
> Ubuntu é uma palavra que representa uma filosofia e uma ética antiga africana que significa: "Sou quem sou porque somos todos nós". Uma pessoa com ubuntu tem consciência de que ela é afetada quando um semelhante seu é afetado. Ela sabe que o mundo não é uma ilha, que ela precisa dos outros para ser ela mesma. Ubuntu fala de respeito básico pelos outros. Ubuntu é compaixão,

TENHA COMPAIXÃO.
SAIBA DAR, MAS TAMBÉM
SAIBA RECEBER.

partilha, empatia. Ubuntu diz que ser humano é ser como os outros e que ser como os outros deve ser tudo. [...] Em outras palavras, gente precisa de gente para ser gente. Na verdade, quanto mais dedicado a outras gentes, mais gente você se tornará.

Ademais, ninguém é alguém sem outro alguém. Somos seres únicos, mas fomos feitos para viver coletivamente. Deve ser por isso que, na oração que Jesus nos ensina, Ele diz que o Pai é nosso, não *meu*; Ele diz que o pão é nosso, quando pede livramento, Ele diz: "Livra-nos". E diz que: "Venha o Teu reino a nós".

"Nós" é realmente uma mensagem que precisa não estar somente na nossa boca, mas precisa estar dentro do nosso coração. Você precisa, para ser gente, estar diretamente ligado com vínculos de amor, de amizade, de afeto com outra gente.

UBUNTU pra você!

➔ **Aponte a câmera do seu celular e experiencie a mensagem destes dois vídeos.**

https://youtu.be/meim2jU8Wuc

https://youtu.be/l-BChvw8ckw

CARACTERÍSTICAS DAS PESSOAS RESILIENTES

Algumas das características mais marcantes das pessoas resilientes:[16]

- **Têm maior capacidade de acreditar em si mesmas;**
- **Confiam que são capazes de lidar com os desafios que surgem ao longo do caminho;**
- **Respondem às adversidades da vida com maior rapidez e flexibilidade;**
- **Saem de momentos de crise com mais facilidade;**
- **Enxergam as inúmeras e inevitáveis quedas e derrotas em sua trajetória como oportunidades de aprendizado e crescimento;**
- **Têm esperança e fé;**
- **São determinadas, persistentes, perseverantes, focadas e obstinadas;**
- **São altamente disciplinadas;**
- **Não desistem jamais.**

USANDO NOSSAS VIRTUDES PARA DESENVOLVER A RESILIÊNCIA

Como vimos até aqui, a resiliência é uma postura, uma habilidade, uma qualidade desejável que nos leva até os nossos objetivos, até a realização de nossos sonhos.

O interessante é que podemos investir no desenvolvimento de nossa resiliência ao cuidarmos de algumas de nossas virtudes, posturas, modos de pensar e comportamentos que já temos ou que podemos vir a adquirir.

Paula Assis, em seu artigo "Como utilizar as virtudes para desenvolver a minha resiliência?",[17] sugere elementos importantes para nos tornarmos mais resilientes:

- **Ajudar o próximo.** O notável inventor Buckminster Fuller comentou que "a missão da nossa vida é acrescentar valor à vida das pessoas desta geração e das gerações seguintes". Há uma corrente de pensamento que diz que quanto mais pessoas nós damos apoio, mais sucesso obtemos nos planos mental, emocional, espiritual e também no financeiro. Por outro lado, Zig Ziglar afirmou que chegaremos aonde queremos chegar se ajudarmos um número suficiente de pessoas a chegar aonde elas querem chegar. Para isso é necessário ter empatia pelas outras pessoas, como vimos na excelente história da filosofia ubuntu.
- **Gratidão.** Mantenha o hábito de agradecer às pessoas e à própria vida por cada pequeno avanço que faz a cada dia, pois a gratidão é uma das chaves da felicidade tanto pelas coisas boas que acontecem na vida quanto pelas ruins, que serviram de aprendizado. Já ensinou Sêneca que "o ponto mais alto da moral consiste na gratidão". Seja grato também pelos tempos difíceis, pois são eles que nos fazem mais fortes. E, se achar que não tem nada pelo que agradecer, lembre-se de que o simples fato de estar vivo é um grande motivo para ser grato.

Entretanto, o ser humano, por essência, é um animal ingrato, diferentemente do cachorro, pois, para Mark Twain, "se recolhes um cachorro faminto e lhe deres conforto ele não te morderá. Eis a diferença entre o cachorro e o homem". Seja grato:

- **A Deus, o Criador, pois sem ele nada tem valor;**
- **Aos seus familiares e entes queridos, pois, na hora das dificuldades, só eles estarão ao seu lado;**
- **Aos seus colaboradores e amigos, porque ninguém faz nada sozinho;**
- **A todos os que o ajudaram, pois "a gratidão consiste em um sentimento irremunerável e inexprimível" (AD) e "no dicionário de Deus a gratidão vem antes da bênção". Para Augusto Cury, "quem não é grato aos alicerces que o precedem não é digno do sucesso que o sucede".**

Para ilustrar a importância da humildade e da gratidão, vamos conhecer a história, de autor desconhecido, do piloto norte-americano Charles Plumb.[18]

Charles era piloto de um bombardeiro na guerra do Vietnã. Depois de muitas missões de combate, seu avião foi derrubado por um míssil. Charles saltou de paraquedas e foi capturado, passando seis anos em uma prisão no Vietnã. Ao retornar para os Estados Unidos, o piloto passou a dar palestras nas quais contava sua odisseia e o que havia aprendido na prisão. Certo dia, em um restaurante, Charles foi saudado por um homem:

"Olá! Você é o Charles, piloto que foi derrubado no Vietnã?", perguntou o sujeito.

"Como você sabe disso?", questionou Charles.

"Eu era o soldado que dobrava o seu paraquedas. Parece que ele funcionou bem, não é verdade?"

Depois daquele encontro, Charles começou a refletir sobre quantas vezes ele havia visto aquele soldado no porta-aviões e nunca lhe dera sequer um bom-dia. Era um piloto arrogante e prepotente e o soldado, apenas um marinheiro. Charles pensou também nas horas que o marinheiro passara humildemente enrolando os fios de vários paraquedas, tendo em suas mãos a vida de alguém que não conhecia.

Conclusão da história: pergunte-se sempre "quem dobrou meu paraquedas hoje?". Seja humilde, amável com todos e tenha muita gratidão, porque cada pessoa contribui de alguma forma para a sua vida.

- **Amor. Valorize os bons relacionamentos. Cuide de manter a convivência entre as pessoas baseado no afeto, no amor e no respeito mútuo.**
- **Esperança. Espere o melhor e aja para que o melhor aconteça. Mantenha expectativas positivas quanto ao futuro.**
- **Espiritualidade. Cultive a fé. Encontre um sentido na vida e viva de acordo com ele, depositando suas esperanças em um poder maior.**
- **Humanidade. Procure agir em prol da construção de pontes entre as pessoas. Prime pela gentileza e pela caridade, tendo por objetivo elevar o ânimo de todos os envolvidos em cada situação.**
- **Curiosidade. Tenha interesse em aprender coisas novas, envolver-se em experiências e descobertas diferentes. Descubra, aprecie e cultive a busca do conhecimento.**

- **Criatividade.** Procure ser original e criar possibilidades distintas. Pense em formas diversas de resolver situações. Busque novas respostas, olhe para tudo com um olhar diferente, pesquisando novas alternativas.
- **Autoconhecimento, autoconfiança e autocontrole.** Conheça a si próprio. Suas fraquezas e fortalezas. Acredite em você e saiba atuar de modo equilibrado e com disciplina. Não se deixe levar pelas emoções, de modo a evitar que isso cause atritos desnecessários.
- **Conhecimento.** Busque informações que venham a complementar sua visão do mundo, das pessoas e das coisas. É fundamental investir em elementos de aprendizado que promovam a melhoria de nossa atuação no dia a dia.
- **Sabedoria.** É a busca constante pela compreensão do mundo e das pessoas à sua volta e sobre como interagir com eles. Empenhe-se em transformar conhecimento e experiência prática em algo mais consistente e elevado.
- **Prudência.** Aja de modo cuidadoso com as escolhas que faz. Evite assumir riscos desnecessários. Esteja atento para não fazer coisas das quais possa se arrepender.
- **Crença no merecimento.** É preciso se sentir digno e merecedor do sucesso, da prosperidade e da riqueza material. Ao crermos no mérito, com frequência teremos muito a agradecer, e isso nos indica que sempre haverá mais possibilidades de sucesso pela frente. Quando agradecemos porque sabemos que merecemos, isso aumenta nossa resiliência.
- **Integridade.** Aja de maneira irrepreensível e responsável com base em suas decisões e nos compromissos assumidos.

- **Transparência.** Mostre-se de forma genuína, sem máscaras, sem ambiguidades.
- **Mente aberta.** Tenha uma visão imparcial e não tendenciosa a respeito das coisas. Examine todos os ângulos de cada situação e aceite analisar diferentes pontos de vista sobre os fatos apresentados.
- **Vitalidade.** Nutra entusiasmo e alegria, sentindo-se vivo e ativo. Invista em atividades que tragam maior vigor físico, clareza mental e compreensão espiritual.
- **Viver de maneira leve e com bom humor.** Encare a vida com bom humor, vivendo com alegria. Não leve a vida tão a sério. Procure sempre ser uma boa companhia, com boa energia.
- **Inteligência social.** Esteja consciente dos motivos e sentimentos de outras pessoas e também dos próprios. Cuide para minimizar tanto quanto possível os conflitos entre as partes envolvidas em cada situação.

São muitos os pontos e os detalhes a que devemos dar atenção, o que pode parecer trabalhoso e, muitas vezes, até mesmo impossível de realizar. Contudo, o que realmente importa é ter consciência de que todos esses pontos podem contribuir para desenvolver e fortalecer nossa resiliência, o que nos impõe praticar pelo menos alguns deles diariamente. Mas a recompensa é que nos tornamos cada vez mais resilientes à medida que nos damos conta do que já realizamos.

ALGUMAS ATITUDES RESILIENTES EM MINHA VIDA

Como enfatizei anteriormente, foram a educação, o trabalho árduo e o empreendedorismo que me fizeram mudar de vida, mas foi a resiliência que me fez sair de um estágio de pobreza extrema e transformar grandes sonhos em realidade.

Por diversas vezes tive que ser altamente resiliente. Inicialmente, quando, com meus pais, deixei Santana dos Garrotes, minha terra natal, e fui morar em Naviraí, em uma pequena casa de madeira alugada. A seguir quando, com a ajuda de meu tio Francisco Bezerra, construí minha primeira caixa de engraxate e comecei a engraxar sapatos nas ruas de Naviraí, a fim de ganhar dinheiro, ajudar em casa e ir à matinê aos sábados. Também precisei ser resiliente quando decidi abandonar a caixa de engraxate para vender laranjas mexericas de porta em porta e novamente mudar de ramo quando acabou a safra para começar a vender picolés de porta em porta.

Fui altamente resiliente quando, aos 14 anos, concluí o ensino fundamental lá em Pimenta Bueno, Rondônia, e na cidade não havia ensino médio. Daí tive de abandonar a minha família e viajar de ônibus, sozinho, por mais de 4 mil quilômetros, até o Nordeste, em busca de um emprego que me permitisse cursar o ensino médio, deixando tudo e todos para trás.

Exerci o poder da resiliência também quando cursava o ensino médio em Recife, e, durante esse período, trabalhava de dia e estudava à noite, inclusive aos sábados, domingos e feriados, sem poder ir a uma balada, lutando para ser aprovado no vestibular de Direito da UFPE.

Fui altamente resiliente quando meu filho mais velho estava para nascer e eu não tinha plano de saúde nem dinheiro para pagar o médico e a maternidade. Tive que passar vários cheques pré-datados, sem fundos, e depois pegar dinheiro emprestado para honrar as dívidas.

Também fui bastante resiliente quando, depois de ver a minha segunda empresa, a Janguiê Cobranças, ir à falência, consegui, mesmo passando por muitas dificuldades financeiras, estudar seis horas por dia, todos os dias, inclusive aos sábados, domingos e feriados, durante dois anos, para ser aprovado no concurso de juiz federal do trabalho.

Utilizei a força da resiliência em minha vida quando, após ter criado a faculdade Maurício de Nassau, em Recife, a primeira faculdade do grupo Ser Educacional, o Ministério da Educação atribuiu uma nota baixa a ela erroneamente, fazendo com que eu lutasse diuturna e herculeamente por vários meses para corrigir esse grave erro que poderia levar a instituição à falência.

Foram incontáveis os momentos em minha vida em que tive de ser extremamente resiliente: eles, por si só, poderiam preencher dezenas de páginas de um livro. A lição que eu quero transmitir a você, leitor, é que a resiliência é um poder extraordinário que todos temos ou podemos desenvolver, mas são poucos os que conseguem fazer uso dele. Faça você uso desse poder incrível, e nem o céu será o limite para a superação de suas adversidades e a realização de seus sonhos.

5
A quinta chave

CONHECIMENTO

A IMPORTÂNCIA DA EDUCAÇÃO

Inicialmente, cumpre registrar que a educação que confere ao indivíduo informação, conhecimento e sabedoria muda vidas, histórias e destinos, desde países e até o mundo. Ela mudou minha vida, minha história e meu destino e pode mudar a vida de todos, inclusive o nosso país.

Enganam-se aqueles que pensam que o mundo e o Brasil podem ser mudados pela economia, pelo militarismo ou pela diplomacia. Segundo as pegadas do psiquiatra chileno Claudio Naranjo,[1] o mundo e o Brasil não podem ser mudados pela economia, porque ela representa o poder do *statu quo* que "quer manter tudo como está". Não muda pelo militarismo, pois "o poder militar representa a dominação, a força de um sobrepujando o outro" e o mundo não muda pela dominação;

também não muda por meio da diplomacia, pois "a ONU vem tentando fazer isso há décadas e até agora não conseguiu". Para mudarmos o mundo e o Brasil, temos que "mudar a consciência humana, especialmente a dos mais jovens", por isso só é possível mudar o mundo e o Brasil por meio da educação.

Para Paulo Freire, a educação é "o instrumento transformador e libertador do indivíduo", é a forma mais fácil de mobilidade e ascensão social, além de ser instrumento que confere independência, autonomia e soberania a qualquer nação. Nenhum país do mundo pode aspirar a ser desenvolvido, autônomo, soberano e independente sem um forte sistema educacional desde o ensino básico, passando pelo superior e chegando ao pós-superior. Em uma sociedade em que o conhecimento é muito mais importante que os recursos materiais como fator de desenvolvimento humano, considerado instrumento de poder, a importância da educação é cada vez maior. É nisso que acreditava Georges Jacques Danton, figura destacada na Revolução Francesa, quando dizia que, "depois do pão, a educação é a primeira necessidade de um povo",[2] pois "a educação é para a alma o que a escultura é para um bloco de mármore" (Joseph Addison). E ela sempre foi um investimento com retorno garantido, já que, como afirmou o escritor e poeta francês Victor Hugo, "quem abre uma escola fecha uma prisão".[3]

Um dos pilares da educação é a figura do professor, que constitui um elemento de destaque para a transmissão do conhecimento. Nesse sentido, ao se referir ao professor, a Bíblia afirma, em Provérbios 22:6, que ele "ensina à criança o caminho em que deve andar, e, ainda quando for velho, não se desviará dele". Com base nesse provérbio, podemos dizer que o professor é o profissional da esperança por propiciar aos jovens maiores oportunidades de concretizar seus sonhos. Ele "carrega nos ombros o patrimônio da humanidade" (Bernard Charlot) já que é considerado "como um poderoso abridor de gaiolas, libertador de sonhos e estimulador de vidas" (Serrano Freire).

O professor, contudo, não deve achar que sabe tudo, pois, de acordo com Paulo Freire, "ensinar exige respeito aos saberes dos educandos", porque, para Freire, é preciso "discutir com os alunos a razão de ser de alguns desses saberes em relação com o ensino dos conteúdos.[4] Ademais, sempre que ele ensina alguma coisa, também aprende alguma coisa em troca, pois, "ninguém é tão ignorante que não tenha algo a ensinar; e ninguém é tão sábio que não tenha algo a aprender" (Blaise Pascal). Logo, "aprender constante e involuntariamente é característica do gênio" (Marie von Ebner-Eschenbach).

AS COMPANHIAS MAIS VALIOSAS DO MUNDO

Para mostrar a importância do conhecimento nos dias atuais, basta lembrar que há cerca de cem anos as companhias mais valiosas eram as de extração de petróleo, gás, minério etc., produtos vendidos para o mundo inteiro – as empresas petrolíferas e mineradoras, por exemplo. Até hoje ainda existe uma companhia estatal de petróleo da Arábia Saudita que foi listada na Bolsa de Valores dos Estados Unidos, a Nasdaq, em 2019, com um *valuation* de 1,7 trilhão de dólares.

Cinquenta anos depois, as empresas mais valiosas do mundo passaram a ser aquelas que transformavam matéria-prima em produtos consumíveis pela sociedade, como um hardware, um computador, uma máquina fotográfica. Empresas como a IBM e a Kodak se destacaram nessa época.

Hoje, as companhias mais valiosas do mundo são aquelas cujo principal elemento de valor não é tangível, físico, tátil. Elas lidam com a informação e o conhecimento. São empresas como a Apple, a Alphabet, holding da Google, e a Amazon.

Essa evolução de produtos oriundos de atividades extrativistas para produtos transformados e depois para produtos de informação e conhecimento nos dá um sinal muito forte sobre para onde caminha a humanidade no século XXI. E a importância vital da educação para o mundo do trabalho hoje.

VIVEMOS NA SOCIEDADE DA INFORMAÇÃO E DO CONHECIMENTO

Na sociedade da informação e do conhecimento, o conhecimento é extremamente mais importante que os recursos materiais como fator de desenvolvimento humano, considerado instrumento de poder. Conhecimento é poder e, hoje, é muito barato. Podemos dizer que é a coisa mais barata do mundo, pois tudo está posto na internet. Nesse sentido, ensinou Benjamin Franklin que "se você acha que a instrução é cara, experimente a ignorância", pois, "ao falhar em se preparar, você está se preparando para falhar", já que "estar preparado é metade da vitória" (Miguel de Cervantes).

Ensinou com muita propriedade Immanuel Kant que "o ser humano é aquilo que a educação faz dele", porque "a nossa mente é como um banco. A gente só saca o que nela deposita" (Bento Augusto), caso contrário, temos que tomar emprestado.

Sobre a importância do conhecimento, Sun Tzu, autor do livro *A arte da guerra*, escrito quinhentos anos antes de Cristo, já lecionava que

> se você conhece o inimigo e conhece a si mesmo não precisa temer o resultado de cem batalhas. Se você se conhece, mas não conhece o inimigo, para cada vitória ganha sofrerá também uma derrota. Se você não conhece o inimigo nem a si mesmo perderá todas as batalhas.

Por outro lado, "ninguém nasce burro ou inteligente. O cérebro é maleável e tem um potencial de 100 bilhões de neurônios", ou seja: todo mundo é capaz de aprender se quiser aprender, tiver força de vontade, for estimulado corretamente, dedicar-se com determinação, compromisso, foco e disciplina e acreditar na própria capacidade de aprender.

SOCIEDADE DO CONHECIMENTO, SIM, MAS TAMBÉM DO ESTUDO CONTÍNUO

Na sociedade em que vivemos, o estudo deve ser contínuo e continuado, o que consubstancia o chamado "conceito do aprendizado contínuo". Foi-se o tempo de se formar na universidade, colocar o anel no dedo e viver o resto da vida com os conhecimentos adquiridos durante o curso. Não estou falando aqui de conhecimento acadêmico, mas de conhecimento específico sobre aquilo que queremos aprender e fazer, sobre o empreendimento que queremos abrir, sobre o produto ou serviço que queremos criar e oferecer, sobre o mercado, os concorrentes, a clientela etc.

Nós sabemos que a faculdade é superimportante, que o canudo, o certificado e o diploma nos conferem satisfação e reconhecimento. Entretanto, ler, estudar e realmente aprender por meio de uma faculdade, de um curso ou por intermédio de qualquer forma de aprendizagem é o mais importante, pois, como afirmou o Sir Isaac Newton, "o que sabemos é uma gota; o que ignoramos é um oceano", e o "verdadeiro sábio é aquele que tem plena consciência de que ainda tem muito a aprender". Nessa linha, o filósofo Sócrates já afirmara há milhares de anos para ressaltar a importância do conhecimento que "só sei que nada sei".[5] Portanto, lembre-se de que "a inteligência encobre feiura, mas a beleza não encobre a burrice", mesmo a beleza de olhos azuis "não encobre nem disfarça a ignorância e a burrice" (AD), pois, na sociedade do conhecimento, "a beleza pode abrir portas, mas somente a virtude entra" (provérbio inglês). Por isso eu hoje me considero um homem lindo: por conta da minha modesta inteligência, do meu suado conhecimento e do relativo sucesso que conquistei.

É fundamental ler e estudar, pois muitas pessoas transformaram sua vida e deram início a uma nova era em sua existência a partir da leitura de um livro interessante, pois "livro vem do verbo livrar, tendo como principal objetivo livrar-te da ignorância" (P. F. Filipini). Eu mesmo li alguns livros que marcaram, impulsionaram e até transformaram a minha vida. Obras como *As sete leis espirituais do sucesso*, do médico e escritor indiano Deepak Chopra; *A lei do triunfo*, do escritor norte-americano Napoleon Hill; *As 48 leis do poder*, do também autor norte-americano Robert Greene; *Desperte o seu gigante interior*, do escritor e palestrante motivacional Tony Robbins; e *O poder do subconsciente* e *Telepsiquismo*, do norte-americano Joseph Murphy, *Mindset: a nova psicologia do sucesso*, de Carol S. Dweck; *Empresas feitas para vencer*, de Jim Collins; *Organizações exponenciais*, de Salim Ismail; *Os segredos da mente milionária*, de T. Harv Eker; entre inúmeros outros livros.

Ninguém melhor para falar da importância da leitura que uma pessoa que dedicou a vida aos livros, o bibliófilo José Mindlin: "O livro informa, distrai, enriquece o espírito, põe a imaginação em movimento, provoca tanto reflexão como emoção, é, enfim, um grande companheiro".

Ademais, para Machado de Assis, "é preciso ler isto, não com os olhos, mas com a memória e a imaginação". E, para Augusto dos Anjos, "somos o que lemos e lemos aquilo que somos", uma vez que "os livros me ensinam a pensar; e o pensamento me fez livre" (Ricardo León).

Por outro lado, de acordo com o ex-presidente do Brasil Juscelino Kubitschek, livros "são grandes amigos sempre à disposição da gente". O livro, inclusive, é "um grande companheiro. Companheiro ideal, aliás, pois está sempre à disposição, não cria problemas, não se ofende quando é esquecido e se deixa retornar sem histórias, a qualquer hora do dia ou da noite".

Doutra parte, já dizia Franz Kafka que "um livro deve ser uma picareta para quebrar os mares congelados da alma", pois, em conformidade com o que afirma Clarice Lispector, "a literatura não é literatura, é a vida vivendo". E, para Nelson Rodrigues, "o mesmo livro é um na véspera e outro no dia seguinte", e "quem aprende a gostar de ler sabe escrever a própria história".

"Os livros são mais que livros, eles são a vida, o verdadeiro coração e núcleo de eras passadas, a razão pela qual homens

NA SOCIEDADE EM QUE VIVEMOS, O ESTUDO DEVE SER CONTÍNUO E CONTINUADO, O QUE CONSUBSTANCIA O CHAMADO "CONCEITO DO APRENDIZADO CONTÍNUO".

viveram e trabalharam e morreram, a essência e quintessência de suas vidas" (Amy Lowell). "Nos livros está a alma dos tempos passados, sua voz audível, articulada, enquanto já desapareceram, como um sonho, o corpo e as substâncias materiais" (Thomas Carlyle).

Para o escritor argentino Jorge Luis Borges,

> dos diversos instrumentos do homem, o mais assombroso, sem dúvida, é o livro. Os demais são extensões de seu corpo. O microscópio, o telescópio, são extensões de sua vista; o telefone é extensão da voz; depois temos o arado e a espada, extensões de seu braço. Mas o livro é outra coisa: o livro é uma extensão da memória e da imaginação.[6]

Com efeito, leitor, "a maior e mais emocionante viagem que alguém pode empreender é para dentro de si mesmo. E o modo mais emocionante de fazer isso é lendo, pois um livro revela que a vida é o maior de todos os livros, no entanto é ferramenta pouco útil para quem não souber ler nas entrelinhas e descobrir o que as palavras não disseram" (AD). No fundo, no fundo, como asseverou Augusto Cury, "o leitor é autor da sua própria história". Por fim, ouso afiançar a posição de Joseph Brodsky quando afirma que "há crimes piores do que queimar livros". Sim! "Um deles é não lê-los".

Recrudescendo a seara de considerações, é alvissareiro ressaltar que estamos vivendo em um mundo disruptivo, que muda rapidamente e com muita constância. Esse mundo faz com que o nosso conhecimento adquirido tenha uma vida útil bastante curta, pois, em pouco tempo, ele se torna obsoleto. É que "o conhecimento é uma selva em que uma teoria nova mata a teoria anterior, ou a engloba" (Samuel Arbesman). Nesse mundo, para Alvin Toffler, "o analfabeto do século XXI não será aquele que não consegue ler e escrever, mas aquele que não consegue aprender, desaprender e reaprender". Dessa forma, podemos trazer à baila a lição de T. Harv Eker de que existem três palavras muito perigosas no mundo e que formam uma frase escrita com apenas sete letras: "eu já sei". Ademais, "uma planta que não cresce mais está morrendo. Isso também vale para as pessoas que pararam de aprender" (T. Harv Eker).

SOCIEDADE DA EXPERIÊNCIA, DA EXPERIMENTAÇÃO, DA PRÁTICA

Pois bem. Vivemos na sociedade da informação e do conhecimento, que exige o estudo continuado e a prática, pois não basta apenas ter a informação e o conhecimento: temos de aplicá-los, de praticá-los, de experienciá-los.

Pode parecer uma informação paradoxal, mas o conhecimento é a coisa mais barata do mundo, pois hoje está disponível na internet. Entretanto, cabe aqui enfatizar que a facilidade de acesso não significa informar-se adequadamente, pois a pessoa tem de ter um bom discernimento para separar as informações falsas das verdadeiras e também saber como e em que fontes confiáveis pesquisar, já que qualquer um pode postar o que quiser. Por outro lado, a facilidade de acesso às informações promovida pela rede mundial de computadores tem evidenciado que um número crescente de pessoas está ficando cada vez mais preso somente ao lado teórico do conhecimento. Os indivíduos estão se viciando e consumindo conteúdo on-line o tempo todo sem pôr nada do que aprendem em prática.

É claro que estudar presencialmente ou pela internet e angariar conhecimentos é importante. Mas a única forma de aprender efetivamente e obter resultados práticos é aplicando o conhecimento, ou seja, praticando o que aprendemos para realmente potencializar o conhecimento adquirido. Mesmo que tenhamos nascido com um dom específico, se aspiramos à excelência naquilo que fazemos, precisamos praticar. É a prática que nos faz desenvolver a confiança, que gera ainda mais motivação para seguir em frente, que nos dá a segurança de estarmos no caminho certo. E é a repetição que consagra a prática das ações corretas e que nos leva ao aprimoramento e ao sucesso almejados.

Como afirmou Lao-tsé, filósofo chinês fundador do taoismo, "saber e não fazer é não saber ainda".[7] Para que algo efetivamente tenha resultado, não basta que fique apenas no plano das ideias. É necessário que seja aplicado, que seja praticado, pois, segundo Anton Tchekhov, "o conhecimento não serve de nada a menos que você o coloque em prática", pois é "a prática que leva à perfeição" e também ao sucesso, à prosperidade e à riqueza financeira. E "tentar adquirir experiência apenas com teoria é como tentar matar a fome apenas lendo o cardápio" (Jordan Mustache), já que, segundo Albert Einstein, "a teoria sempre acaba, mais cedo ou mais tarde, assassinada pela experiência", a qual é a consubstanciação da prática. Estamos com o poeta Fernando Pessoa quando afirma que "toda a teoria deve ser feita para poder ser posta em prática, e toda a prática deve obedecer a uma teoria. Só os espíritos superficiais desligam a teoria da prática".[8]

Nesse sentido, quando dizemos que conhecimento é poder, estamos assinalando que ele é poder em potencial – só passa a ser efetivamente poderoso quando aplicado. Apenas quando colocamos o que sabemos em prática é possível transformar ideias em ações e manifestar no mundo todo o poder real dos nossos conhecimentos. Como afirmou A. P. J. Abdul Kalam, "conhecimento com ação transforma adversidade em prosperidade".

Com efeito, caro leitor, não adianta ter quilos de conhecimento e praticar gramas de atitude, pois "as palavras movem, as atitudes arrastam". Logo, tão importante quanto aprender é colocar em prática o que aprendemos, porque "a prática sem teoria é como embarcar em um mar inexplorado. A teoria sem a prática é não embarcar de jeito nenhum" (Mervyn W. Susser). A teoria sem a prática só serve para filosofar em mesa de bar. Consiste apenas em engordar a nossa mente com a chamada "obesidade mental" ou com uma intoxicação mental. Precisamos desintoxicar nossa mente aplicando e praticando o que aprendemos, ou consoante Fabrizio Alves, temos que fazer uma "desinfoxicação mental", ou seja, extrair ou desintoxicar as informações desnecessárias de nossa mente.

Dessa forma, como foi afirmado por certo sábio, "se você é ruim, treine e pratique até ficar bom. Se é bom, treine e pratique até ficar ótimo. Se é ótimo, treine e pratique até ficar excelente". E "quando achar que já está excelente e pronto, treine e pratique muito mais ainda" (Daniel Velasques). Tenha em mente que, segundo T. Harv Eker, "a prática e a repetição são a mãe da aprendizagem". E faço um acréscimo: "a mãe e também o pai da aprendizagem". Por isso, lembre-se das palavras de Aristóteles: "excelência é uma arte conquistada por meio do treinamento e do hábito", porque "somos aquilo que fazemos repetidamente". Com efeito, se você quer ser um bom leitor, leia. Se quiser ser um bom escritor, escreva. "Nesta vida, hábitos e capacidades são fortalecidos por ações correspondentes" (Epiteto). Portanto, para crescer profissionalmente, além de adquirir uma boa quantidade de informação e conhecimentos – os genéricos e também os específicos –, é preciso aplicá-los na prática, de modo a gerar algum diferencial no segmento em que você atua. O conhecimento aplicado produz melhores resultados, molda a nossa personalidade e nos permite aperfeiçoar nosso comportamento e nosso relacionamento com as pessoas.

MINHA LUTA PARA ANGARIAR CONHECIMENTO

Como sou filho de pais iletrados, sempre tive a ignorância como a maior inimiga da minha vida. Por isso, desde menino, procurei estudar muito, mesmo que para isso eu tivesse de superar inúmeras adversidades.

Apesar de ter estudado a vida inteira em escolas públicas, a maioria delas deixando a desejar em qualidade, salvo a UFPE, que sempre foi considerada uma das melhores universidades do país, eu procurei superar as dificuldades como autodidata.

Depois de concluir o ensino médio, estudando muito, eu me formei em Direito pela UFPE e em Letras pela Universidade Católica de Pernambuco (Unicap). Ao longo de minha vida universitária, estudei francês na Aliança Francesa e inglês na Cultura Inglesa, em Recife, e ao mesmo tempo fazia vários cursos preparatórios para prestar o concurso do Instituto Rio Branco, em Brasília, a fim de seguir a carreira diplomática. Fiz pós-graduação em Direito Processual Civil na Escola Superior da Magistratura de Pernambuco, curso de especialização em Direito do Trabalho na Unicap e MBA em Direito Coletivo do Trabalho na Organização Internacional do Trabalho (OIT), em Turim, na Itália. Posteriormente, cursei mestrado e doutorado em Direito Público também na UFPE.

Na ânsia de obter conhecimento, li dezenas de livros jurídicos e de outras áreas, o que fez com que fosse aprovado em diversos concursos públicos, entre os quais de professor de Direito da UFPE, de oficial de Justiça e juiz federal do Tribunal Regional do Trabalho de Pernambuco e também de procurador do trabalho do Ministério Público da União.

Na condição de professor e jurista da área trabalhista, participei de centenas de congressos jurídicos como congressista e, principalmente, como palestrante, o que me proporcionou ampliar ainda mais meu conhecimento na área do Direito.

Entretanto, depois de muitos anos estudando o universo do Direito, resolvi abandoná-lo para empreender nos negócios. Procurei me preparar adquirindo conhecimento para tal empreitada por meio da leitura de livros sobre habilidades socioemocionais, técnicas e empreendedorismo. O estudo e a leitura me trouxeram conhecimento suficiente para que eu pudesse me tornar um escritor. Este livro que você está lendo já é o meu 26º publicado.

Ao longo da minha jornada empreendedora empresarial, fiz vários cursos de extensão sobre gestão, liderança, governança coorporativa, marketing, *compliance* etc. E, como faço questão de salientar, *estou começando hoje a minha vida empreendedora*. Portanto, como estamos vivendo na sociedade do conhecimento, do estudo continuado, da experimentação, do propósito, da sustentabilidade e, principalmente, do mundo digital, todos os dias procuro ler novos livros e fazer novos cursos sobre esse novo e disruptivo mundo, em especial sobre gestão de responsabilidade social empresarial, marketing digital e mídias sociais.

Para sobreviver e se destacar neste novo mundo, o empreendedor tem que se atualizar diuturnamente, empreender em negócios com propósito, agir com ética, cuidar da sustentabilidade em sentido amplo e, sobretudo, navegar com maestria no oceano digital.

6

A sexta chave

MODELAGEM

CONSIDERAÇÕES INICIAIS

No livro *O poder da modelagem*, afirmo que a modelagem consiste em uma ferramenta poderosa para o sucesso, a prosperidade e a riqueza financeira. Ela significa que podemos "copiar" o que grandes homens e mulheres bem-sucedidos fizeram e fazem de bom no mundo e aplicar as mesmas ideias e atitudes em nossa vida e em nossos negócios, gerando, dessa forma, um atalho para a nossa evolução e para o crescimento de nosso empreendimento.

Ora, caro leitor, não há necessidade de reinventar a roda, uma vez que ela já foi inventada e comprovadamente funciona muito bem. Com efeito, como a roda já existe, basta usá-la como modelo, exatamente como é. Para que perder tempo tentando fazer algo que já foi feito e aperfeiçoado anteriormente por outros se podemos apenas aprender com aqueles que obtiveram sucesso naquilo que desejamos fazer?

Sobre esse assunto, em 1675, o físico Sir Isaac Newton lembrou: "Se eu vi mais longe, foi por estar sobre os ombros de gigantes".[1] Essa frase expressa claramente a ideia de que é muito mais produtivo levar em conta as descobertas anteriores, quando outros já se saíram muito bem, do que começar do zero, porque a ciência, assim como outros ramos do conhecimento, é um pensar coletivo e "novas descobertas são mais prováveis de serem feitas a partir de algo já conhecido" (AD). Assim como Newton, Bernardo de Chartres registrou que podemos ver mais longe do que nossos predecessores porque somos levantados e carregados sobre sua estatura gigantesca, o que pode ser entendido como o fato de que nosso conhecimento e nossas conquistas tendem a ser maiores e melhores quando nos apoiamos na bagagem que nossos antepassados nos legaram.

O escritor Tony Robbins, o mentor profissional e organizacional mais famoso dos Estados Unidos, afirma que "a modelagem é o caminho para a excelência". E complementa: "Se você quiser alcançar o sucesso, tudo o que precisa fazer é encontrar um meio de copiar aqueles que já são um sucesso. Isto é, descobrir como agiram e, em especial, como usaram seus cérebros e corpos para conseguirem os resultados que deseja duplicar".[2]

A arte de modelar o comportamento de outras pessoas é algo que aprendemos e fazemos naturalmente desde muito cedo. É natural que as crianças, por exemplo, observem os adultos ao redor, procurando registrar tudo o que eles fazem, para, aos poucos, repetir seus comportamentos, imitar seus gestos e internalizar suas palavras, expressões e até seus papéis. É por isso que, como afirmamos anteriormente, Bob Hoffman, criador do Processo Hoffman da Quadrinidade, ensinou, com muita propriedade, que, até os 7 ou 8 anos, a criança tem sua personalidade formada e, caso não tenha sido amada incondicionalmente pelos pais biológicos ou substitutos (pessoas que cuidaram dela até então), e tenha recebido somente o amor condicional, ou seja, amor condicionado ao cumprimento de determinada tarefa, ela procura imitar seus pais ou substitutos para tentar receber o amor incondicional. Por conta disso, a criança adquire todas as negatividades dos pais biológicos ou substitutos e também as positividades. Isso nada mais é que a modelagem.

Como a criança aprende a falar? Observando e imitando o adulto. Como um jovem atleta aprende as estratégias que funcionam melhor para obter os resultados que almeja? Com outro atleta, mais velho, que faz o papel de seu treinador. O que faz um homem de negócios decidir qual caminho usar para estruturar sua empresa? A observação das atitudes e dos resultados de outro homem de negócios que já tenha seu sucesso consolidado.

Se repararmos bem, uma das atitudes mais comuns do ser humano é usar o conhecimento de outras pessoas como base para o próprio desenvolvimento. Estamos o tempo todo nos modelando por alguém, ou seja, usando os exemplos de outras pessoas como referência para o que fazemos ou para aprender a fazer algo.

Quando queremos melhorar nossos resultados em alguma área, quando buscamos o sucesso, uma das maneiras mais poderosas e eficazes é agir por meio da modelagem. É muito útil reproduzir o comportamento daqueles ao nosso redor que já conquistaram os resultados que queremos alcançar.

A maioria das pessoas que fazem uma diferença significativa no mundo são exímios modeladores, indivíduos que dominam a arte de aprender e aplicar tudo o que podem pela observação da experiência de quem já foi mais longe na rota que estão trilhando em dado momento. Elas observam e reproduzem seu comportamento em geral, suas ações e reações, suas crenças e sua forma de pensar, a fim de poder produzir resultados similares aos delas.

Assim, é lógico concluir que uma das fontes mais importantes da aprendizagem é o comportamento que observamos nos outros. Estamos constantemente expostos a modelos de atitudes que podem nos ser úteis, desde que os analisemos atentamente e avaliemos se suas consequências e resultados nos interessam genuinamente.

AS BASES DA MODELAGEM

Foi Albert Bandura, psicólogo social canadense, que desenvolveu, no início da década de 1960, as bases da teoria da aprendizagem por modelagem. Bandura defendeu a ideia de que o ser humano é capaz de aprender por meio da observação do comportamento de outras pessoas e das consequências e resultados obtidos. Também afirmou que muitos dos nossos comportamentos são estabelecidos com base na observação e na imitação de modelos por nós mesmos escolhidos como referências.

Segundo Bandura, as pessoas podem aprender mais rapidamente e de maneira mais vantajosa por meio da reprodução do comportamento de outros indivíduos e dos resultados que obtiveram com suas ações, haja vista que o ser humano é moldado pelo pensamento, pelas regras sociais e, principalmente, por aquilo que aprende com os exemplos transmitidos pelos outros.

A MODELAGEM E A PROGRAMAÇÃO NEUROLINGUÍSTICA (PNL)

Quando falamos em modelagem, temos, obrigatoriamente, de nos lembrar de que a Programação Neurolinguística nos deu a chave para obter de forma simplificada os resultados que buscamos.

Desenvolvida por John Grinder e Richard Bandler na década de 1970, a PNL abriu nossa compreensão para o fato de que é possível observar e reproduzir o comportamento das pessoas que nos interessam, que admiramos e que já têm os resultados que buscamos.

Uma das pressuposições da PNL é que todos nós temos a mesma neurologia. Esse é um conceito importante porque nos coloca diante de uma verdade: **se alguém no mundo pode fazer alguma coisa, isso significa que nós também podemos fazer**.

Estamos falando de um processo para descobrir o que as pessoas fazem para conseguir um resultado específico para que possamos fazer igual e obter resultados semelhantes, já que também somos capazes. Em outras palavras, pela PNL, podemos seguir os passos e ter o mesmo nível de pensamentos e de atitudes de quem já é bem-sucedido e conseguir um sucesso semelhante.

A MODELAGEM COMO FERRAMENTA DE SUCESSO

Como vimos, a modelagem consiste em um processo de observação e compreensão de um sujeito referencial, a fim de reconstruir em nosso contexto (de identidade e de realidade social) padrões, técnicas, pensamentos e hábitos que levaram alguém à excelência em algum campo da vida.

QUANDO QUEREMOS MELHORAR NOSSOS RESULTADOS EM ALGUMA ÁREA, QUANDO BUSCAMOS O SUCESSO, UMA DAS MANEIRAS MAIS PODEROSAS E EFICAZES É AGIR POR MEIO DA MODELAGEM.

É plenamente possível reproduzir, ou seja, "modelar", qualquer comportamento de uma pessoa de sucesso se soubermos quais são os processos mentais e ações específicas por trás dos resultados obtidos por ela.

Aprender com quem já passou pelo que possivelmente vamos passar é fundamental para evitar os tão temidos erros de principiantes. A experiência daqueles a quem modelamos mostra aquilo que não se aprende nos bancos da escola nem em cursos específicos, mas apenas com a observação e a prática.

Quando seguimos o caminho da modelagem, além de nos inspirarmos e nos motivarmos para agir, podemos perceber os enganos que as pessoas experientes já cometeram, e isso nos ajudará a evitá-los.

Tudo bem que agir por tentativa e erro também faz parte do processo de evolução. É algo até natural. Nessa modalidade de aprendizado, porém, desperdiçamos uma quantidade enorme de recursos, muitas vezes sem a menor necessidade. É aí que a modelagem nos ajuda a poupar investimento, energia e tempo. Podemos chegar ao mesmo resultado de uma pessoa bem-sucedida, e até em menor tempo que ela, simplesmente estudando e aplicando na nossa vida o que o modelo em questão fez para chegar lá. E isso nos dá uma enorme vantagem, algo muito desejado no mundo altamente competitivo e dinâmico de hoje.

Desse modo, podemos afirmar, sem medo de errar, que a modelagem é uma ferramenta que pode ser aplicada em qualquer área da vida. Sob essa perspectiva, a sugestão é escolhermos uma pessoa que admiramos, estudarmos a metodologia por trás de seu sucesso e projetarmos um caminho semelhante para alcançar nossos próprios objetivos.

A técnica ou ferramenta da modelagem orienta que mudemos propositadamente um comportamento, com base em referenciais consagrados, para melhorar a nossa mentalidade e conquistar nossas metas de maneira mais direta, poupando recursos e contando ainda com a vantagem da segurança de uma menor probabilidade de errar.

A modelagem é, portanto, uma forma não só de reproduzir a excelência alcançada por outras pessoas como também de aprimorá-la, pois, quando partimos de algo já excelente, nossas chances de superar esses limites aumentam substancialmente, haja vista que a excelência estimula uma excelência ainda maior.

O ganho em excelência também pode vir do tempo poupado para chegar a determinado resultado. Em muitos casos, uma pessoa pode levar anos até encontrar uma maneira específica de usar seus recursos para obter certo resultado, porém, ao modelar as ações de pessoas bem-sucedidas – que podem ter levado anos para aperfeiçoá-las –, poderá chegar a resultados similares em questão de dias, semanas ou meses – ou, pelo menos, em tempo muito menor que o que a pessoa cujos resultados deseja duplicar levou.[3]

A MODELAGEM: UM JOGO DE GANHA-GANHA

Quando modelamos alguém excelente, é porque buscamos ser como ele. E com isso todos ganham: nós ganhamos porque usamos um caminho mais curto e mais garantido para chegar ao sucesso, o modelo também ganha porque sua obra se propaga e perpetua, e o mundo ganha porque, sempre que partimos da excelência para construir algo, nós nos propomos a entregar resultados ainda melhores para todos.

Na maioria dos casos, uma decisão inteligente é cercar-se de bons mentores especializados no setor em que queremos atuar. Um mentor é a versão mais potente e acessível de alguém que nos propomos a modelar.

Quando descobrimos e reproduzimos com diligência o que os indivíduos de sucesso fazem e aquilo que os distingue dos demais, nós nos damos também a oportunidade de desenvolver algo ainda mais surpreendente, como já dissemos.

A modelagem do comportamento de alguém com algum tipo de desempenho excepcional que nos interesse envolve a observação atenta e a compreensão dos pensamentos, dos processos e das atitudes de nosso modelo que serviram de ferramentas para que ele tenha chegado àquele resultado.

Sem dúvida, alguns comportamentos e resultados são mais complexos e, por isso mesmo, podem exigir mais tempo para ser modelados e duplicados. No entanto, se a pessoa tiver a determinação e a disciplina necessárias, conseguirá ser bem-sucedida.

Por outro lado, é bom considerar que, quando decidimos nos modelar por alguém, também corremos certos riscos: talvez a pessoa escolhida não seja a mais indicada ou não estejamos preparados para fazer uma modelagem eficaz; pode até não ser o momento certo para a modelagem. São riscos que devemos correr, pois errar arriscando-se é muito melhor que não errar por não ter tentado, por ter decidido fechar os olhos à experiência que está ao nosso alcance.

COMO MODELAR ALGUÉM?

Podemos aprender por experiência própria, calcados no método da tentativa e erro? Ou acelerar o processo de aprendizagem, modelando os paradigmas de sucesso que já percorreram a trajetória árdua e extenuante da prosperidade? O certo é que inspirar-se nos melhores é sempre uma sábia escolha e um ótimo incentivo, seja lá qual for o seu objetivo.

Para iniciar o processo da modelagem é preciso:

- **Escolher corretamente alguém que represente para si um modelo de sucesso;**
- **Examinar a história da ascensão ao topo do modelo, descobrindo como chegou aonde está hoje;**
- **Analisar que tipos de obstáculo e contratempo o modelo enfrentou e como os superou;**
- **Pesquisar quais são as crenças, os padrões e as filosofias que sustentam a vida do modelo e de seu trabalho;**
- **Usar essas informações para construir um caminho que espelhe o do modelo, e então ter grandes chances de sucesso.**

VANTAGENS DE USAR A MODELAGEM

A modelagem bem utilizada pode ajudar o indivíduo a:

- **Aprender as lições certas com as pessoas certas, que já atingiram a excelência;**
- **Pôr em prática algo valioso, que realmente dê resultados em bem menos tempo que o despendido pelo**

modelo para aperfeiçoar esse mesmo item – ou que levaríamos anos para aprender sozinhos;

- **Reproduzir com precisão a excelência alcançada por pessoas de sucesso;**
- **Aprender com outros indivíduos que conquistaram a excelência no que fazem e que os distingue daqueles que somente sonham com o sucesso – independentemente de o modelo estar disposto a nos ensinar ou não.**

APRENDIZAGEM POR MODELAGEM: UM PROCESSO ATIVO

É importante frisar que, durante o procedimento de modelagem, devemos intervir ativamente no processo, na medida em que não nos limitamos apenas a observar ou a reproduzir de forma passiva e exata o modelo que observamos, porém o reproduzimos proativamente com base em nossa interpretação pessoal daquilo que vemos e percebemos. O aprendizado por modelagem não é algo passivo, mas totalmente ativo, dependendo da iniciativa de quem se propõe a modelar alguém.

Da mesma maneira, o **aprendizado por observação e reprodução** do modelo também não é um processo automático. É preciso agir, incorporando os novos comportamentos a ser modelados e colocando-os em ação. Nesse sentido, de acordo com Albert Bandura, é necessário observar quatro elementos transcendentais para que a modelagem aconteça efetiva e eficazmente: a atenção, a retenção, a motivação e a reprodução.

- **Atenção: sem atenção não existe modelagem. Se o interessado não prestar atenção em atitudes,** comportamentos, crenças e *mindsets* que deseja modelar, a aprendizagem não acontecerá. Nesse processo, automaticamente fazemos uma seleção do que nos interessa reproduzir e passamos a focar aquela direção, o que é muito importante para que o aprendizado aconteça efetivamente.

- **Retenção:** é preciso armazenar e reter em nosso cérebro, de modo organizado, as características, os padrões e as imagens compreensíveis que queremos modelar. Sem a retenção a probabilidade de aproveitamento do que é observado se reduz sobremaneira.
- **Motivação:** caso o indivíduo não esteja motivado a reproduzir os comportamentos observados, dificilmente alcançará algum resultado prático, pois de nada adianta observar com atenção um comportamento se não houver motivação para praticá-lo.
- **Reprodução:** de nada vale prestar atenção em comportamentos, modelos e padrões, retê-los na memória e nos motivarmos se não os pusermos em ação. A reprodução de comportamentos, modelos e padrões observados é fundamental para que a modelagem seja efetiva.

REQUISITOS DA MODELAGEM

É lugar-comum procurar modelar profissionais excelentes e pessoas de sucesso que são exemplos dignos de ser seguidos – e, dentro da nossa seleção de valores, reproduzirmos os melhores da área em que estamos interessados. Mas é fundamental ser muito criterioso ao escolher quem vamos modelar.

Uma vez definidos quem serão nossos modelos, o próximo passo é estabelecer as condições para a modelagem. De acordo com Tony Robbins, existem três etapas para beneficiar-se ao máximo da técnica de modelagem:

1. **Escolher a pessoa certa. Procure alguém que seja bem-sucedido em sua área de escolha, que tenha valores compatíveis com os seus, que seja uma pessoa que criou para si o tipo de vida que você deseja viver. Lembre-se de que a escolha de quem vai modelar é só sua;**
2. **Pedir ajuda. É interessante pedir a essa pessoa que compartilhe suas experiências com você ou até mesmo que seja seu mentor. A modelagem apenas por observação já é um método extremamente potente. Entretanto, essa potência se multiplica muito quando o modelado ou mentor também se dedica a nos orientar e aí chamamos de modelagem por mentoria;**
3. **Criar uma estratégia. Ela pode ser a mesma da pessoa que você está modelando ou ser ajustada de acordo com suas circunstâncias, baseando-se em seus recursos. Tony Robbins ressalta que "o sucesso deixa pistas".[4] E essas pistas devem ser seguidas dentro de sua realidade e de seus objetivos.**

MODELAGEM DA EXCELÊNCIA E DA CRENÇA

Devemos ter certeza de que o que – ou quem – queremos modelar tem realmente valor e merece ser reproduzido. Quando falamos em ter valor, é necessário considerar não apenas a ideia de ser valoroso para nós, mas também para todos os que, eventualmente, venham a ser afetados por nossas ações e nossos resultados.

A modelagem da excelência se beneficia, sem dúvida, da modelagem da crença. Nosso comportamento se origina de nossas crenças. Por isso, a modelagem bem-feita requer que levemos em conta as crenças da pessoa que estamos querendo usar como referencial. Com paciência, determinação e disciplina é possível modelar, inclusive, as crenças das pessoas mais bem-sucedidas.

Assim, será muito útil encontrar as crenças específicas que as fizeram/fazem agir no mundo de modo a obter sucesso, além de descobrir como veem sua experiência de vida. Se conseguirmos reproduzir as mesmas mensagens mentais, os mesmos padrões de pensamento que a pessoa que modelamos desenvolve, poderemos obter resultados semelhantes aos dela com muito mais assertividade.

Em toda e qualquer modelagem, a chance de obter resultados mais satisfatórios é maior se a pessoa que imita nutre admiração e respeito por seu modelo. Portanto, é recomendável procurar, para serem nossos modelos, indivíduos que tenham talentos e comportamentos que admiramos e que ajam de acordo com os princípios e valores que norteiam nossa existência.

Ao modelar alguém, é importante que prestemos atenção na sua linguagem corporal e na sua postura enquanto trabalha para conquistar seus objetivos, pois devemos modelar também seu comportamento físico, já que isso aumenta muito a sintonia com ele e produz resultados ainda mais surpreendentes.

Finalmente, é interessante enfatizar que, no processo de modelagem, "as ações que geram consequências positivas tendem a manter-se, enquanto as que geram consequências negativas

COM PACIÊNCIA, DETERMINAÇÃO E DISCIPLINA É POSSÍVEL MODELAR, INCLUSIVE, AS CRENÇAS DAS PESSOAS MAIS BEM-SUCEDIDAS.

tendem a desaparecer" (Albert Bandura).[5] E nós só devemos modelar indivíduos que obtiveram um sucesso pleno, sólido e duradouro.

MODELAGEM COM DEDICAÇÃO, CONSTÂNCIA E DISCIPLINA

Caro leitor, importa acrescentar que muita gente afirma que o "sucesso e a riqueza financeira são um esporte para poucos, apenas para os escolhidos". Eu advogo uma tese completamente contrária. Uma das principais chaves para alcançá-los consiste na modelagem dos modelos e paradigmas de sucesso, desde que isso seja realizado com determinação, dedicação, constância, compromisso e muita disciplina (com amor).

Ademais, a modelagem deve ser feita com cobiça e ambição, mas sem inveja e sem ganância.

Cobiça é quando a pessoa deseja algo que alguém conquistou de maneira exagerada e corre atrás de forma árdua e extenuante para obter o mesmo, fazendo tudo o que for ética e licitamente possível, sem desejar tomar o que é do outro.

Ambição é quando a pessoa deseja conquistar o que o modelo tem, mas sempre observando os princípios transcendentais para uma vida humana digna, além de valores universais, como a ética, a honestidade, a integridade etc., e jamais abrindo mão desses valores.

Nesse contexto, "um homem é capaz de ser bem-sucedido em quase tudo se a vontade, o entusiasmo e a ambição dele não tiverem limites" (Charles M. Schwab), pois "a vontade, o entusiasmo e a ambição são as forças que nos empurram para a luta". "No momento em que a vontade, o entusiasmo e a ambição morrem, começamos a morrer também" (Alfred Armand Montapert), e não podemos nos esquecer de que a aposentadoria, por ser "a antessala da morte" ou o "pré-atestado de óbito", é o golpe de misericórdia.

Inveja é quando a pessoa, mesmo sem querer aquilo, fica imensamente triste com a felicidade de outro indivíduo por saber que ele conquistou algo em sua vida. A inveja causa irritação diante da conquista alheia.

Ganância é quando se quer vencer a qualquer custo, sem princípios, sem valores e sem propósitos, passando por cima de tudo e de todos para atingir seu objetivo.

TIVE E TENHO VÁRIOS MODELOS EM MINHA VIDA

Desde criança aprendemos a modelar, a imitar as pessoas que admiramos. Sempre modelei, e modelo até hoje, muita gente em minha vida.

Meu primeiro modelo foi meu pai. Aprendi com ele a trabalhar bastante e a cumprir com minha palavra. Nunca vi uma pessoa trabalhar tanto, quinze, dezesseis horas por dia. Pena que fosse um trabalho braçal. Ele trabalhava mais com os braços do que com a cabeça. Aprendi também com meu pai a virtude da ética, da honestidade e da integridade. Ele ensinava que, quando se dá a palavra, ela tem de ser cumprida. Logo, pense, reflita com profundidade antes de combinar algo com alguém, ou seja, antes de "dar a sua palavra". Meu pai dizia: "Não precisa documento, tem que ser no fio do bigode. Depois de dar a palavra, cumpra de qualquer jeito!".

Meu segundo modelo foi minha mãe. Com ela, aprendi a ter amor pela minha família e pelos nossos semelhantes. Nunca vi uma pessoa amar tanto a família e os seus como minha mãe.

Outra pessoa que tomei como modelo foi meu tio Nivan Bezerra da Costa, advogado, que considero meu segundo pai. Com ele, aprendi a estudar muito. Como comecei a trabalhar em seu escritório de advocacia quando tinha 15 anos, eu me lembro muito bem de que, quando ele pegava uma causa jurídica, comprava um monte de livros e os abria todos sobre a mesa da sala de reuniões e ali permanecia estudando horas e horas, até mesmo dias, até encontrar uma solução para aquela causa de que era patrono. Eu ficava encantado com tanta força e dedicação ao estudo e foi a partir daí que comecei a gostar do Direito e passei a estudar a disciplina horas e horas a fio.

Modelei também o advogado trabalhista Pedro Paulo Pereira Nóbrega. Quando me formei em Direito, comecei a advogar na área trabalhista, ajuizando causas em favor de ex-empregados que tinham sido demitidos contra ex-patrões. Participei de várias audiências de instrução e julgamentos com Pedro Paulo, que na época advogava para diversas empresas. Ele era um processualista exemplar. Na mesa de audiência, conseguia reverter situações adversas utilizando os muitos institutos processuais existentes. Aprendi com ele que o bom advogado não é aquele que conhece a fundo o Direito material ou substancial, mas aquele que domina com profundidade o Direito procedimental ou processual. O que quero dizer é que, para ser um bom advogado nos tribunais brasileiros, é mais importante conhecer a forma de pleitear do que o conteúdo do que se pleiteia.

Foi meu modelo também o querido amigo e professor Ivanildo Figueiredo, da Universidade Federal de Pernambuco (UFPE). Fui seu aluno no curso de pós-graduação em Direito Processual na Escola Superior da Magistratura de Pernambuco. Com Ivanildo, aprendi que ao bom professor não basta conhecer a matéria, mas ter didática para ensinar. Como na época não existiam os equipamentos tecnológicos de hoje, Ivanildo, de forma muito simples e didática, antes do início da aula, escrevia todo o roteiro no quadro-negro e depois começava a explicar detalhadamente a matéria, ponto por ponto. Os alunos e eu adorávamos tanto o conteúdo quanto a forma como ele ensinava. Quando passei no concurso para professor da UFPE, fazia o mesmo que o professor Ivanildo e, todos os anos, durante os meus vinte anos de docência, era classificado entre os melhores professores da Faculdade de Direito da UFPE.

Usei também como modelo e paradigma o diplomata e embaixador brasileiro Alessandro Warley Candeas. Quando eu era estudante de Direito, Alessandro era meu colega de turma e, além desse curso, fazia outros cursos preparatórios para ser diplomata do Itamaraty. Na época, também fiquei encantado com a ideia de ser diplomata e comecei a estudar com Alessandro. Apesar de, posteriormente, eu ter desistido de estudar para a carreira diplomática, com Alessandro aprendi várias técnicas de estudo que foram extremamente úteis em minha vida, em especial durante a minha jornada para passar nos concursos públicos de oficial de justiça, juiz federal e procurador do Ministério Público do Trabalho e para o concurso de professor da UFPE, bem como para o mestrado e o doutorado.

Da mesma forma, modelei na minha vida, entre outras pessoas, o juiz do trabalho Sergio Torres Teixeira. Sergio sempre foi um juiz exemplar e, além de ser um belo exemplo de magistrado, era um excelente professor de cursinho para concursos e ajudava muita gente a se preparar para conquistar o cargo de magistrado federal do trabalho. Modelei Sergio

Torres como magistrado e principalmente como professor de cursinho, criando, em 1996, o Bureau Jurídico – Cursos para Concursos, embrião do Grupo Ser Educacional.

Outro modelo muito importante em minha vida foi o grande empresário da educação Antônio Carbonari Netto, fundador da Anhanguera Educacional. Quando criei a primeira Faculdade Maurício de Nassau, em Recife, conheci Carbonari na Associação Brasileira de Mantenedoras de Ensino Superior (ABMES). Achei Antônio uma pessoa de extrema inteligência, perspicaz e altamente empreendedor, diferentemente de muitos professores tradicionais e arcaicos da época que eram donos de faculdades. Ele tinha bastante conhecimento acadêmico, mas também sabia sobre gestão, liderança, governança coorporativa etc. Colei em Antônio, tornei-me um de seus melhores amigos e aprendi demais com ele. O que ele fazia em sua universidade eu fazia na minha. Ele começou a crescer organicamente e foi adquirindo outras instituições, e eu segui seus passos, fazendo o mesmo. Ele vendeu um percentual das ações de sua empresa a um fundo de investimentos, e eu procurei fazer o mesmo. Quando Antônio Carbonari levou a universidade dele para a Bolsa de Valores, abrindo o capital, eu disse: "Se ele pode, eu também posso". Fiz isso em outubro de 2013, e foi o maior IPO de uma empresa educacional na época.

Outra pessoa que considero um modelo é o amigo João Kepler, que fundou comigo o Instituto Êxito de Empreendedorismo e é o CEO da *venture capital* Bossanova. João, por meio da Bossanova, é um dos maiores investidores em startups do Brasil. Sua empresa já investiu em mais de seiscentas startups e é considerada uma das maiores *venture capitals* da América Latina. Como gosto muito de investir em startups, eu me inspirei em João e comprei 25% do capital acionário da Bossanova, tornando-me sócio dele.

São muitas as pessoas que já foram e continuam sendo inspirações em minha caminhada, e eu poderia citar aqui várias delas. Para finalizar, entretanto, vou mencionar apenas mais uma, o grande empreendedor brasileiro Jorge Paulo Lemann, que, apesar de já ter mais de 80 anos, continua atuando empresarial e socialmente. Eu me modelo bastante por suas crenças, princípios, atitudes, ações e procedimentos e aconselho que todos se modelem em Lemann também.

7

A sétima chave

TRABALHO

TRABALHO É SACRIFÍCIO E RECOMPENSA AO MESMO TEMPO

Uma das principais chaves do sucesso, da prosperidade e da riqueza financeira é o trabalho. Tudo o que você investe em um trabalho sério, honesto, íntegro, ético, intenso e com um bom propósito sempre deixa dividendos muito maiores do que o esforço empregado.

Como disse no livro *O poder da modelagem: o sucesso deixa rastros*, o trabalho é um conjunto de atividades, produtivas ou criativas que o homem exerce para atingir determinado fim. É um dos principais pilares que sustentam um sucesso verdadeiro, sólido e duradouro. Além disso, todo trabalho traz como dividendos uma boa quantidade de aprendizado e de crescimento pessoal e profissional.

Para realizar qualquer sonho, prosperar e adquirir riqueza financeira, é necessário trabalhar muito, com intensidade e dedicação. Mas não trabalhar de qualquer jeito, sem critérios, sem consciência do que estamos entregando ao mundo. O que vale mesmo é trabalhar da forma certa, com a intensidade adequada e considerando as diversas nuances do ato de trabalhar. É preciso ter a mentalidade correta enquanto trabalhamos, além de tantas outras posturas e atitudes que efetivamente farão com que o trabalho executado seja sólido e se transforme em energia para a realização dos seus sonhos e gere uma diferença significativa no mundo.

Não se engane pensando que o sucesso é resultado de muitos elementos; ele é, sobretudo, consequência de muita luta e de muito trabalho, uma vez que grandes carreiras e impérios foram forjados sob a premissa de que é preciso acordar cedo e dormir tarde, trabalhando no mínimo doze horas por dia. Não se engane. Ninguém tem ganho sem sacrifício, ninguém tem sucesso sem trabalho duro. As pessoas que fazem acontecer são aquelas que trabalham muito.

TRABALHO: MANIFESTAÇÃO DO CUMPRIMENTO DA MISSÃO NA TERRA

Infelizmente, a maioria das pessoas encara o trabalho apenas como um mal necessário, um mal que elas precisam suportar porque têm de comer, vestir-se e pagar contas. Tudo bem que você precise do trabalho para se sustentar. Mas esse não pode ser o seu único objetivo. O trabalho tem a ver com outras questões mais nobres, que vão muito além do próprio sustento. Quando você parar de enxergar o seu trabalho apenas como uma fonte de sustento, começarão a surgir novas possibilidades em sua vida.

- **Quanto você ganha para trabalhar?** Se pensou somente no salário ou no dinheiro que recebe de seus clientes, é preciso reavaliar sua visão sobre os valores do trabalho;
- **O trabalho fornece muitos outros ganhos, que vão além do dinheiro.** E, em geral, vários deles são ainda mais importantes do que a remuneração recebida.

O estadista e filósofo indiano Chanakya, já nos séculos IV e III a.C., propunha:

> antes de começar algum trabalho, pergunte-se sempre estas três coisas: "por que estou fazendo isso?", "quais serão os possíveis resultados?", "eu terei sucesso?". Somente quando você pensar profundamente e encontrar respostas satisfatórias para essas questões, vá em frente.[1]

Além de o trabalho promover o crescimento pessoal, existe nele outra característica que o torna ainda mais interessante e gratificante: é uma forma de se expressar, de deixar a sua marca no mundo. É a sua assinatura sob a sua obra, a manifestação do cumprimento da sua missão. É a prova mais forte da sua dedicação às outras pessoas e à sociedade.

É fundamental entender que, para ser um empreendedor de sucesso, uma de suas características deve ser trabalhar tendo como foco não apenas o dinheiro que vai receber mas também uma causa maior. O dinheiro é uma consequência de algo feito dentro de um propósito, com um objetivo mais amplo e benéfico. Nesse sentido, o renomado físico britânico Stephen Hawking enfatizou que "trabalhar dá a você sentido e propósito, e a vida é vazia sem isso".[2]

Nunca se esqueça do que foi ensinado pelo ex-presidente dos Estados Unidos Abraham Lincoln, quando asseverou que "o homem que trabalha somente pelo salário que recebe não merece ser pago pelo que faz". Temos que trabalhar porque gostamos do que fazemos. Temos que trabalhar por prazer, para construir coisas, projetos, realizações, e para transformar sonhos em realidade, o que poderá transformar vidas, histórias e destinos. O salário tem que ser o meio, nunca o fim. Quando a remuneração for o fim e não o meio, o homem não evolui, não prospera e, portanto, será eternamente um assalariado.

O TRABALHO ÁRDUO E EXTENUANTE É ESSENCIAL PARA CONSTRUIR O SUCESSO E MANTÊ-LO

Não importa qual seja o seu ramo de atividade, os profissionais de sucesso sabem que terão de trabalhar duro se quiserem estar entre os melhores, se desejarem realizar seus sonhos. Nessa mesma linha, o escritor norte-americano Stephen King, mestre da literatura de terror, frisou que "os amadores se sentam e esperam pela inspiração. O resto de nós apenas se levanta e vai trabalhar".[3] E eu acrescento que os perdedores se sentam e pedem a Deus inspiração. Os vencedores se levantam e vão trabalhar. Ou seja: ter talento, inspiração, boas ideias e grande visão nada vale sem uma boa quantidade de trabalho.

Por outro lado, Dale Carnegie, escritor britânico, destacou: "não tenha medo de dar o seu melhor para o que aparentemente são pequenos trabalhos. Cada vez que conquista um, você fica mais forte. Se faz os pequenos trabalhos bem, os grandes tendem a cuidar de si mesmos".

Logo, acrescente mais significado à sua vida. Seja uma pessoa de muitos sonhos. E, enquanto puder sonhar, nunca pare de trabalhar com afinco para realizar cada uma das suas aspirações.

TRABALHAR DURO ATÉ O CARO SE TORNAR BARATO

Logo, caro leitor, não existe outro caminho além de você se dedicar de corpo e alma ao trabalho "até o caro se tornar barato". E "trabalhar com o que temos para fazer, até que tenhamos o que precisamos". Enquanto somos jovens, devemos pagar o preço trabalhando duro, "para pagar qualquer preço depois por aquilo que desejamos. Porque "o único lugar onde o sucesso vem antes do trabalho é no dicionário" (Albert Einstein). Com efeito, "estude enquanto eles dormem. Trabalhe enquanto eles se divertem. Lute enquanto eles descansam. Depois, viva a vida que eles sempre sonharam viver e não conseguiram".

Contudo, tem que trabalhar pesado, porque, como diz um velho ditado, "se você não matar um leão por dia, amanhã serão dois" e depois de amanhã serão três. Lembre-se de que "todos querem comer bem. Mas poucos são os que estão dispostos ao trabalho de caçar". "Trabalhe duro e em silêncio. Deixe que seu sucesso faça o barulho" (Dale Carnegie), porque o "sucesso fala todos os idiomas". Na verdade, caro empreendedor na vida e nos negócios, para gente como nós, o dia deveria ter quarenta e oito horas, e não apenas vinte e quatro. Eu, por exemplo, não tenho hora nem dia para trabalhar, e minha semana de trabalho já começa aos domingos, preparando a agenda da semana que está por vir, respondendo aos e-mails e às mensagens de WhatsApp, escrevendo meu artigo semanal, que será publicado em diversos jornais do país. Trabalho, em média, de doze a catorze horas por dia e vivo muito bem com isso, pois, como disse anteriormente, a carga que escolhemos não pesa em nossas costas. Logo, entre outras coisas, é essa carga de trabalho que me faz ser feliz e ter sucesso na vida.

"Somos o que somos porque somos uma criatura do destino, mas é preciso trabalhar o tempo todo para que o destino chegue quando deve chegar" (AD). E "a maior recompensa para o trabalho do homem não é o que ele ganha com isso, mas o que ele nos torna" (John Ruskin), pois, como manifestou Alfred de Musset, "os dias de trabalho foram os únicos dias em que vivi de fato!". Ademais, concordamos com Winston Churchill quando ele assinalou que "as únicas pessoas realmente afortunadas do mundo são aquelas cujo trabalho é também o seu prazer", pois "o trabalho que nos cansa não é o que fazemos, é o que deixamos de fazer" (Amador Aguiar), já que "a arte do descanso é uma parte da arte de trabalhar" (John Steinbeck). Para prosperar, pense como um milionário, mas trabalhe como se estivesse quebrado ou como se alguém estivesse vinte e quatro horas tentando vencê-lo.

O TRABALHO FAZ VOCÊ CHEGAR AO TOPO

Para chegar ao ápice, ter sucesso e prosperidade e conquistar riqueza material tem que trabalhar muito, porque "ser um empreendedor ou uma pessoa de sucesso é muito mais do que ter a vontade de chegar ao topo de uma montanha. É conhecer a própria montanha e o tamanho do desafio". Lembre-se de que "vão te aplaudir quando você chegar ao topo, mas não vão te ajudar a chegar lá" (AD), porque ninguém pode fazer a sua parte por você a não ser você mesmo.

Nesse contexto, "a visão da águia e a visão do grande empreendedor só têm quem vive nas alturas, lá no topo" (Everardo Alves).

E, por falar em chegar ao sucesso, ao cume, um autor anônimo conta que[4]

> um corvo estava sentado no topo de uma árvore o dia inteiro, sem fazer nada. Um pequeno coelho vê o corvo e pergunta: 'seu corvo, eu posso sentar como você, paradinho, paradinho, e não fazer nada o dia inteiro?'. O corvo responde: 'claro, por que não? Você tem o livre-arbítrio'. O coelho senta-se no chão, embaixo da árvore, relaxa e dorme. De repente, uma raposa aparece e come o coelho.

Qual é a conclusão que se extrai da anedota? Para ficar sentado sem fazer nada, paradinho, paradinho, você deve estar no topo. E existem muitos empreendedores que já chegaram ao topo, mas, mesmo lá, nunca se sentam e ficam parados sem fazer nada, porque têm compulsão por trabalhar e por criar coisas e empreendimentos novos.

Com efeito, procure trabalhar com afinco, mas naquilo que você gosta.

> Trabalhe, trabalhe, trabalhe. De manhã até a noite, e de madrugada, se for preciso. Trabalho não mata. Ocupa o tempo. Evita o ócio e constrói prodígios. Trabalhe! Muitos de seus colegas dirão que você está perdendo sua vida, porque você vai trabalhar enquanto eles se divertem, porque você vai trabalhar enquanto eles vão ao mesmo bar da semana anterior, conversando as mesmas conversas. Mas o tempo, que é mesmo o senhor da razão, vai bendizer o fruto do seu esforço e só o trabalho levará você a conhecer pessoas e mundos que os acomodados nunca conhecerão. Esse mundo chama-se sucesso.

TRABALHO INTELIGENTE E COM OTIMISMO GERA PRODUTIVIDADE

Digno de menção é o fato de que o trabalho árduo, mas inteligente, ou seja, com a mente, gera produtividade. E por falar em trabalho e produtividade, Shawn Achor, em seu livro *O jeito Harvard de ser feliz*, afirma que só é possível prever 25% da produtividade e do sucesso de um funcionário no trabalho por sua inteligência e suas habilidades técnicas. Os outros 75% são previstos por estas três características gerais que são habilidades socioemocionais:

1. **O otimismo, que é a crença de que seu comportamento é importante frente aos desafios;**
2. **A conexão social, que significa quão profundos e amplos são os seus relacionamentos sociais;**
3. **A maneira como lida com o estresse.**

Achor vaticina que, determinada empresa, observando esse padrão de comportamento, decidiu contratar parte de seus funcionários com um critério principal: o nível de otimismo que os então candidatos apresentavam, mesmo que tivessem ido muito mal no teste de aptidão. Ao final de um ano, o grupo contratado pelo seu otimismo superou as vendas dos funcionários contratados pelos métodos convencionais em 19% e, no final do segundo ano, em 57%.

TEM QUE TER AMOR, PAIXÃO, ENTUSIASMO E TESÃO PELO TRABALHO

Concordo com o estadista inglês Winston Churchill quando ele observou que "as únicas pessoas realmente afortunadas do mundo são aquelas cujo trabalho é também o seu prazer".[5]

SEJA UMA PESSOA DE MUITOS SONHOS. E, ENQUANTO PUDER SONHAR, NUNCA PARE DE TRABALHAR COM AFINCO PARA REALIZAR CADA UMA DAS SUAS ASPIRAÇÕES.

Não basta trabalhar de forma árdua e extenuante em qualquer atividade. É necessário trabalhar com otimismo em uma atividade que possa ser feita com muito amor, paixão, entusiasmo e tesão. Temos que aprender a gostar do que fazemos para depois trabalhar naquilo que gostamos, e então poderemos trabalhar com amor, paixão, entusiasmo e tesão, condição *sine qua non* para gerar alta produtividade e, em consequência, crescimento, sustentabilidade e rentabilidade.

Amor, paixão, entusiasmo e tesão pelo projeto que está sendo realizado são excelentes combustíveis motivacionais, pois conferem ao empreendedor a autoconfiança para seguir adiante, impulsionando-o na definição de objetivos e metas desafiadoras e na criatividade para atingi-las até conquistar o sucesso e a prosperidade.

Nessa perspectiva, outras características podem até ser desenvolvidas com o tempo. Entretanto, sem amor, paixão, entusiasmo e tesão pelo trabalho, mesmo possuindo outras habilidades, estas se tornam quase desprezíveis e o trabalho, além de não ser bem-feito, não vai gerar resultados, muito menos riqueza.

Pessoas de sucesso, que merecem servir de modelo, agem sempre de acordo com uma certeza: **a de fazer aquilo de que gostam e gostarem do que fazem**. Essas duas condições são extremamente importantes para que vejamos nosso trabalho mais como um momento de prazer do que como um sacrifício.

Quando **trabalhamos naquilo que gostamos**, agimos com muito mais prazer, produzimos consideravelmente mais e também temos oportunidades melhores de crescimento, chegando mais rápido ao sucesso e à prosperidade.

É claro que a vida tem as próprias regras e, por isso mesmo, nem sempre é possível nos dedicarmos a fazer somente aquilo que achamos prazeroso. É importante ter em mente também que, quando corremos atrás apenas de fazer aquilo de que gostamos, não nos abrimos para o novo – que muitas vezes está bem próximo – porque estamos limitados e focados somente no que nos agrada e nos interessa. Por isso é interessante buscar um equilíbrio que nos traga certa satisfação no presente para seguir em frente fazendo o que é necessário até passarmos a **gostar do que fazemos** e mais tarde, efetivamente, **fazer aquilo de que gostamos**. Quando trabalhamos em algo que nos interessa e nos dá satisfação, fazemos isso com amor, paixão, entusiasmo e muito tesão.

Por outro lado, buscar **gostar daquilo que fazemos** é uma aprendizagem diária, pois é preciso investir força e energia para alcançar resultados extraordinários e de excelência. Temos que acreditar, apostar e ter coragem de fazer o que é necessário com a paciência e o discernimento de entender que as coisas não acontecem de uma hora para outra: tudo tem seu tempo.

Nesse sentido, já afirmou Khalil Gibran que "o trabalho é o amor tornado visível. Todo trabalho é vazio a não ser que haja amor". Por outro lado, Steve Jobs enfatizou que "seu trabalho vai preencher uma grande parte de sua vida e a única maneira de ficar verdadeiramente satisfeito é fazer o que você acredita ser um ótimo trabalho. E a única maneira de fazer um excelente trabalho é amar o que você faz". Doutra parte, Georg Friedrich Hegel assinalou que "nada do que é importante no mundo foi realizado sem paixão", e Donald Trump acrescentou que "sem paixão você não tem energia, sem energia você não tem nada".

Quem tem amor, paixão, entusiasmo e tesão pelo que faz "tem sangue nos olhos" e está sempre interessado em fazer melhor e muito mais que o necessário. Não quer apenas o possível: busca o impossível.

O empreendedor que tem amor, paixão, entusiasmo e tesão pelo que faz é extremamente concentrado e não se permite distrações, pois seu tempo vale ouro. Neste mundo tecnológico, digital e disruptivo em que vivemos, se com entusiasmo, amor, paixão e tesão já é difícil seguir em frente, imagine sem eles.

Inegavelmente ter esses componentes aumenta, sobremaneira, as chances de prosperidade do empreendedor, pois, como frisou Machado de Assis, "só as grandes paixões são capazes de grandes ações". Como disse o filósofo espanhol Miguel de Unamuno, "só os apaixonados levam a cabo obras verdadeiramente duradouras e fecundas".[6] Com efeito, tenha amor, entusiasmo, paixão e tesão pelo que faz, mas "muito mais amor e paixão por quem faz".

TRABALHAR COM PLANEJAMENTO

Trabalhar de forma árdua e incessante com amor, paixão, entusiasmo e tesão e ter como aliado um planejamento eficiente e eficaz é imprescindível, pois, segundo o norte-americano Alan Lakein, especialista em gerenciamento de tempo, autor de obras que já venderam mais de 3 milhões de exemplares, "planejar é trazer o futuro para o presente, para que você possa fazer algo a respeito agora".[7]

Quem busca alcançar o sucesso, a prosperidade e a riqueza material sabe da importância do planejamento em qualquer atividade. A verdade é que, sem planejamento, fica muito mais difícil alcançar qualquer objetivo. Se podemos dizer que o planejamento facilita a nossa chegada ao êxito, a falta dele, ou mesmo um planejamento malfeito, tem sido apontado como um dos principais fatores que levam um negócio ao fracasso.

Planejar significa organizar objetivos e tarefas, utilizando-se de métodos apropriados de tal forma que fique claro o caminho a ser seguido para atingir as metas determinadas. O planejamento é um passo crucial para quem quer crescer, desenvolver-se, ter sucesso e prosperar pessoal ou profissionalmente, pois ajuda a minimizar os erros no caminho – e principalmente a antevê-los e evitá-los. Qualquer empreendimento com um bom planejamento estratégico tem mais chances de sobreviver, de enfrentar as adversidades do mercado e de ser bem-sucedido.

Não basta, porém, elaborar um plano e deixá-lo no papel. É preciso traçar metas com os métodos adequados para esse fim e, então, ter disciplina e trabalhar de verdade para cumprir o planejado. Ou seja, ponha os planos em ação para que eles trabalhem a seu favor.

É importante fazer uma distinção entre "ter planos" e "fazer um planejamento", porque mais importante que ter planos é saber planejar. Ter planos é como ter um sonho – você precisa entrar em ação para realizá-los, caso contrário, nada acontece. Planejar é definir os passos que tornarão os seus planos, os seus sonhos, realidade. Como disse o ex-presidente dos Estados Unidos Dwight D. Eisenhower: "não tenha apenas planos, planeje. Viver nos dias de hoje é como viver em tempos de guerra. E em tempos de guerra, planejamento é imprescindível. Planos são inúteis".

O planejamento deve ser uma das preocupações de qualquer pessoa que deseja empreender na vida e nos negócios para que possa chegar ao sucesso, à prosperidade e à riqueza material. Com planejamento, metas, trabalho e muita disciplina, conseguimos chegar aos nossos objetivos mais rapidamente, pois o universo vai conspirar a nosso favor.

Com efeito, não existe empreendimento de sucesso sem planejamento eficaz. É ele que faz com que a pessoa erre menos e alcance os resultados mais rapidamente, pois, para vencer, "é preciso transformar as ideias e os sonhos em planejamento e o talento e a força de vontade em ação" (AD) porque, como asseverou Saint-Exupéry: "uma meta sem um plano de ação é somente um desejo". Entretanto, apenas um plano também não basta, você precisa executá-lo rapidamente, pois "um plano razoável executado hoje é muito melhor que um plano perfeito que sempre fica para a semana que vem" (George Patton).

Para elaborar um bom plano e executá-lo, pesquisas de mercado são imprescindíveis.

TRABALHAR OTIMIZANDO O TEMPO

Não é suficiente trabalhar muito naquilo que você ama, mesmo com planejamento. É necessário saber otimizar o tempo para poder também usufruir os bons momentos que a vida oferece e que não podemos deixar passar, pois "o tempo e a vida são grandes professores. A vida ensina a fazer bom uso do tempo. E o tempo ensina o valor da vida" (Jane di Lello). E ambos são finitos "como as águas de um rio que, uma vez passadas, não voltam jamais" (AD). Logo, aproveite muito bem o seu curto e finito tempo para trabalhar, mas também para se divertir, porque "quem mata o tempo não é assassino, é um grande suicida" (AD), haja vista estar matando o bem mais precioso de que dispõe nesta vida.

É comum as pessoas se queixarem de que não têm tempo para nada. Entretanto, o tempo é o bem mais democrático do mundo, pois é igual para cada ser humano. O dia tem 24 horas,

1.440 minutos e 86.400 segundos iguais para todos. E não é a quantidade de tempo que vai fazer a pessoa trabalhar, produzir ou gozar mais a vida, e sim a forma como ela organiza e otimiza o seu tempo.

Tempo é questão de prioridade. Como o dia tem 24 horas, é possível fazer muita coisa. A pessoa pode dormir seis horas, trabalhar doze e ainda sobram seis horas para estudar, divertir-se e até namorar.

Agora, não alimente a crença limitante de que "estar ocupado é ser importante". Use muito bem o seu tempo e estabeleça prioridades. Concentre-se em um objetivo maior, delegando os menores, sem sabotagens nem procrastinação, porque, conforme asseverou Flávio Augusto, "se falta de tempo fosse justificativa para não realizar os projetos, somente os desocupados teriam sucesso".

E, como o tempo é escasso e finito, aprenda a disciplinar suas frustrações e emoções negativas e recupere-se rapidamente delas. Não dá para ficar dias, semanas, meses e anos remoendo uma frustração ou um fracasso, deixando o tempo passar sem nada produzir e sem aproveitá-lo.

Com efeito, aproveite o seu tempo para viver o presente, o aqui e o agora, pois a coisa mais importante que temos nesta vida é este momento. Não deixe a parte boa da vida para depois. "Muitas pessoas perdem as pequenas alegrias enquanto aguardam a grande felicidade que nunca chega" (Pearl S. Buck). Lembre-se de que a vida é feita de momentos de felicidade ou de "pedaços de felicidade",[8] como diz o autor Mauro Schnaidman. Usufrua-os. Entretanto, infelizmente, "poucas pessoas vivem o presente. A maioria está ocupada preparando-se para viver o futuro inexistente" (AD).

Não deixe nada para amanhã. Abrace hoje, beije hoje, ame hoje, demonstre hoje, perdoe hoje, viva hoje, faça tudo hoje, não deixe para amanhã, porque "somos um instante e num instante não somos nada" (Stephen Hawking).

SEMPRE TRABALHEI MUITO EM MINHA VIDA

Para finalizar este capítulo, quero dizer que sempre trabalhei bastante em minha jornada. Eu me modelei por meu pai, aprendi a trabalhar com ele, um guerreiro. Trabalhava cerca de quinze horas todos os dias, inclusive aos sábados, domingos e feriados. E não podemos nos esquecer de que trabalhar duro, de forma árdua e extenuante, principalmente com a cabeça e a inteligência, por algo que você acredita chama-se "propósito". E quando isso é feito com alegria, jamais deixa o ser humano cansado. O ócio, entretanto, poderá levá-lo à exaustão. Por outro lado, trabalhar duro por algo em que a pessoa não acredita só pode receber o nome de "estresse", pois, como frisou Facundo Cabral, "quem não ama o seu trabalho, ainda que trabalhe todos os dias, é um desocupado".

Comecei a trabalhar bem cedo, aos 8 anos, engraxando sapatos, depois vendendo laranjas de casa em casa e então picolés. Como eu já contei aqui, quando eu tinha 9 anos, meu pai abriu uma lanchonete e uma das minhas tarefas era ir de madrugada buscar leite em uma fazenda distante.

Dos 10 aos 14 anos, trabalhei em um bar, e também precisava acordar de madrugada para abri-lo. Depois fui garçom, vendedor em loja de roupas, office boy em escritório de contabilidade e até locutor infantil.

Antes de completar 15 anos, comecei a trabalhar como office boy no escritório de advocacia de meu tio em Recife. Depois atuei como cobrador e professor particular de inglês até me formar em Direito e começar a advogar.

Além de advogar, dei aulas em cursos preparatórios para concursos, trabalhei como magistrado, fui membro do Ministério Público e também professor da UFPE até que montei a primeira faculdade do Grupo Ser Educacional, em 2003, e nunca mais parei de trabalhar como empreendedor empresarial.

Ainda hoje trabalho cerca de doze a catorze horas por dia em diversas atividades: na presidência do conselho do Grupo Ser Educacional e de duas outras companhias e como conselheiro de outras empresas. Sou também vice-presidente da Associação Brasileira de Mantenedoras de Ensino Superior (ABMES) e, principalmente, presidente do Instituto Êxito de Empreendedorismo, um propósito de vida, pois o trabalho, além de engrandecer o homem, enaltece a alma e enriquece o bolso.

8

A oitava chave

NETWORKING

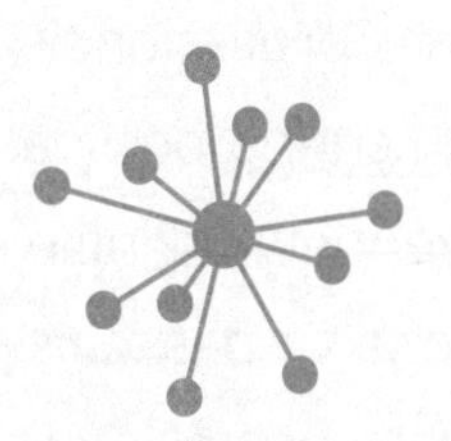

APRENDENDO SOBRE O NETWORKING

Quando transitamos pelo mundo dos negócios, é bastante fácil perceber que uma das atividades mais importantes e poderosas que podem ser praticadas por profissionais excelentes é estabelecer uma forte rede de relacionamentos, ou networking.

O termo "networking" pode representar uma ferramenta, um processo e/ou as estratégias e até mesmo se referir ao resultado obtido com a construção de uma rede de relacionamentos para os mais diversos fins.

Podemos simplificar o conceito e dizer que networking, na verdade, tem a ver com criar e manter contatos ativos e dinâmicos, formando um grupo de pessoas que se apoiam entre si na busca de seus objetivos. É uma forma de agir direcionada, embasada na construção e na manutenção de bons relacionamentos.

Embora estejamos habituados a ouvir falar de networking em nossas atividades profissionais, ele também está presente em nossas relações de cunho pessoal e é perfeitamente aplicável a elas. Com efeito, fazer networking é uma excelente forma de cultivar relações profissionais e pessoais, de modo a atingir finalidades múltiplas, como fortalecer amizades, estreitar laços familiares, alavancar negociações profissionais e explorar oportunidades no mercado de trabalho.

Praticar o networking assertivo é ativar um processo que leva a um resultado que vai muito além de simplesmente manter um grupo de contatos: refere-se a construir uma rede de relações poderosas para trocar experiências e informações e potencializar oportunidades por meio dos relacionamentos.

Um networking de qualidade leva a uma maior probabilidade de sucesso tanto nas relações pessoais quanto nas negociações comerciais, pois promove o compartilhamento de conhecimentos e amplia as possibilidades de conhecer pessoas interessantes cujo objetivo seja somar forças conosco para realizar algo significativo em nossa vida e no mundo.

CONSTRUINDO RELACIONAMENTOS

O objetivo principal do networking é, portanto, construir relacionamentos de qualidade. É uma busca por estabelecer um convívio, real ou virtual, em que todos os envolvidos se sintam bem, respeitados, valorizados e beneficiados. Quando bem-feito, o networking é capaz de consolidar parcerias, fidelizar clientes e criar uma estrutura de apoio entre os participantes do grupo, ou rede, como é comumente chamado.

Ao conectar pessoas e recursos, o networking é uma forma extremamente valiosa de manter um fluxo constante de informações e interações, de tal modo que todas tenham a possibilidade real de se ajudar, conquistando, juntas, objetivos mais ousados e tirando maior proveito de seus empreendimentos.

Assim, não é exagero afirmar que um bom networking nos ajuda a expandir nossas ideias e projetos, amplia nossa possibilidade de criar soluções, proporciona maiores chances de recebermos apoio em momentos decisivos da nossa carreira e nos garante um círculo de apoio confiável e poderoso nos eventos importantes da nossa vida pessoal ou profissional.

CRESCENDO COM O NETWORKING

Somos seres sociais, convivemos em grupo, trabalhamos não só para nosso próprio bem mas também para o bem dos outros; fazemos tudo isso interligados em uma rede de interesses comuns que se retroalimenta e que se autopromove desde que cada elemento do grupo faça, de fato, a sua parte. Para isso deve haver empatia entre os participantes da rede, comprometimento em torno dos objetivos buscados e interesse legítimo no bem do próximo. Só assim poderemos usufruir os benefícios da troca de informações e experiências promovida quando nos reunimos em torno de determinados objetivos.

Não dá para questionar o poder do networking na construção do sucesso. Todavia, é importante ter em mente que ele tem que ser praticado com base nos valores supremos e transcendentais para uma vida humana digna, quais sejam: honestidade, probidade, ética, transparência, integridade etc. Principalmente, deve haver empatia entre os participantes da rede, comprometimento em torno dos objetivos buscados e interesse legítimo no bem do próximo.

O verdadeiro networking tem o objetivo de unir pessoas. Portanto, não há espaço para individualismo e egocentrismo, já que o resultado almejado é a construção de uma rede de relacionamentos consistente e prazerosa de participar, na qual todos ganham.

Podemos entender melhor o poder imenso do interesse autêntico pelas pessoas no networking quando nos detemos a analisar estas palavras do escritor norte-americano Dale Carnegie, autor de *Como fazer amigos e influenciar pessoas*, ainda hoje uma das obras mais lidas em seu tema: "Interessando-nos pelos outros, conseguimos fazer mais amigos em dois meses do que em dois anos a tentar que eles se interessem por nós".[1]

CULTIVANDO RELACIONAMENTOS

Como ferramenta para a construção de grupos e redes de relacionamentos, o networking apresenta estratégias que realmente levam aos melhores resultados quando o assunto é reunir pessoas com interesses semelhantes que buscam resultados compatíveis e consistentes. Todavia, os resultados que obteremos com o networking vão depender da maneira como o empregamos e das situações nas quais o aplicamos. Desse modo, existem alguns pontos a considerar para tirar o maior proveito possível do networking. É importante, por exemplo, buscar **pessoas que tenham interesses em comum conosco**. Entre aquelas que conhecemos ou que temos intenção de vir a conhecer, precisamos selecionar as pessoas com quem temos mais afinidade, pois haverá maior probabilidade de criar com elas uma rede mais forte e consistente, com interesses em comum que nos levarão a manter um relacionamento mais próximo, de modo que possamos, assim, alcançar melhores resultados em nossos propósitos.

É claro que, ao fazer networking, temos um interesse específico em algo e buscamos obter algum ganho com a construção de nosso grupo de relacionamentos. Não é preciso negar esse fato. Na verdade, para que a estratégia funcione e o grupo de relacionamentos seja consistente, a melhor maneira de fazer networking é ser **autêntico**. É preciso que as pessoas saibam qual é o objetivo real de sua abordagem e então decidam se se interessam ou não em participar da sua rede.

Um networking de valor precisa ser feito com uma **abordagem sincera e transparente.** Primeiro para que os indivíduos não entrem em nossa rede de relacionamentos por engano, sem ter certeza de por que estão conosco. Depois, para que nós mesmos não corramos o risco de atrair as pessoas erradas, o que, significaria, a médio prazo, ter mais problemas que soluções.

Aproximar-se das pessoas com a intenção velada de tirar disso algum benefício unilateral não é a melhor opção para construir uma rede de relacionamentos de qualidade. Com esse tipo de atitude, além atrairmos pessoas erradas, corremos o risco de fragilizar toda a nossa rede já construída.

É importante não omitir o ganho que poderemos obter com nossa rede de relacionamentos, mas deixar claro também os possíveis ganhos daqueles que estamos convidando a fazer parte do nosso grupo.

As pessoas devem querer estar conosco, fazer parte de nossa rede. E como conseguimos isso? Os seres humanos sempre desejam estar perto de quem admiram e respeitam, de quem se destaca entre os demais. Sobre isso, o escritor e palestrante norte-americano Zig Ziglar afirmou que, "se as pessoas gostarem de você, elas escutarão o que tem a dizer; se elas confiarem em você, elas comprarão de você".[2]

Portanto, devemos sempre procurar agir de modo a sobressair em relação aos outros. É necessário que tenhamos um diferencial em nosso comportamento, em nosso modo de pensar e falar, em nossas atitudes, de maneira que as pessoas percebam que vale a pena nos seguir, que é benéfico ficar próximo de nós.

Como disse o empresário George Ross: "Para obter sucesso, você precisa ser capaz de se relacionar bem com as pessoas; elas devem estar satisfeitas com a sua personalidade para poderem fazer negócios com você e construir uma relação de confiança mútua".

COMO ENRIQUECER O NETWORKING

Enriquecer o networking é enxergá-lo como uma ferramenta que pode nos proporcionar muito mais que meramente o contato entre pessoas por interesse. Um networking se torna mais rico, poderoso e eficaz quando usamos esse recurso para fortalecer as relações na rede que já temos ou estamos criando, de modo que todos se sintam ganhadores nesse processo – não podemos jamais trabalhar com a possibilidade de que alguns devam perder para que outros possam ganhar.

Esse conceito de construção de uma rede mais humana e fortalecida pelas parcerias que se formam, pessoal ou profissionalmente falando, envolve algumas ideias principais:

- **O ser humano deve estar no centro da estratégia.** Para ter o que consideramos uma excelente abordagem de networking, devemos trabalhar com foco no ser humano em nossos contatos, visando à construção de pontes sólidas entre os participantes da rede em questão. Em geral, essa postura leva a resultados excepcionais, inclusive com grandes possibilidades de desenvolver bons negócios quando esse for o objetivo.
- **É preciso manter um relacionamento consciente e responsável dentro da rede.** O processo de networking não termina no momento em que trazemos uma pessoa para nossa rede. Pelo contrário, é justamente aí que o verdadeiro trabalho começa. Fazer networking não é juntar uma grande quantidade de indivíduos em um grupo, mas, sim, construir uma rede sólida de pessoas com as quais nos comprometemos a promover e a manter um relacionamento de qualidade, buscando contribuir para a realização dos objetivos de todos os envolvidos e de cada um dos membros da nossa rede.
- **É fundamental ter uma boa presença dentro do grupo.** Não podemos ser ausentes, é importante manter contatos frequentes com as pessoas com quem nos relacionamos.

  Existem múltiplas maneiras de estar presente na vida daqueles com quem nos relacionamos; podemos, inclusive, aproveitar bastante a conectividade do mundo atual, via internet, e fazer uso das redes sociais e de aplicativos para comunicar-nos com nosso grupo de relacionamento. Isso, contudo, não substitui o contato pessoal, ou mesmo uma chamada telefônica ou uma videochamada particular, para estabelecer uma proximidade maior com cada pessoa da nossa rede. Nossos contatos devem ser feitos com certa frequência e em ocasiões propícias, de modo individualizado. O que isso quer dizer? Imagine, por exemplo, que, na rede social em que nos relacionamos com nosso grupo, postemos uma mensagem nos seguintes termos: "Parabéns a todos os meus amigos que aniversariam neste mês!". Como isso soa para você? Não seria muito melhor escrever uma mensagem personalizada para cada um dos aniversariantes do grupo no dia de seu aniversário? São detalhes que fazem toda a diferença do mundo na qualidade dos nossos relacionamentos.

- **É importante estabelecer no grupo a mentalidade de "fazer uma diferença no mundo".** O networking funciona ainda melhor quando a nossa motivação vem da vontade genuína de fazer uma diferença no mundo, de deixar uma marca positiva da nossa passagem, de deixar um legado.

  Não se engane: mesmo os indivíduos mais simples – ou aqueles que se dizem indiferentes ao que acontece aos outros – têm o desejo secreto de contribuir, de deixar aos demais um exemplo de atitude de que se orgulhem.

  Diante disso, é altamente interessante adotar, na sua rede, a postura de que "juntos podemos fazer mais". A partir daí, o foco passa a ser nas coisas positivas que podemos construir, somamos forças e criamos uma sinergia que leve todos os envolvidos a dar uma contribuição positiva ao mundo.

COMO CONQUISTAR RELACIONAMENTOS DURADOUROS

Praticar networking é, em essência, lidar com gente. Precisamos, portanto, levar em consideração que o tempo todo estaremos diante de outras pessoas, relacionando-nos com elas, cada uma com seus interesses, suas crenças, seus receios e tantas outras características que tornam o relacionamento humano complexo e que, entretanto, também o fazem encantadoramente desafiador e estimulante.

Para que um ótimo trabalho de networking se estabeleça e crie grupos de relacionamentos em que as pessoas queiram permanecer e atuar, é fundamental tomar cuidado com algumas atitudes e comportamentos em nosso dia a dia. Afinal, para praticar o networking com maestria, precisamos **entender** de gente e, acima de tudo, **gostar** de gente. E isso implica dominar algumas regrinhas básicas de convivência. Vejamos alguns desses pontos, que podem ser considerados as grandes forças do networking.

- **Ser gentil. Gentileza cabe em qualquer lugar e é sempre bem-vinda. Qualquer situação, por mais árdua que seja, pode ser tratada de maneira mais amena se fazemos uso da gentileza como ferramenta de abordagem.**
- **Praticar a empatia. Ter interesse genuíno nas pessoas. Isso significa ter interesse legítimo pelo outro, compreender o que ele vive e sente, ajudar sem invadir, respeitar a dor ou a dificuldade que nosso semelhante possa estar sentindo. É importante manter a mente direcionada para as pessoas e interessar-se verdadeiramente por elas. É necessário evitar se aproximar de**

alguém somente por puro interesse. O escritor e palestrante Bob Burg afirmou: "Os networkers bem-sucedidos que conheço, aqueles que recebem toneladas de referências e se sentem verdadeiramente felizes consigo mesmos, continuamente colocam as necessidades da outra pessoa à frente das suas".[3]

- **Ser simpático e sorrir sempre.** A conquista de novos relacionamentos deve ser considerada um momento de felicidade. Para mim, não existe felicidade perene, mas momentos felizes ou, como ensinou Mauro Schnaidman, "pedaços de felicidade". Por isso devemos curtir com plenitude esses instantes fugazes. Vamos viver esses momentos com um largo sorriso no rosto, pois "o sorriso, além de ser um bem supremo do ser humano" (AD), para Robert Stephenson, "é uma chave secreta que abre muitos corações. E como ensinou Louis Aragon, "o sorriso, a gargalhada, é a desforra por excelência, a desforra da liberdade sobre toda rigidez", e "os dois melhores médicos que existem são o doutor Riso e o doutor Sono" (Gregory Dean Jr.), haja vista que "o riso é maior que toda dor" (Elbert Hubbard).

  Comungo com o pensamento de Abade Pierre quando diz que "o sorriso custa menos que a eletricidade, mas proporciona uma luz grandiosa", e "o dia mais perdido de todos é aquele em que não se riu" (Nicolas-Sébastien de Chamfort).

  Outrossim, como preconizou a Madre Teresa de Calcutá, "nunca compreenderemos o quanto um simples sorriso pode fazer". "Um sorriso é muitas vezes o essencial. Somos pagos por um sorriso. Somos recompensados por um sorriso" (Antoine de Saint-Exupéry). Logo, vamos sorrir, pois, para Eça de Queirós, "o riso é uma filosofia. Muitas vezes o riso é uma salvação". É "importante rir de si mesmo. O bonito da coisa é que, assim, estamos rindo da humanidade que, sem se dar conta disso, mora em nós" (Eno Teodoro Wanke). Finalmente, olhos bonitos não são aqueles azuis ou verdes, "são os que sorriem sempre e com ternura".

- **Ser transparente e verdadeiro.** Não devemos agir de maneira a enganar as pessoas. Não devemos dizer meias verdades. É importante ser autêntico e verdadeiro em nossas intenções e afirmações. É nesse aspecto que mora toda a confiança que conquistaremos na nossa rede. Não podemos ter "telhado de vidro", como se diz popularmente. Ou seja, não devemos ter atitudes ocultas que, se descobertas, destruiriam a nossa credibilidade. Na rede de que participamos, devemos ser transparentes e, para isso, precisamos procurar sempre pautar nossas atitudes por valores genuínos e aceitos coletivamente.
- **Promover trocas de valores significativas.** Uma rede de contatos de qualidade deve ser embasada em trocas de informações, experiências, conhecimentos e valores. O que é bom e louvável deve sempre ser compartilhado com as pessoas da rede.
- **Agir de acordo com aquilo que pregamos e divulgamos.** Aquilo que fazemos deve confirmar o que dizemos. Na construção de uma rede, não pode haver espaço para o "faça o que eu digo, mas não faça o que faço", ou "casa de ferreiro, espeto de pau".
- **Estimular as trocas de ajuda.** O grupo precisa ter o desejo genuíno de ajudar o próximo e de buscar oportunidades interessantes para todos. Segundo o escritor

PRATICAR NETWORKING
É, EM ESSÊNCIA, LIDAR
COM GENTE.

e palestrante Seth Godin: "O networking que importa é ajudar as pessoas a alcançar seus objetivos". E o orador Zig Ziglar complementou esse raciocínio: "Você pode ter tudo o que quiser se fizer esforços para ajudar outras pessoas a terem o que elas querem".[4] É bom lembrar também que se deve aceitar ajuda e aprender com o outro sem se sentir diminuído por isso.

- **Valorizar as relações do tipo ganha-ganha.** Um dos maiores erros que as pessoas cometem é pensar que o networking é uma relação na qual só elas ganham. Em uma rede consistente e bem montada, todos ganham, e é assim que deve ser. Sobre isso, o escritor e empreendedor norte-americano Keith Ferrazzi ressaltou que "a moeda do verdadeiro networking não é a ganância, mas sim a generosidade".[5]

- **Ser útil.** O networking se beneficia muito quando as pessoas têm por intuito ser úteis umas às outras. Ajudar de maneira genuína, sem almejar nada em troca, é uma maneira de fortalecer os relacionamentos em uma rede. O médico e escritor indiano Deepak Chopra mostra a importância da doação: "A intenção por trás deste ato deve ser a do prazer de simplesmente dar. Só então a energia acumulada no ato de dar multiplica-se muitas vezes".[6] Com efeito, "o ato de doar conecta duas pessoas: o doador e o receptor; e essa conexão dá origem a um novo sentimento de pertencimento" (AD).

- **Respeitar os compromissos assumidos.** Quando construímos um grupo de relacionamento, o mínimo que podemos esperar é que haja respeito entre todos os participantes e, acima de tudo, que cada um tenha a consciência de que o respeito deve começar sempre por ele mesmo. Ter atitudes respeitosas para também vir a ser respeitado: essa é a base fundamental de um grupo coeso e consolidado.

- **Praticar a reciprocidade.** Sempre que tivermos a ajuda de alguém, devemos encontrar uma forma de retribuir. Mas não devemos ver isso como obrigação, e sim como a oportunidade de demonstrar dois dos mais belos sentimentos que o ser humano pode ter: o reconhecimento e a gratidão.
- **Manter-se visível.** Tanto no ambiente virtual quanto no real, o importante é estar presente. É vital participar de reuniões e eventos com nosso grupo, elaborar artigos, vídeos e outros recursos úteis e distribuí-los regularmente entre as pessoas da nossa rede. Enfim, precisamos fazer com que as pessoas saibam quem somos e que estaremos à disposição delas quando precisarem.

Atitudes e comportamentos como esses possibilitam um networking consistente e de valor, com a criação de redes de relacionamento nas quais todos ganham e se fortalecem. Tais atitudes devem ser mantidas durante todo o processo de networking, tanto na fase anterior à conquista da pessoa para a nossa rede quanto na posterior, quando ela já fizer parte de nosso grupo de relacionamento.

Constância e coerência são fundamentais para criar, consolidar e manter uma rede. Não dá para ter um discurso enquanto buscamos pessoas e mudá-lo depois que elas são conquistadas. É bem simples entender como a incoerência pode ser negativa quando pensamos, por exemplo, no caso de um banco que oferece cartão de crédito com anuidade gratuita a potenciais clientes mas, entretanto, faz questão absoluta de cobrar essa taxa dos clientes mais antigos. Que credibilidade e confiança poderão existir em um relacionamento desse tipo?

COMO NÃO PERDER UM NETWORKING

O pior quadro possível em um grupo de relacionamento é quando nos descuidamos das atitudes básicas a ponto de as pessoas se afastarem da nossa rede. Além da péssima propaganda para o grupo, isso representa muito desperdício: imagine o trabalho, o tempo e o custo que tivemos para trazer aquela pessoa para a nossa rede e, de repente, por descuido nosso, ela resolve sair do grupo. Um desperdício total de tempo, investimentos e recursos.

Isso nos lembra daqueles casos clássicos de empresas que investem alto em propagandas e estratégias para conquistar novos clientes e, depois, simplesmente os abandonam à própria sorte, não fazem um acompanhamento, não lhes dão a devida atenção, não investem na fidelização e na satisfação desses clientes.

A pergunta a ser feita, basicamente, é: como estamos cuidando da qualidade dos relacionamentos com a nossa rede? Sim, porque, dependendo da atenção que damos às pessoas do nosso grupo, nosso networking vai continuar a ampliar nossa presença nos segmentos que nos interessam ou fazer com que ela desmorone e eventualmente até mesmo se perca.

As pessoas se esforçam, sim, para construir um networking de valor, mas em geral pecam quando pensam que, por terem uma rede de contatos sólida, não precisam mais se ocupar dela. Esquecem que tudo o que não é nutrido morre. E com nossa rede não é diferente: se a abandonarmos à própria sorte, ela vai se desfazer.

Não quero dizer com isso que precisamos dedicar 100% do nosso tempo à manutenção da nossa rede, mas enfatizar a importância de sermos vistos e lembrados com boa frequência. Em outras palavras, devemos estar disponíveis para as pessoas que fazem parte do nosso grupo de relacionamento. Elas precisam nos ver atuando e comandando, até mesmo para usarem nosso exemplo como referência.

Algumas ações são essenciais, portanto, para manter nossa rede ativa. O que podemos fazer para não destruir um networking?

O QUE DEVE SER EVITADO

Diversas atitudes podem acabar com uma rede caso se repitam com frequência dentro do grupo, em especial por pessoas em posições de liderança. Pense um pouco a respeito das situações descritas a seguir e avalie se podem ser prejudiciais ao networking.

- **Ser inconvenientes. Quando estamos tentando nos aproximar de uma pessoa para estreitar laços, é importante sermos gentis, verdadeiros e transparentes, porém jamais insistentes a ponto de nos tornarmos inconvenientes. Durante a abordagem, via telefone, virtual ou pessoalmente, sejamos educados, polidos e corteses. Não podemos ser inconvenientes a ponto de aborrecer a pessoa que acabamos de conhecer ou de celebrar um relacionamento que mal começou. Certa vez, eu estava participando de uma sala de bate-papo sobre networking no Club House quando o amigo Carlos Wizard disse que teve de bloquear uma pessoa do seu WhatsApp que não parava de lhe mandar mensagens e ligar;**

- **Falar demais.** Sobre esse tema, gostaria de fazer uma breve digressão, pois é de importância capital. Ao nos aproximarmos de um futuro relacionamento, temos de sopesar nossas palavras para que sejam proferidas na medida certa. Devemos ser cuidadosos, pois elas podem aproximar, mas, ao mesmo tempo, afastar. Segundo o escritor e poeta inglês Rudyard Kipling, "as palavras são, é claro, a mais poderosa droga utilizada pela humanidade",[7] e, assim como a flecha lançada, uma vez ditas, tornam-se irrevogáveis. E nem sempre falar muito é sinal de conhecimento, sapiência ou sabedoria, mas apenas informações que por vezes nem ao menos são verídicas. Como bem assinalou Tales de Mileto, "muitas palavras não indicam necessariamente muita sabedoria".

  Logo, prezado amigo, observe o ensinamento de Dennis Roch de que "se você precisa de muitas palavras para dizer o que pensa, pense mais um pouco", e também o de Thomas Jefferson, com o qual concordo profundamente: "o mais valioso de todos os talentos é aquele de nunca usar duas palavras quando uma basta".

  Nesse mesmo sentido, já preconizava o Padre Vieira quando ensinou que: "para falar ao vento, bastam palavras; para falar ao coração, são necessárias obras", pois "palavras sem obra são tiros sem balas", haja vista que "o pregar que é falar faz-se com a boca; o pregar que é semear, faz-se com a mão".

  Com efeito, lembre-se sempre do ensinamento feito por George Herbert: "quando falares, cuida para que tuas palavras sejam melhores que o seu silêncio". "Às vezes, é bom dizer sem falar e muito melhor falar sem dizer" (AD), já que concordamos com Machado de Assis quando ele ensina que "há coisas que melhor se dizem calando", e, para Alberto Lima, "o não dito grita muito mais alto que o dito". Por outro lado, para Nachman de Breslau, "é possível gritar bem alto em voz baixa" porquanto "muitas vezes o silêncio é a coisa mais inteligente que um homem pode ouvir" (Píndaro), tendo em vista que "o silêncio jamais tem contas a dar. Não só não causa sede como confere um traço de nobreza" (Plutarco) e é no silêncio que reside uma energia incomensurável.

Não podemos deixar de acrescentar que "duas atitudes indicam fraqueza: calar-se quando é preciso falar e falar quando é preciso calar-se" (provérbio persa), uma vez que "uma palavra vale uma moeda; o silêncio, duas" (Talmud). Com efeito, não se esqueça dos ensinamentos de Fernando Pessoa: "tenta cativar por aquilo que teu silêncio contém", dado que "aprender a ouvir, ainda que sem concordar, insere-se no rol das grandes virtudes humanas" (Carlos Chagas).

Assim sendo, considere sempre as palavras de Públio Siro quando asseverou: "arrependo-me muitas vezes de ter falado, mas nunca de ter me calado". É de extrema importância "amar o silêncio largo e lento, porque ele é a voz mais verdadeira, é a voz do sentimento" (Gilda Machado). Por isso tenha cuidado com o que diz e, sobretudo, não fale demais, pois o mais importante é ouvir o que seu interlocutor tem a dizer.

Por fim, jamais se esqueça dos ensinamentos de Rubem Alves quando enfatizou que "sempre vejo anunciados cursos de oratória. Nunca vi anunciado curso de escutatória. Todo mundo quer aprender a falar. Ninguém quer aprender a ouvir";

- **Faltar a eventos importantes** que fazem parte da nossa rede de relacionamentos;
- **Não deixar claros nossos objetivos** e ocultá-los até mesmo das pessoas com quem temos mais afinidade;
- **Não investir em nossa preparação,** de modo a continuar sendo uma pessoa desinteressante e pouco atrativa;
- **Não se expressar de forma clara,** dando margem a que as pessoas não compreendam nossas intenções;
- **Aparecer somente na hora em que precisamos de alguma coisa das pessoas;**
- **Não ser fiéis e verdadeiros com as pessoas do grupo;**
- **Não mostrar interesse real pelos outros;**
- **Ter atitudes e comportamentos que só demonstram interesse;**
- **Falar mal de pessoas.**

Atitudes e comportamentos como esses podem pôr fim a um relacionamento consistente e de valor.

QUANTIDADE E QUALIDADE

Fazemos networking o tempo todo, mesmo que muitas vezes não nos demos conta disso. A todo instante estamos realizando pequenas ações que nos aproximam das pessoas, sejam ou não conhecidas. Quando frequentamos um curso, fazemos uma viagem, no dia a dia do trabalho, em reuniões de família, em confraternizações, enfim, sempre existe uma oportunidade para conhecer novas pessoas ou nos aproximarmos mais daquelas com quem já convivemos.

Isso é excelente, pois o nosso grupo de relacionamentos precisa ser dinâmico. Não basta somente agir para manter por perto as pessoas com quem já temos laços; devemos também conquistar novos membros e desenvolver o grupo, torná-lo maior e mais consistente, a fim de potencializar nossas ações e envolver outras pessoas.

É preciso, portanto, fazer o grupo crescer, porque o contrário significaria estagnação – e esse é o primeiro passo para o enfraquecimento dos relacionamentos e do grupo, a médio prazo. Afinal, a própria natureza é dinâmica, e o que não cresce se deteriora e se desfaz com o tempo.

Não devemos, entretanto, descuidar da qualidade de nossas conexões. Esse aspecto é até mais importante que a quantidade de contatos em nossa rede. É necessário crescer, sim, mas com qualidade. Uma rede de contatos pequena e bem trabalhada é muito mais valiosa do que uma rede imensa à qual não damos a devida atenção. Em vista disso, o networking deve ser feito com objetividade e a consciência de que estamos construindo um verdadeiro patrimônio para a nossa vida. Uma riqueza que poucas vezes temos condições de avaliar adequadamente.

Aumentar a quantidade de pessoas em nossa rede é necessário, é claro, mas essa meta deve ser compatível com o objetivo de selecionar pessoas interessantes para estarem conosco. Da mesma forma, temos de nos esmerar para criar relacionamentos de qualidade com cada membro do nosso grupo. Desse modo, aproveitaremos realmente todos os benefícios de um networking bem-feito.

FAÇA NETWORKING, MAS TAMBÉM FAÇA AMIZADES

Procure se relacionar e fazer networking sempre, desde que os relacionamentos sejam saudáveis e mantendo em mente que o "networking é a arte de ser interessante sem ser interesseiro".[8] É o networking que permite a você trocar ideias, conhecimento e experiências e tornar-se mais rico, pois, quando você dá algo, recebe algo em troca e fica com o que tinha e também com o que recebeu. Como disse George Bernard Shaw, "se você tem uma maçã e eu tenho outra; e nós trocamos as maçãs, então cada um terá sua maçã. Mas se você tem uma ideia e eu tenho outra, e nós as trocamos, então cada um terá duas ideias."[9] E ambos nos tornaremos muito mais ricos.

Uma vez conquistado o relacionamento, tente transformá-lo em uma verdadeira amizade, pois, segundo Ralph Waldo Emerson, "um amigo é a obra-prima da natureza", e, para Machado de Assis, "amigo é a direção. Amigo é a base, quando falta o chão!". Agora, para construir uma autêntica amizade, é importante que haja uniformidade de propósitos, pois, como disse o historiador e escritor norte-americano Henry Adams, "a amizade exige algum paralelismo de vida, uma comunhão de ideias, uma rivalidade de objetivos".[10]

Agora, cuidado com os "falsos amigos", já que, conforme Norman Douglas, "para achar um amigo é preciso fechar um olho; para conservá-lo é preciso fechar os dois". Nesse contexto, recordemos a lição de Henry Adams de que "um amigo durante a vida é muito; dois é demais; três, quase impossível". E "quem se vangloria de ter conquistado uma multidão de amigos nunca teve um" (Samuel Taylor Coleridge).

Além disso, jamais se esqueça da lúcida assertiva de John Churton Collins de que "na prosperidade, nossos amigos nos conhecem; na adversidade, nós conhecemos nossos amigos".

Procure preservar as verdadeiras amizades conquistadas a ferro e fogo, pois concordamos com a observação de Oscar Wilde de que "a verdadeira amizade é como perna de cavalo, quando quebra não conserta jamais". Elas o acompanharão ao longo da vida e compartilharão com você as alegrias e as adversidades.

SEMPRE FUI BOM EM CRIAR E CULTIVAR BONS RELACIONAMENTOS

Quando era criança e cursava o ensino fundamental, apesar de tímido, eu superava essa dificuldade e construía sólidas amizades com meus colegas de turma e inclusive com seus familiares.

Na universidade, sempre procurava organizar eventos e convidar os colegas para poder fortalecer o networking.

Quando magistrado, além de participar das reuniões da associação dos magistrados, fazia parte do time de futsal do grupo, não apenas por gostar do esporte, mas, sobretudo, para estar sempre junto dos colegas, fortalecendo a amizade. O mesmo aconteceu no Ministério Público.

Um exemplo da importância de um bom networking para o desenvolvimento pessoal e empresarial foi o relacionamento que construí com o amigo e irmão Antônio Carbonari Netto, fundador da Anhanguera Educacional. Quando criei a Faculdade Maurício de Nassau, eu me filiei à Associação Brasileira de Mantenedoras de Ensino Superior (Abmes) e lá conheci Carbonari, que era vice-presidente da associação. Além de ele ter sido um mentor, um paradigma para mim, pois nele me espelhei para conceber o Grupo Ser Educacional, desenvolvê-lo e levá-lo à Bolsa de Valores, foi por meio do Antônio que conheci as principais autoridades educacionais da época e também os grandes mantenedores. Sou muito grato por sua amizade sincera.

Hoje procuro construir relacionamentos com pessoas que tenham os mesmos valores e propósitos de vida que eu. Um exemplo disso são as centenas de sócios do Instituto Êxito de Empreendedorismo, com quem considero ter formado uma grande família.

9

A nona chave

OTIMISMO E POSITIVIDADE

PARA ONDE VOCÊ OLHA?

Antes de falar sobre otimismo e positividade, vou contar uma pequena história, de autor desconhecido, notória nas redes sociais, que retrata bem a maneira como as pessoas costumam encarar as situações comuns de seu dia a dia.

Um professor universitário entrou na classe e anunciou que os alunos fariam um teste-surpresa. Em seguida, distribuiu uma folha com perguntas, com a frente virada para baixo.

Para a surpresa de todos, ao virarem a página, os estudantes viram apenas uma folha em branco, com um único ponto preto no centro. O professor disse então que deveriam escrever algumas linhas sobre o que enxergavam naquele papel.

Depois que todos os alunos terminaram o teste, o professor recolheu as folhas e começou a ler cada resposta em voz alta. Sem exceção, todos os estudantes escreveram sobre o ponto preto, mencionando sua posição, tamanho e outras tantas impressões que haviam tido.

Finalmente, o professor se dirigiu aos alunos e disse: "Eu gostaria que vocês refletissem sobre algo. Todos, sem exceção, escreveram sobre o ponto preto, porém ninguém escreveu sobre a parte branca do papel".

Ele fez uma pequena pausa e completou: "A mesma coisa acontece em nossa vida. Todos nós temos, todos os dias, uma folha em branco para observar e aprender, mas em geral nos concentramos nas manchas escuras que porventura existam nesse papel".

Temos tantos motivos para comemorar – nossos familiares, colegas de trabalho, amigos, boa saúde, um trabalho satisfatório, o sorriso de uma criança, os milagres que testemunhamos todos os dias –, contudo não atentamos a isso. Simplesmente limitamos nosso horizonte ao nos concentrarmos apenas nos pontos escuros – decepções, frustrações, medos e ansiedades, coisas que nos incomodam, pessoas que nos desagradaram, e assim por diante.

No dia a dia, tendemos a voltar nossa atenção e energia a falhas e decepções insignificantes, semelhantes ao ponto escuro no papel, e deixamos de notar, admirar, desfrutar e agradecer tudo o mais de bom que está à nossa volta.

Embora esses pontos escuros sejam muito pequenos em comparação com as coisas boas que temos em nossa vida, eles perturbam nossa mente e não nos permitem pensar positivamente. Costumamos focar os problemas, as dificuldades, e isso só torna tudo mais difícil e desgastante.

Devemos ter um pouco mais de otimismo e positividade e nos acostumar a olhar o lado bom de tudo. Isso nos dará um senso de direção melhor, elevará nossa energia, expandirá nossa criatividade e nos colocará a caminho da resolução dos problemas, enquanto, ao mesmo tempo, fará com que desfrutemos maior felicidade.

O CONCEITO DE OTIMISMO E POSITIVIDADE

O otimismo, por definição, é a nossa disposição para ver as coisas pelo seu lado positivo, mesmo que apresentem um aspecto negativo. Consiste "na certeza de que o melhor virá sempre, pois é a fé que leva à realização" (AD). Ser otimista é esperar sempre uma solução favorável, mesmo em situações consideradas difíceis. Já a positividade é a tendência ou a prática de ser otimista. A positividade anda sempre de mãos dadas com a confiança, a esperança e a fé.

Agir com otimismo e positividade é concentrar foco e energia em um dos ingredientes mais poderosos que levam à realização pessoal e à felicidade. O otimismo envolve uma mistura de emoções construtivas e atitudes edificantes em relação à vida. O otimista tem uma postura mental que o leva a ter uma visão favorável sobre tudo. Normalmente, uma pessoa com otimismo tem uma espécie de certeza de que obterá resultados positivos naquilo que empreende ou faz, tem por hábito vislumbrar o melhor em qualquer situação.

Ser otimista é entender que a vida pode até ser uma estrada acidentada, mas que, com certeza, nos leva a um lugar que talvez seja de nosso interesse. E que avançar por ela é sempre muito melhor que ficar parado em uma zona de conforto, sem se arriscar, porém sem progredir e sem desfrutar a jornada.

O poder do otimismo muda nossa vida, pois nos permite visualizar situações e caminhos novos que seriam inacessíveis e invisíveis caso nos deixássemos levar pelo pessimismo. Como disse o palestrante e escritor Price Pritchett, "o otimismo inspira, energiza e traz à tona o nosso melhor. Ele aponta a mente para possibilidades e nos ajuda a pensar criativamente".

Adotar uma visão otimista pode ser desafiador, contudo é necessário considerar que ela é capaz de mudar completamente a nossa realidade. Isso não quer dizer que todos os nossos problemas serão resolvidos, mas sem dúvida alguma pode fazer a diferença entre seguir em frente, com ânimo e fé, e desistir da felicidade e do sucesso que estamos buscando.

O filósofo Noam Chomsky afirmou certa vez que, a menos que acreditemos que o futuro pode ser melhor, é pouco provável que assumamos a responsabilidade por melhorá-lo. O otimismo, portanto, é uma crença firme e uma estratégia para fazer do nosso futuro algo mais próximo do nosso sonho de realização e felicidade.

Ser otimista e pensar positivamente afasta o estresse, a tensão e as frustrações. Existem, sim, inúmeras dificuldades e desafios em nosso mundo, e há também muita dor e sacrifício. No entanto, podemos escolher deixar de olhar para a negatividade e focar a esperança, para viver, assim, com mais alegria. Como disse o filósofo alemão Arthur Schopenhauer, "raramente pensamos no que temos, mas sempre no que nos falta".[1]

Para ter sucesso, independentemente do que nos propomos a realizar, precisamos olhar para o futuro com a certeza de que somos capazes de realizar os nossos sonhos. Isso vale especialmente para aqueles momentos em que tudo está dando errado, quando o mundo parece estar desmoronando à nossa volta.

É nas adversidades que o nosso otimismo e a positividade são testados ao extremo. Mesmo no pior cenário podemos encontrar motivadores que mantenham nossa expectativa elevada, fazendo nosso melhor para conquistar nossos objetivos.

Uma pessoa otimista, em geral, é também obstinada e não se deixa desanimar por causa do tamanho dos desafios. Ela cria mecanismos e adota posturas que lhe permitem superá-los com segurança e determinação. Os otimistas nunca se dão por vencidos e dificilmente desistem.

Helen Keller, escritora e ativista social norte-americana, foi a primeira pessoa surdo-cega a entrar para uma instituição de ensino superior, em 1904. Seu otimismo e determinação até hoje servem de inspiração para pessoas no mundo todo. Ela afirmava que "o otimismo é a fé que leva à realização. Nada pode ser feito sem esperança ou confiança".[2]

Sozinhos, o otimismo e a positividade não fazem a pessoa transformar seus sonhos em realidade. Sem eles, contudo, isso é quase impossível. Com efeito, existem duas maneiras de encarar a vida: a otimista e positiva ou a pessimista e negativa. A perspectiva otimista e positiva sempre nos ajudará a seguir adiante enquanto a pessimista e negativa poderá nos paralisar.

Agora, ser otimista e positivo não significa ficar de cara para a lua sem fazer nada, ou seja, ficar alienado, esperando sentado que coisas boas aconteçam. Não existe milagre que simplesmente resolva tudo. Temos de ser protagonistas e agir para realizar nosso próprio milagre.

É NAS ADVERSIDADES
QUE O NOSSO OTIMISMO
E A POSITIVIDADE SÃO
TESTADOS AO EXTREMO.

Saiba que o pensamento positivo tem poder. Mas nunca se esqueça de que o negativo também tem. Logo, é importante acreditar verdadeiramente em você, em suas habilidades inatas e adquiridas, em suas potencialidades, pois, com otimismo e positividade, "querer é poder": tudo o que desejar na vida você pode alcançar.

Nesse contexto, imperativo se faz desenvolver, cultivar e potencializar continuamente o otimismo e a positividade em nossa vida, porque isso "estimula nossa eficiência, resiliência e produtividade, levando-nos a níveis e estágios mais elevados de desempenho" (AD).

Considere sempre a lição de Dwight D. Eisenhower de que "o mundo pertence aos otimistas: os pessimistas são meros espectadores". Por outro lado, Winston Churchill asseverou que "o pessimista vê dificuldade em cada oportunidade; o otimista vê oportunidade em cada dificuldade". Douta parte, Jorge Paulo Lemann afirmou: "eu nunca conheci nenhum pessimista bem-sucedido".

Se aqui ampliarmos a seara de considerações sobre o otimismo e a positividade devemos refletir que "raramente pensamos no que temos, mas sempre pensamos no que nos falta" (Arthur Schopenhauer) porque, como disse Machado de Assis, "há pessoas que choram por saber que as rosas têm espinhos. Há outras que sorriem por saber que espinhos têm rosas!". Da mesma forma, "os pessimistas acham que os ventos gemem e choram; mas os otimistas acham que eles cantam" (Luis Fernando Verissimo).

AGINDO COM POSITIVIDADE

Pôr em prática diariamente o otimismo nos deixa em um clima de positividade que facilita quase tudo o que nos propomos a fazer.

Passamos a agir e a pensar de modo positivo, o que torna melhor a realidade – tanto a nossa realidade interior quanto o mundo à nossa volta.

A positividade e o pensamento positivo são os grandes parceiros do otimismo. Ter pensamentos positivos nos ajuda a enxergar oportunidades mesmo diante de situações negativas. E o otimista espera sempre um resultado positivo, ainda que as evidências indiquem o oposto.

Ser positivo tem a ver com alimentar pensamentos auspiciosos, fundamentais para melhorar nosso desempenho em qualquer área em que estejamos atuando. Zig Ziglar, um dos palestrantes motivacionais mais notórios do mundo, disse: "O pensamento positivo não deixará você fazer nada, mas irá deixar você fazer tudo".[3]

O pensamento positivo é também a base da chamada psicologia positiva, cujo reconhecimento e aplicação passaram a ser defendidos na década de 1990 por Martin Seligman, então presidente da Associação Americana de Psicologia.

Seligman, em seus estudos sobre a psicologia positiva, afirmou que os pensamentos positivos e otimistas podem ser aprendidos e que a positividade pode ser desenvolvida, assim como todos os demais aspectos relacionados a ela. Dentro desse enfoque, o desenvolvimento do pensamento positivo vem sendo considerado uma ferramenta importante para que possamos encontrar nosso bem-estar e a felicidade autêntica.

Vale ressaltar que de forma alguma a psicologia positiva ignora doenças ou nega desordens psicológicas, nem deixa de considerar as dificuldades reais de um indivíduo. Ela reconhece todos esses desafios, porém sem negligenciar os aspectos positivos da mente humana, que trabalham em prol de encontrar melhores soluções para tudo o que temos de enfrentar em nosso dia a dia.

Em resumo, a psicologia positiva propõe tirar o foco da dor e ampliar nosso campo de visão, considerando o lado positivo de nossos pensamentos parte importante da solução dos problemas.

Dessa maneira, a positividade é uma das posturas essenciais para o sucesso em qualquer área da vida. Pessoas positivas não permitem que a negatividade as afete. Onde os outros veem um desafio impossível, elas enxergam uma oportunidade de alcançar grandes recompensas.

Pessoas positivas têm muito mais chances de vencer os obstáculos e os contratempos que ocorrem no cotidiano. Também são mais felizes, o que aumenta consideravelmente seu desempenho individual, criando maiores possibilidades de sucesso pessoal e nos negócios.

Outra grande vantagem de pensar positivamente é que isso contagia as pessoas e transforma o ambiente à nossa volta. Não só nos torna melhores como também torna melhores as pessoas com quem convivemos.

Permanecer positivos, especialmente quando surgem contratempos, é a chave para seguir adiante na rota do sucesso. É nos momentos de desafios que uma mentalidade positiva pode transformar algo ruim em bom, e assim tornar possível obter melhores resultados em bem menos tempo.

Eu, particularmente, defino a pessoa pessimista e negativa como desprovida de qualquer ousadia e coragem, um folgado, um fraco, um doente detentor de uma síndrome chamada de "esquizofrenia mental".

O OTIMISMO EXIGE RESPONSABILIDADE

Um fato já reconhecido é que uma pessoa pessimista dificilmente será bem-sucedida – e, caso venha a ter sucesso, ele será efêmero. Para ter um sucesso consistente é preciso cultivar o otimismo diariamente.

Existem, contudo, alguns pontos que devemos levar em conta para garantir que o otimismo trabalhe realmente a nosso favor:

- **É necessário que estejamos cientes de que ser otimista dá trabalho.** Em suas palestras, o filósofo Mario Sergio Cortella costuma dizer que o otimismo requer esforço, porque, para sermos otimistas, temos que estudar, nos preparar, angariar conhecimento, levantar cedo, lutar muito e trabalhar arduamente. Por outro lado, para Cortella, para sermos pessimistas e negativos, não temos que fazer nada. Basta esperar que as coisas não deem certo. Porque "o pessimista é antes de tudo um vagabundo. A única coisa que o pessimista faz é sentar e esperar dar errado. Ele fala: 'espera que você vai ver que não vai dar certo'. 'Espera mais um pouco que você vai ver a merda que vai dar'". Para Cortella, o pessimismo e a negatividade são "contagiosos como um vírus"; "toda pessoa negativa tem um problema para cada solução, diferentemente da pessoa otimista e positiva, que tem uma solução para cada problema". Portanto, não dá para ser otimista esperando que tudo caia do céu. Essa estratégia não vai funcionar;
- **Não devemos pensar que só porque somos otimistas tudo vai dar certo na nossa vida e pronto.** O otimismo não é um milagre nem funciona como um passe de

mágica. Nós temos de fazer com que nossos sonhos se concretizem. O otimismo apenas facilita as coisas, isto é, com ele, podemos fazer sempre melhor do que faríamos se fôssemos pessimistas;

- **Quando as coisas estão indo bem, em geral não existe muita diferença entre o otimista e o pessimista.** Ambos têm praticamente as mesmas motivações para buscar resultados. É quando as coisas vão mal que a diferença surge: enquanto os otimistas se propõem a buscar soluções, os pessimistas com frequência simplesmente desistem de tentar corrigir o que precisa ser ajustado e muitas vezes desistem até mesmo da própria jornada;
- **O otimismo oferece alguns riscos.** Alguém que é cegamente otimista pode, na verdade, deixar de se esforçar o suficiente para não se desgastar muito. Como tudo que é levado ao excesso acaba gerando distorções, o otimismo cego também tende a trabalhar no sentido contrário daquilo que desejamos, inclusive mascarando o fato de que somos os responsáveis por nossos eventuais fracassos – e que temos de agir para mudar a situação;
- **Mais um cuidado que devemos ter é entender que o otimismo precisa ser ativo e gerar resultados.** Em suma, ele tem de se expressar no comportamento, e não apenas ser um estado de espírito. Como disse o escritor Larry Elder, "o otimismo não pode ser apenas uma mentalidade; tem de ser um comportamento". Devemos ter otimismo em nosso modo de pensar, mas também aplicá-lo em nossas ações diárias;
- Como um alerta especial, cabe lembrar que o otimismo e a positividade não devem funcionar como uma fé cega,

e sim nos servir de apoio e motivação para seguir na direção correta e ter esperança em relação ao amanhã. Desse modo poderemos canalizar nossas atitudes no sentido de construir um futuro cada vez melhor.

PODEMOS DESENVOLVER O OTIMISMO E A POSITIVIDADE

Virar a chave da nossa mente do pessimismo para o otimismo e a positividade faz toda a diferença. E o otimismo pode ser desenvolvido com algumas atitudes simples, desde que praticadas regularmente e com convicção.

- **Aceitar que nem tudo está sob nosso controle.** Ser otimista não significa estar no controle o tempo todo. Pelo contrário, é aceitar que nem tudo nos cabe ou não nos convém controlar. É preciso fazer o nosso melhor e deixar que a vida aconteça. Algumas vezes vamos acertar, em outras não. Isso faz parte da vida, e é daí que se extrai o aprendizado que nos levará ao êxito;
- **Apreciar as pequenas coisas.** Sem dúvida devemos almejar grandes conquistas, porém, em vez de ficar obcecados em alcançar nosso objetivo final, sem nem ao menos desfrutar nossa jornada, precisamos aprender a comemorar os pequenos avanços em direção ao nosso objetivo maior. Não podemos esquecer que o sucesso e a felicidade estão na jornada, jamais no destino;
- **Cercar-nos de pessoas e eventos positivos.** É difícil manter o otimismo se estamos cercados de pessoas negativas ou constantemente envolvidos em situações desgastantes. Para que nosso otimismo se fortaleça,

devemos ser seletivos em relação às pessoas com quem convivemos e às informações e recursos que absorvemos do mundo exterior. Para estimular e fortalecer o otimismo, é aconselhável buscar a companhia de pessoas também otimistas, procurar viver situações de vibração elevada para nos alimentarmos de informações, pensamentos e material de boa qualidade energética.
Logo, temos que nos afastar de gente pessimista, negativa, matadora de sonhos, desaceleradora de pessoas, que, por não ter coragem de sonhar, ousar, trabalhar e lutar de forma árdua e incessante, tenta nos convencer de que nós também não temos esse direito. Com efeito, temos que nos afastar dessas pessoas, pois é importante manter-se longe de quem só quer nos empurrar para baixo, haja vista que, "quando pessoas negativas começarem a sair da nossa vida, coisas positivas começarão a aparecer" (Leandro Lima). A fórmula é muito simples: "menos pessoas negativas em sua vida, mais resultados positivos, porque o melhor 'detox', o melhor desintoxicante de negatividade que existe é aquele que elimina as pessoas negativas de nossas vidas". "Será necessário se afastar dos gansos, dos pombos, das galinhas e dos pardais para começar a voar com as águias."

- **Positivar nossos pensamentos.** Mesmo nas situações mais difíceis, há uma boa parcela de positividade. Portanto, seja qual for o caso, devemos procurar descobrir e enfatizar os aspectos positivos de cada evento. Precisamos alimentar nossa mente com mensagens elevadas e restabelecedoras.
  Muita gente afirma que não consegue ser otimista e ter pensamentos positivos, pois o pessimismo e a

negatividade estão sempre presentes. Ora, quem manda em sua mente é você, logo, não deixe seus pensamentos negativos ou pessimistas mandarem em você. Quando surgir um pensamento assim, simplesmente mude de pensamento, usando o chamado "pensamento poderoso" ensinado por T. Harv Eker. Ser otimista não significa não ter pensamentos negativos, mas não podemos permitir que eles controlem a nossa vida.
É fundamental mudar o modelo do nosso "jardim mental". Metaforicamente, segundo autor desconhecido, se a pessoa deixa o jardim de uma determinada propriedade ficar abandonado por muito tempo, as flores vão morrer e só nascerão mato e ervas daninhas. Assim é com o seu "jardim mental". Se não cuidarmos dele, se não plantarmos coisas boas e positivas, somente coisas ruins e negativas vão nascer, por isso todos nós temos que cuidar diariamente do "jardim mental" de nossa mente, plantando apenas sementes do bem. Ou seja, plantando coisas bonitas e positivas, nunca ruins ou negativas. Temos que fugir dos pensamentos negativos e de padrões e crenças limitantes.
Cabe a nós criar constantemente novas sinapses neurais, apagando aquelas antigas trilhas negativas e limitantes e construindo um jardim mais belo e inspirador;

- **Ser grato.** A gratidão é essencial quando queremos ser otimistas. À medida que agradecemos pelo que temos, passamos a encarar nossa vida de forma mais positiva;
- **Ter ânimo para recomeçar sempre que for preciso.** Precisamos aprender a ser resilientes. Quando algo der errado, não devemos nos frustrar. É hora de superar e partir para outra. De recomeçar com a esperança viva de que logo vamos acertar. Afinal, como disse

VIRAR A CHAVE DA NOSSA MENTE DO PESSIMISMO PARA O OTIMISMO E A POSITIVIDADE FAZ TODA A DIFERENÇA.

Zig Ziglar, "o fracasso é apenas um evento e não uma pessoa".[4] Assim, embora sejamos vencedores, durante a nossa jornada teremos de superar alguns reveses. E a confiança de que vamos chegar ao sucesso alimentará nosso otimismo e nossa positividade;

- **Ter fé e esperança.** A escritora Helen Keller afirmou: "Otimismo é a fé em ação! Nada se pode levar a efeito sem o otimismo". É fácil perceber que existe uma estreita relação entre fé e otimismo. Quando nos apoiamos na fé, alimentamos nossos pensamentos com mais positividade;
- **Vislumbrar o futuro que queremos ter, mas viver no presente.** O otimismo nada tem a ver com fantasias. A crença no sucesso precisa estar presente ao lado da certeza de que podemos realizar nossos sonhos, porém devemos nos concentrar no que nos cabe fazer a cada dia. Sem um bom foco no presente, dificilmente haverá um futuro promissor. Por isso ser otimista também implica o comprometimento com o que fazemos cotidianamente. Nossa atividade focada e responsável nos torna mais otimistas e confiantes.

PRÁTICAS DIÁRIAS PARA SER MAIS POSITIVO

Algumas atitudes que devemos ter em mente e levar em consideração diariamente para estar sempre voltados para o otimismo e a positividade:

- **Conversar apenas sobre coisas boas,** como fartura, riqueza e saúde. Dar atenção apenas ao que é saudável para a mente, o corpo e o espírito. Viver voltado para o otimismo e a alegria. Afastar-se da negatividade;

- **Toda manhã, decidir ser otimista.** Essa é a melhor forma de encarar o mundo e levar a vida com leveza;
- **Treinar a mente para ver o lado bom de qualquer situação.** Olhar para a luz afasta a escuridão;
- **Afastar o medo do que poderia dar errado** e começar a pensar no que pode dar certo;
- **Habituar-se a ter um pensamento positivo ao acordar.** Isso, com certeza, deixará seu dia bem melhor;
- **Acostumar-se a semear o otimismo em redor,** bem como a bondade e a positividade. Assim será mais fácil encontrar paz e alegria no seu dia a dia.

MANTENHA A ENERGIA POSITIVA EM ALTA

Ser otimista é nunca desistir. É ter em mente que, na vida, é preciso se arriscar e, sempre que cair, levantar-se e recomeçar. Temos de redobrar nosso ânimo e nossa boa-fé a cada dia, a cada novo desafio.

Nossos pensamentos emitem uma energia que molda nossa atmosfera mental e se irradia para o mundo. De acordo com o tipo de vibração emitida, atraímos energias semelhantes. Quando pensamos negativamente, a energia que recebemos do mundo em resposta também é negativa. Contudo, o contrário é verdadeiro: pensamentos positivos emitem e atraem energias positivas, que melhoram tudo à nossa volta e elevam nossa energia. Portanto, precisamos nos habituar a pensar positivamente para atrair paz e prosperidade.

Viver é uma experimentação, e só assim aprendemos o que é necessário para cumprir com dignidade e louvor nosso propósito. Por isso a melhor opção sempre é pensar e agir positivamente.

Para o escritor norte-americano Dale Carnegie, o mundo está repleto de positividade; por isso ele nos aconselha a não perder tempo nem ficar desanimados com a negatividade de algumas pessoas. A regra de ouro que Carnegie nos deixou é começar e terminar nosso dia com uma mensagem positiva e garantir que, ao longo dele, a energia do que dizemos e fazemos seja sempre positiva e crescente.

Muitas pessoas asseguram ser otimistas e positivas, mas apenas quando as coisas estão indo bem. Quando tudo está dando certo é extremamente fácil ser otimista e positivo. Quero ver ser otimista e positivo quando a situação estiver difícil! É importante ter a consciência de que o otimismo e a positividade devem ser usados em circunstâncias adversas, nas dificuldades, "quando o mundo ao seu redor estiver desmoronando". Ser bom no bom é muito fácil. Quero ver ser bom no ruim ou bom no péssimo. E só seremos bons no ruim ou no péssimo se tivermos controle sobre nossas emoções, ou seja, controle emocional.

O OTIMISMO E A POSITIVIDADE EM MINHA VIDA

Apesar de todos os obstáculos, dificuldades e adversidades que sempre estiveram presentes ao longo da minha vida, sempre fui uma pessoa altamente otimista e positiva. Sempre tive em mente que eu era capaz e que podia conseguir materializar todos os meus sonhos grandes e impossíveis. Foi assim, quando decidi deixar minha família em Pimenta Bueno, em Rondônia, e me mudei para o Nordeste. Da mesma forma quando decidi trocar o sonho de ser médico para ser advogado. Mentalizei positivamente, coloquei o poder da ação em prática e parti para cima dos meus sonhos e ideais. Da mesma forma, quando decidi ser juiz federal do trabalho. Sem pestanejar, tracei a meta de estudar seis horas por dia durante três anos, comecei sem estar preparado e, em menos de dois anos eu era juiz federal do TRT da 6ª Região em Pernambuco. A mesma coisa aconteceu com os diversos sonhos sonhados e realizados em minha vida. A força do otimismo e da positividade aliada às demais chaves me fizeram chegar aonde eu sempre sonhei.

10

A décima chave

CRIATIVIDADE E INOVAÇÃO

CONSIDERAÇÕES INICIAIS

Como escrevi no livro *Inovação em uma sociedade disruptiva*, publicado pela editora Novo Século, estamos vivendo uma nova era, em uma nova sociedade que, para muitos, deixou de ser meramente globalizada, mundializante, aldeia global e sociedade do conhecimento para se transformar em uma sociedade tecnotrônica, tecnológica, digital e altamente disruptiva.

Até pouco tempo atrás, ou seja, antes do início da pandemia de covid-19, vivíamos em um mundo "VUCA" em inglês, ou VICA em português:

V: volátil, turbulento, dinâmico;
U: incerto [*uncertain*], com resultados imprevisíveis;
C: complexo;
A: ambíguo.

Com a chegada da devastadora pandemia, passamos a viver em um mundo "FANI":

F: frágil, quebradiço e suscetível a falhas;
A: ansioso, urgente, desesperado, desamparado;
N: não linear, com causas e efeitos desconectados, desproporcionais;
I: imprevisível, incompreensível, imperfeito.[1]

Neste novo mundo, devemos ter consciência de que nossa vida está mudando radicalmente, em especial por causa da inteligência artificial e da automação, que foram altamente impulsionadas pela pandemia de covid-19.

A covid-19 tem mostrado aos seres humanos sua insignificância nesta infinita Via Láctea, que somos frágeis e dependemos cada vez mais uns dos outros. A pandemia deixou nítido que as pessoas – e o mundo – não são e não serão mais as mesmas, independentemente de classe social, cor, raça, credo, convicções políticas etc., tanto que "a história será dividida em antes e depois da covid-19" (Silvio Meira).

COMPETIDORES DAS PESSOAS FÍSICAS

Neste novo mundo, os competidores das pessoas físicas não têm mais apenas domicílio na cidade, no estado, na região ou no país onde habitam, mas em todos os lugares do planeta. Neste novo mundo, os indivíduos passam a ter domicílio global em virtude da internet, que consagra a aldeia em que todos nós vivemos. Por conta disso, competem entre si em escala mundial, em especial porque os importantes postos de trabalho ainda existentes, ou que estão sendo criados, são disputados globalmente, tendo sempre o inglês como língua universal.

Grande parte dos postos de trabalho que existem hoje será extinta, pois a inteligência artificial e a automação tomarão o seu lugar. Estudos realizados por consultorias e universidades de prestígio mostram que mais de 50% dos postos de trabalho existentes hoje no Brasil serão assumidos por robôs dentro de cinco anos.

Para estudiosos do assunto, esse cenário assustador forjou duas correntes com pensamentos diametralmente opostos sobre o futuro das profissões no Brasil e no mundo. A primeira, de cunho pessimista, chamada de "Robocalipse", advoga a tese de que a automação e a inteligência artificial causarão "uma enorme avalanche de desemprego". A outra, de cunho otimista, à qual me filio, defende que "o desenvolvimento da automação e das máquinas inteligentes, que consagra a inteligência artificial, vai apenas impor a adaptação dos atuais empregados aos postos e formas de trabalho que este novo mundo está criando", mas ampliará sobremaneira a demanda por postos de trabalho em tarefas que não podem ser realizadas por máquinas inteligentes, pois elas exigem habilidades como originalidade, criatividade, sensibilidade, inteligência social, inteligência emocional, valores, crenças e sonhos, impossíveis de serem automatizadas e denominadas pelo empreendedor chinês Jack Ma, da Alibaba de "quociente do amor". Nesse mesmo sentido, é o que asseverou Theodor Heuss quando disse que "chegará o dia em que talvez as máquinas pensem, porém elas nunca terão sonhos".

E, já que estamos falando de máquinas inteligentes, abordarei brevemente o papel da inteligência artificial.

O PAPEL DA INTELIGÊNCIA ARTIFICIAL HOJE

Uma corrente defendida por especialistas no assunto afirma que as máquinas inteligentes poderão ser em pouco tempo muito mais inteligentes que os seres humanos e, em consequência, poderão dominar a humanidade, tornando escravos os seres humanos e, com isso, roubar o sentido da vida humana. Segundo tal corrente, as máquinas detentoras de inteligência artificial já são capazes de vencer os humanos inclusive em jogos de estratégia, como o jogo de xadrez e o jogo Go, também chamado de Weiqi ou Baduk. De acordo com esses especialistas, em breve a inteligência artificial poderá construir máquinas muito mais inteligentes do que elas mesmas e, a partir daí, "tornar a inteligência humana obsoleta ou subjugada".

Nesse sentido, citam o exemplo do computador Watson, da IBM, que já faz inúmeras coisas milhões de vezes mais rápido e com mais acerto e acuracidade que os seres humanos em diversas áreas do conhecimento. A título de exemplo, no campo da Medicina, Watson já auxilia os profissionais da saúde no diagnóstico de câncer com muito mais rapidez e com pelo menos quatro vezes mais exatidão que os humanos. No campo do Direito ou jurídico, Watson responde a consultas jurídicas com mais precisão: cerca de cem vezes mais rápido e com 90% a mais de acerto que advogados humanos.

Não podemos perder de vista as declarações de grandes personagens da história mundial que têm essa mesma preocupação. Sobre o assunto, Bill Gates enfatizou que "a humanidade deveria ficar alerta para a inteligência artificial antes que seja tarde demais". Por outro lado, Elon Musk acentuou que "a inteligência artificial poderia ajudar a desencadear a Terceira Guerra Mundial". Segundo Musk, estamos indo rápido demais rumo à superinteligência digital, que excede qualquer inteligência do ser humano. Ademais, Stephen Hawking já tinha frisado no passado que "o sucesso de criar uma inteligência artificial pode ser o maior evento da história da humanidade; infelizmente, também pode ser o último, a menos que aprendamos a evitar os riscos".

Diante dessa corrente, insta que indagamos: será que devemos temer a rebelião das máquinas como no filme *Eu, robô*?

Para outra corrente, à qual tenho a satisfação de me associar, a inteligência artificial não conseguirá "dominar nem subjugar" os seres humanos, "apenas viverá cada vez mais acoplada a eles", mas sempre para o bem-estar, o usufruto, o benefício e o deleite dos seres humanos, como os aparelhos que se comunicam uns com os outros, as mascotes eletrônicas, os robôs-enfermeiros, os campeonatos de futebol entre máquinas, os carros autônomos etc. O carro autônomo, por exemplo, possibilitará livrar-nos dos perigos e do estresse do trânsito para usufruir do veículo. Poderemos ler, trabalhar, ouvir música enquanto somos conduzidos, livres para curtir o que uma máquina inteligente pode nos proporcionar.

Entretanto, temos que ficar atentos, pois não podemos negar que, em pouco tempo, com a tamanha velocidade com que as supermáquinas estão indo para a superinteligência digital, existirá uma geração de máquinas superinteligentes que aprenderão com uma rapidez extraordinariamente superior à do ser humano, e, uma vez que isso tiver sido aprendido, nunca mais essas máquinas se esquecerão, já que não ficam doentes, de doenças tipo Alzheimer, e poderão se tornar mais inteligentes que a raça humana, e, quiçá, só Deus sabe, subjugar nossa espécie às suas vontades.

Falamos sobre os competidores das pessoas físicas e do papel extraordinário que as máquinas inteligentes, consagradas por meio da inteligência artificial e da automação, estão exercendo em nossa vida. Entretanto, não podemos deixar de analisar quais são os reais concorrentes das corporações ou pessoas jurídicas neste novo mundo em que estamos vivendo.

CONCORRENTES DAS PESSOAS JURÍDICAS (EMPRESAS)

Nesta nova configuração, as principais concorrentes ou competidoras das empresas ou pessoas jurídicas "não são mais aquelas empresas tradicionais, que fazem a mesma coisa que a sua empresa faz, mas as empresas de softwares, ferramentas ou programas de computadores" (AD), como o Google, a Microsoft, a Apple e a Amazon. Importa afirmar, sem medo de errar, que, em pouco tempo, essas empresas levarão à bancarrota grande parte das empresas tradicionais e arcaicas que ainda existem hoje, caso elas, de forma rápida e eficaz, não inovem, adotando como instrumento novas formas de tecnologia, inteligência artificial e automação. É que, segundo Marshall Goldsmith, "o que nos trouxe até aqui não tem o poder de nos levar para a frente".

➔ Aponte a câmera do seu celular e experiencie a mensagem deste vídeo.

https://youtu.be/K5eJ4UXkLaA

Este novo mundo está passando pela transição de uma era na qual o planeta é meramente globalizado, mundializante, uma aldeia global e a sociedade é a do conhecimento para entrar em uma era tecnotrônica, tecnológica, digital, disruptiva, com a sociedade da experiência, e isso faz com que haja um acirramento da competição tanto para as pessoas físicas quanto para as jurídicas e afeta radicalmente a vida de todas elas.

Como sobreviver nesta nova era na qual o mercado (de serviços ou produtos) se mostra cada dia mais multiespecializado e competitivo, principalmente porque os principais clientes são das gerações Y, ou millennials (pessoas que nasceram do começo da década de 1980 a meados dos anos 1990), e Z, ou centennials, os chamados "nativos digitais", que nasceram entre 1995 e 2010?

➔ Aponte a câmera do seu celular e experiencie a mensagem deste vídeo.

https://youtu.be/UfmVqx09lvg

AS PESSOAS FÍSICAS SÓ SOBREVIVERÃO POR MEIO DA QUALIFICAÇÃO E DO CONTÍNUO APERFEIÇOAMENTO PROFISSIONAL

As pessoas físicas só sobreviverão por meio da qualificação e do aperfeiçoamento profissional continuado, bem como por meio da criatividade e da inovação. Ou seja, por meio da informação e do conhecimento, eis que a educação hoje é universal e a informação e o conhecimento são muito mais importantes que os recursos materiais como fator de desenvolvimento humano, considerado, portanto, instrumento de poder, e também por meio da criatividade aplicada para ser convertida em inovação.

Não estamos falando de qualquer conhecimento. Ele deve proporcionar meios para que o profissional se torne multifuncional ou multiespecialista, para adquirir não apenas a empregabilidade, mas, sobretudo, a trabalhabilidade. São aqueles profissionais detentores de habilidades, competências e informação em várias áreas do conhecimento e que podem exercer diversas atividades ao mesmo tempo.

Por falar em trabalhabilidade, foi-se o tempo em que o profissional procurava se qualificar para adquirir empregabilidade, ou seja, desenvolver habilidades e competências para enriquecer o currículo no afã de conseguir um emprego ou passar em um concurso público. Agora que tanto os empregos quanto os concursos públicos estão escasseando, o profissional precisa se qualificar continuamente para adquirir a trabalhabilidade, acumulando conhecimento e desenvolvendo habilidades e competências que lhe permitam gerar renda, trabalho, riqueza e até emprego, seja como consultor, como autônomo, profissional liberal ou mesmo como intraempreendedor celetista, mas, principalmente, como empreendedor de si mesmo e principalmente empreendedor empresarial.

Hoje, devido às máquinas inteligentes, cada vez mais está diminuindo a importância de especialistas em determinadas áreas. Antigamente, tínhamos de nos especializar para ser profissionais de sucesso. Na minha área, por exemplo, o Direito, os profissionais se especializavam em Direito do trabalho, Direito tributário, Direito empresarial, Direito penal etc. Eu me especializei em Direito e processo do trabalho, tanto que fui juiz federal do trabalho, procurador regional do Ministério Público do Trabalho e professor de Direito e processo do trabalho na Universidade Federal de Pernambuco. Mas no mundo atual, tecnotrônico, tecnológico, digital e disruptivo, onde as máquinas inteligentes estão fazendo quase tudo, e, em consequência, tomando o lugar da mão de obra humana especializada, a multifuncionalidade, ou multiespecialidade, se faz extremamente necessária.

NESTE NOVO MUNDO, OS COMPETIDORES DAS PESSOAS FÍSICAS NÃO TÊM MAIS APENAS DOMICÍLIO NA CIDADE, NO ESTADO, NA REGIÃO OU NO PAÍS ONDE HABITAM, MAS EM TODOS OS LUGARES DO PLANETA.

AS PESSOAS JURÍDICAS SÓ SOBREVIVERÃO CASO SE REINVENTEM POR COMPLETO

As pessoas jurídicas só sobreviverão caso se reinventem por completo, e tal reinvenção passa pela criatividade e pela inovação para que o negócio tenha sustentabilidade, perenidade e lucratividade.

CRIATIVIDADE

É neste mundo globalizado, tecnológico, digital e disruptivo que a criatividade das pessoas cada vez mais vem sendo "requisitada". Hoje, "ser criativo é pré-requisito para tudo na vida: em casa, no amor, nas relações interpessoais, na escola, na criação dos filhos, no trabalho, enfim, na vida como um todo" (AD). Urge, portanto, que busquemos, de todas as maneiras, novas formas de agir, de atuar, de criar, de realizar, de concretizar e de transformar nossos sonhos em realidade.

Desde o início da civilização, em todas as épocas, tempos e povos, o ser humano vem "criando e recriando ideias significativas" para descobrir, proteger, defender, curar, libertar, superar, vencer, sobrepujar, enfim, para sobreviver e viver. O início de tudo foi a descoberta do fogo e da roda, depois, vieram a eletricidade, os meios de transporte, a cura para muitas doenças até chegarmos às novas tecnologias, à inteligência artificial etc. Um exemplo milenar de criatividade marcante foi "o cavalo de madeira dado como presente pelos gregos aos troianos" (Marcus Tavares).

A criatividade, cujo principal instrumento é a curiosidade, é o que faz o ser humano superar a maioria de seus problemas, porque é uma ferramenta fundamental de sobrevivência para a raça humana, uma vez que nem sempre a vida nos oferece os recursos e as ferramentas necessárias e imprescindíveis.

Interessante destacar que a criatividade não é inerente nem inata ao ser humano, tampouco fruto de dom ou talento. Contudo, também não se constitui como uma pena perpétua nem pena capital nem de morte na cadeira elétrica. Por mais que uns tenham a veia criativa mais forte que outros, todos possuem plena capacidade de desenvolvê-la, aprimorá-la e até ampliá-la, pois é possível fazer isso desde que se esteja disposto a treinar e praticar o pensamento criativo. Logo, qualquer pessoa pode ser criativa, basta que tenha os estímulos corretos e se dedique à criatividade.

Há quem confunda criatividade com inovação. Embora ambas estejam vinculadas – e por isso mesmo são usualmente confundidas –, são totalmente diferentes.

A criatividade é o "passo anterior à inovação". Ela começa com uma ideia que, quando colocada em prática, ou seja, quando aplicada, dá início ao processo de inovação. Ousamos afirmar que a criatividade consiste no "instrumento essencial da inovação".

Por outro lado, para Henrique Carvalho, a inovação é a "execução de ideias". Consiste em fazer a mesma coisa de forma diferente, pois é "a imaginação aplicada à realidade". De acordo com Silvio Meira, inovação nada mais é que "a criatividade emitindo nota fiscal".

Para Michael E. Gerber, "a criatividade pensa em coisas novas. A inovação faz coisas novas".[2] Ou seja, a aplicação da criatividade ou a prática da criatividade faz coisas novas que geram inovação.

A CRIATIVIDADE NA EDUCAÇÃO BRASILEIRA

É necessário modificar a educação tradicional brasileira. Enquanto o mundo todo e os próprios alunos já são digitais, o sistema educacional no Brasil é analógico, burocrático e obsoleto, ultrapassado, retrógrado e ditatorial. Em vez de preparar as crianças para desenvolver "suas potencialidades intelectuais, amorosas, naturais e espontâneas", "a educação é despótica e repressiva. É como se educar fosse dizer faça isso e faça aquilo", produzindo uma geração de "zumbis", afirma Claudio Naranjo.[3]

É um sistema educacional que usa a palavra "educação" apenas para nominar a transmissão de informações e conhecimentos, ensinando às crianças um conteúdo ultrapassado, obsoleto e irrelevante, que não tem muita serventia no mundo atual e funciona apenas como um grande sistema de seleção empresarial, fazendo com que os alunos decorem conceitos e conteúdos ultrapassados para obter boas notas e, depois, passar em exames e concursos públicos no afã de conseguir bons empregos privados ou públicos. O objetivo não é preparar o aluno para empreender na vida e nos negócios e, em consequência, gerar trabalhabilidade, renda, riqueza e emprego. Dessa forma, muitos afirmam que aprenderam e aprendem muito mais fora da escola do que dentro dela.

Sobre o assunto, é importante mostrar que estudos realizados pela Universidade de Michigan, nos Estados Unidos, apontaram que, na atual sociedade disruptiva, o prazo de validade de uma habilidade que no passado seria de até trinta anos caiu para apenas cinco. Por isso se faz cada vez mais necessário ensinar o aluno a aprender a aprender e estimulá-lo a buscar o autoconhecimento, a criatividade e a inovação.

As escolas, portanto, precisam se reinventar e utilizar suas cabeças pensantes, seu capital intelectual, ou seja, seus colaboradores, incentivando-os a ser criativos e inovadores na idealização de estruturas que viabilizem novos processos de aprendizagem, como os processos de metodologias ativas.

EXEMPLOS DE ESCOLAS CRIATIVAS

- **Escola da Ponte.** Criada em Portugal, hoje é exemplo em todo o mundo. Não há provas, nem salas de aula, nem séries. Os estudantes são convidados a discutir com os tutores (professores, funcionários ou pais) assuntos que lhes interessam. O objetivo é que as crianças ensinem e sejam ensinadas. Uma garota de 8 anos, por exemplo, que sabe usar um tablet pode ensinar um professor de 50 anos a utilizá-lo, assim como o docente pode ensinar-lhe o conceito de sílaba tônica, que essa aluna desconhece. Essa troca é o que faz a educação ser transformadora.
- **Escola Waldorf.** A pedagogia Waldorf propõe que a escola deixe de ser uma formadora automática de trabalhadores e passe a ser uma fomentadora da cidadania. Os estudantes aprendem muito sobre educação artística, por exemplo, essencial para o crescimento cognitivo e o avanço da inteligência. A sustentabilidade e o respeito ao meio ambiente também são disciplinas. Além disso, os alunos passam a maior parte do tempo realizando trabalhos manuais: tricô, cerâmica, culinária, violino, desenho, entre outros. Tudo é feito com base na capacidade imagética (fotos, pinturas, objetos) das crianças e dos adolescentes para melhorar a memória e também suas habilidades.

INOVAÇÃO

Conforme mencionado anteriormente, para Henrique Carvalho, a inovação consiste na "execução de ideias". Eu afirmo que inovação é fazer a mesma coisa de forma diferente. Por outro lado, para Silvio Meira, a inovação é "a criatividade emitindo nota fiscal". Com efeito, a imaginação ou a ideia transformada em prática, ou aplicada, constitui-se em inovação propriamente dita, que nada mais é que empreendedorismo na prática.

À guisa de exemplo, citamos uma pequena história de autor desconhecido sobre como inovar ou fazer a mesma coisa de forma diferente.[4]

> Eu tinha acabado de chegar ao aeroporto quando um taxista se aproximou e perguntou se eu queria um táxi que oferecia um serviço diferenciado, o que de pronto aceitei. Ao me aproximar, a primeira coisa que notei foi um carro limpo e brilhante. O motorista bem-vestido, camisa branca e gravata, e calças bem passadas. O taxista abriu para mim a porta e disse: — Eu sou João, seu chofer. Enquanto guardo sua bagagem, gostaria que o senhor lesse neste cartão qual é a minha missão.
>
> No cartão estava escrito: "missão de João, o Chofer — levar meus clientes ao seu destino de forma rápida, segura e econômica, oferecendo um ambiente amigável". Fiquei impressionado! O interior do táxi estava igualmente limpo. João me perguntou: — O senhor aceita um café?
>
> Brincando com ele, falei: — Não, eu prefiro um suco.
>
> Imediatamente, João respondeu: — Sem problemas. Eu tenho uma térmica com suco normal e também *diet*, bem como água. — E acrescentou: — Se desejar ler, tenho o jornal de hoje e também algumas revistas.

Ao começar a corrida João me disse: — Essas são as estações de rádio que tenho aqui e esse é o repertório que elas tocam.

Como se já não fosse muita coisa, João ainda me perguntou se a temperatura do ar-condicionado estava boa. Daí me avisou qual era a melhor rota para meu destino e se eu queria conversar com ele ou se preferia que eu não fosse interrompido. Eu perguntei: — Você sempre atende seus clientes assim?

— Não. Não sempre. Apenas nos últimos dois anos. Meus primeiros anos como taxista eu passei a maior parte do tempo me queixando igual aos demais taxistas. Um dia ouvi um doutor, especialista em desenvolvimento pessoal. Ele escreveu um livro chamado *Quem você é faz a diferença* e dizia: "se você levanta de manhã esperando ter um péssimo dia, certamente o terá". Eu estava todo o tempo me queixando. Então decidi mudar minhas atitudes. Olhei os outros táxis e motoristas. Os táxis sujos, os motoristas, pouco amigáveis e os clientes, insatisfeitos. Decidi fazer umas mudanças e inovar. Quando meus clientes responderam bem, fiz mais algumas mudanças e mais inovações. No meu primeiro ano dupliquei meu faturamento. Este ano já quadrupliquei. O senhor teve sorte de tomar meu táxi hoje. Já não estou mais na parada de táxis. Meus clientes fazem reserva pelo meu celular ou mandam mensagem. Se não posso atender, consigo um amigo taxista parecido comigo que seja confiável para fazer o serviço.

João era diferente. Decidiu deixar de queixar-se e passou a inovar. Conclusão: em vez de ficar se queixando, procure ser criativo e inovador, procurando fugir da mesmice e fazer diferente para que o sucesso e a prosperidade estejam ao seu alcance.

Muitos neófitos acham que a inovação consiste apenas na utilização de novas tecnologias ou mesmo de novas estratégias de comunicação. Ledo engano, pois esses elementos são meros instrumentos ou aspectos de inovação.

Entrementes, a tecnologia, embora seja apenas um instrumento ou um aspecto da inovação, é um dos mais importantes, pois as pessoas e as empresas, em virtude da revolução digital – ou quarta revolução industrial – que estamos vivendo, têm necessariamente de migrar para o mundo digital e fazer uso de tecnologias como a inteligência artificial, sob pena de padecerem da chamada síndrome da Kodak.

Aumentando a égide de reflexões, não podemos deixar de enfatizar que inovação, hoje, não é apenas um diferencial competitivo. No mundo em que vivemos, a inovação é questão de sobrevivência, uma condição para permanecer no jogo competitivo. Com efeito, tem que estar inserida na cultura e no DNA da empresa, do empreendedor e de seus colaboradores, caso contrário, poderá acabar sendo comprada por outra empresa mais inovadora ou chegar à falência.

COMITÊS E DEPARTAMENTOS DE INOVAÇÃO

A inovação atualmente é tão importante para a sobrevivência das empresas que a maioria delas já está criando comitês e departamentos de inovação e direcionando um percentual da receita líquida para investimentos nesse setor como sempre fizeram em relação à publicidade. Como exemplo, citamos as áreas química, petroquímica e farmacêutica, que já gastam cerca de 3,8% da receita líquida em inovação. Por outro lado, grande parte das empresas de serviços, incluindo as educacionais, também já estão gastando cerca de 2% de sua receita líquida com inovação, o que evidencia que já está ocorrendo uma mudança radical de tendência e cultura.

O BRASIL OCUPA UMA POSIÇÃO MODESTA NO QUESITO INOVAÇÃO

Apesar de a inovação ser um quesito tão importante para pessoas, empresas e até países, infelizmente o Brasil ocupa uma posição modesta nesse quesito: apenas a 69ª posição em relação às outras economias emergentes. Embora o nosso país esteja entre as dez maiores economias do mundo e seja a maior economia da América Latina e do Caribe, do ponto de vista da inovação, ocupa uma posição muito inferior na lista dos países mais inovadores do mundo. Enquanto a Suíça, há cerca de sete anos, é considerada a nação mais inovadora do mundo, o Brasil fica atrás de todas as economias que se destacam, como China, Turquia, México, Índia e África do Sul, de acordo com o Índice Global de Inovação (IGI), um estudo realizado pela Universidade de Cornell, nos Estados Unidos, em parceria com a Organização Mundial da Propriedade Intelectual (OMPI ou WIPO, em inglês), que avalia o grau de inovação de 127 nações. Ademais, mesmo entre os dezoito países da América Latina, que tem o Chile em primeira colocação (46ª no mundo) e a Costa Rica em segunda (53ª no mundo), o Brasil está posicionado na 7ª colocação.

INOVAÇÃO: MODELO OU SISTEMA DE GESTÃO

Entretanto, além de a inovação ser a "execução de ideias", ou fazer a mesma coisa de forma diferente, ou ainda, em ser "a criatividade emitindo nota fiscal", ela já se transformou em um modelo ou sistema de gestão que consiste na "forma rápida e eficaz de constatar os desejos, os desafios, as demandas e as necessidades apresentadas pelos clientes, atuais e potenciais, e, com a utilização de todos os instrumentos legais e todos os meios eticamente lícitos, em especial o tecnológico, solucioná-los, equacioná-los e superá-los de forma útil, econômica, efetiva, célere, surpreendente e encantadora" (AD); ou seja, inovar, atualmente, consiste em prestar atenção e escutar os clientes, identificar suas necessidades e desejos e atendê-los de forma surpreendente e encantadora por meio de todos os meios lícitos e legais utilizados no mundo do empreendedorismo. Daí a necessidade de valorizar e motivar o capital humano, as cabeças pensantes, o capital intelectual, que são os intraempreendedores, os quais são únicos capazes de agir, criar e inovar.

Certa vez, em uma palestra de Luiza Trajano, presidente do Conselho de Administração do Magazine Luiza, ela afirmou com muita propriedade que, quando os clientes não são apaixonados pela empresa, a tendência é que ela quebre. E, para Trajano, os clientes só se encantam e se apaixonam quando dois elementos imprescindíveis são valorizados: o atendimento e a inovação. Sem eles, a tendência é a empresa falir.

NA MINHA VIDA, SEMPRE PROCUREI SER CRIATIVO

Desde a época em que era engraxate de rua, com 8 anos, na cidade de Naviraí, em Mato Grosso do Sul, enquanto eu engraxava, tocava samba com a flanela de envernizar os sapatos. Até hoje não me esqueci da técnica de tocar um samba com a flanela. Os clientes adoravam. Quando vendia laranjas e mais tarde picolés de casa em casa, eu gritava na porta da casa que a laranja, ou o picolé, era importada da América, buscando, por meio da criatividade, despertar o interesse do freguês. Eles ficavam sem entender. E não era que dava certo?

A maior demonstração de criatividade, porém, veio quando eu estudava para o concurso da magistratura trabalhista. Naquela época, criei uma técnica que foi decisiva na aprovação rápida do concurso e que me permitiu memorizar o vasto programa. Depois de várias reprovações, passei e fiquei entre os primeiros colocados. Para a realização da primeira prova objetiva, a técnica consistia na resolução das questões de todos os concursos anteriores. Resolvi quase 5 mil questões que tinham caído em provas já aplicadas. Para a realização da segunda prova, a chamada prova subjetiva, eu estudava a matéria utilizando três autores diferentes. Sublinhava os principais pontos de cada autor. Posteriormente, com a minhas velhas máquinas de escrever Remington e Olivetti, eu datilografava todos os pontos sublinhados ao fazer o primeiro resumo e então o estudava, sublinhando novamente os principais. Em seguida, datilografava os pontos-chave, criando o resumo do resumo. E, por fim, sublinhava outra vez os principais tópicos do resumo do resumo e, de novo, datilografava os pontos-chave, o que me fazia memorizar com profundidade a essência de cada tópico. Além disso, para demonstrar erudição aos examinadores, criei o meu dicionário de brocardos, máximas ou axiomas jurídicos sobre cada assunto – inclusive de axiomas em latim. Cheguei a ter um dicionário com quase 3 mil axiomas. Na segunda prova subjetiva, e também na terceira, de sentença ou pareceres, eu utilizei vários axiomas, exibindo aos examinadores o conhecimento que eu tinha a respeito do assunto.

➔ **Aponte a câmera do seu celular e experiencie a mensagem deste vídeo.**

https://youtu.be/pZszyCAXpsM

11

A décima primeira chave

EMPREENDEDORISMO

PRIMEIRA PARTE

CONCEITO DE EMPREENDEDORISMO

Entre todas as doze chaves mestras, ou principais, e também as acessórias, ou secundárias, que analisamos ao longo desta obra – e que devem ser usadas para conquistar o sucesso, a prosperidade e criar riqueza financeira –, sem sombra de dúvida uma das mais importantes é o empreendedorismo. É que, para conquistar riquezas nos âmbitos familiar, espiritual e material e adquirir conhecimento, fazer e cultivar networking, ter uma causa ou propósito na vida, basta utilizar algumas das principais chaves que compartilhei nos capítulos anteriores. Entretanto, para conquistar a riqueza financeira, é necessário utilizar todas ou a maioria das chaves. Uma delas, contudo, é imprescindível: o empreendedorismo.

Ninguém obtém riqueza financeira e, em consequência, se torna milionário ou até mesmo bilionário sem antes empreender na vida e, posteriormente, intraempreender ou empreender empresarialmente, criando negócios para gerar renda, riqueza e trabalhabilidade. É inconcebível que empreendedores sociais, cujos empreendimentos não têm fins lucrativos e objetivam apenas ajudar as pessoas, bem como empreendedores públicos ou servidores públicos, que vivem para servir ao público, conquistem a riqueza financeira e se tornem milionários ou bilionários a não ser que violem os princípios e valores transcendentais para uma vida humana digna, quais sejam a ética, a honestidade e a integridade.

Quero começar dizendo que, diferentemente do que muita gente pensa, o empreendedorismo não é apenas um "conceito econômico", não consiste em apenas criar CNPJs, ou seja, criar empreendimentos e empresas. Muito mais que isso, o empreendedorismo possui uma conotação social cujo preceito ou conteúdo ético fundamenta-se em criar coisas para gerar utilidade e benefícios para o bem comum, para a coletividade e para a sociedade na qual o empreendedor está inserido, seja em qualquer setor ou atividade.

Entretanto, antes de a pessoa empreender no CNPJ, criando empresas e corporações, ela tem que empreender em seu CPF, ou seja, na sua vida, porque tem que ter a consciência de que ela, e somente ela, é a maior empreendedora da sua história. Depois de ter empreendido no CPF, ou seja, na vida, empreender nos negócios torna-se muito mais fácil. Porque o empreendedorismo é atitude, é ação, é proatividade, é estado de espírito, é estilo de vida. Consiste em criar e fazer acontecer, em transformar pensamento em ação e sonhos em realidade. Quando pensar em empreendedorismo, pense em impulso, em movimento, em atividade, em execução. Porque empreender é pular de um avião e construir o paraquedas durante a queda. Ou, como asseverou Reid Hoffman, cofundador do LinkedIn, "é se jogar de um precipício e construir um avião durante a queda".[1]

A palavra "empreender" vem do francês *entrepreneur.* O conceito foi popularizado na década de 1950 pelo economista austríaco Joseph Schumpeter quando tratava da teoria da destruição criativa. Schumpeter definia os empreendedores como aquelas pessoas que adquiriam sucesso com criatividade e inovação.

Muita gente discute se o empreendedorismo é dom ou arte. Peter Drucker enfatiza que "o empreendedorismo não é dom nem arte, e, sim, prática". Eu considero o empreendedorismo uma mistura de dom e arte. Acho que todas as pessoas já nascem com o dom de empreender, umas menos, outras mais; porém, se a pessoa for estimulada e com a prática for desenvolvendo esse dom, ele acaba por se transformar em arte. A arte da prática ou a prática da arte de criar e fazer acontecer com ousadia, coragem, determinação, motivação, criatividade e inovação. É por isso que denominei outro livro que escrevi de *A arte de empreender.*

Agora, é importante enfatizar que o empreendedorismo é um "fenômeno cultural" (Fernando Dolabela). O pressuposto básico é de que todas as pessoas têm o potencial empreendedor, pois todas nascem com o dom de empreender, e, dependendo do fenômeno cultural ou dos estímulos externos, ele pode ser ou não desenvolvido. Se o indivíduo vem de uma família empreendedora, a tendência é de que seja empreendedor. Se a família não é empreendedora, a tendência é a pessoa procurar um emprego formal com carteira assinada ou até passar em um concurso público a fim de adquirir estabilidade. Meu pai sempre tentou empreender. Ao longo de sua vida, criou vários empreendimentos. Entretanto, nenhum deles deu certo, haja vista que ele não era detentor das características básicas do empreendedor. Eu, seguindo as pegadas do meu pai, empreendi na vida e nos negócios, criando meu primeiro empreendimento aos 8 anos, uma caixa de engraxate. De lá para cá nunca mais parei e vocês já sabem o desenrolar da história.

A PESSOA PODE SER EMPREENDEDORA EM DIVERSOS SETORES E EM QUALQUER ATIVIDADE

PROFISSIONAIS LIBERAIS

O campo de atuação para o empreendedor que é profissional liberal é bem vasto: são médicos, advogados, fisioterapeutas, dentistas, engenheiros, publicitários, entre outros. São profissionais altamente empreendedores porque exercem seu trabalho com determinação, disciplina, dedicação, compromisso, ousadia, coragem, criatividade e, sobretudo, com inovação, criando e implementando iniciativas diferentes que gerem valor, utilidade e benefícios para seus clientes, e, por conseguinte, para si mesmos.

SERVIDORES PÚBLICOS

No setor público, muitos servidores ou agentes políticos não se limitam a fazer o mesmo todos os dias e saem da medianidade prontificando-se a empreender na função pública que exercem a fim de gerar maior eficiência e eficácia para o serviço público oferecido e, assim, realmente servem ao público. Para tanto, agem com muita eficiência, eficácia, agilidade, dedicação, disciplina, foco, compromisso e ousadia, procurando fazer a mesma coisa de formas diferentes e usando sempre a criatividade para gerar inovação. Desse modo, criam muitos benefícios e utilidades para o próprio setor público, mas, principalmente, para os beneficiários do órgão em que atuam e também para a coletividade.

NO SETOR PRIVADO, POR MEIO DO INTRAEMPREENDEDORISMO OU EMPREENDEDORISMO INTERNO

A pessoa pode empreender também como empregado celetista, ou seja, empreender no CNPJ dos outros. É o chamado intraempreendedorismo ou empreendedorismo interno.

Apesar de haver diferenças entre empreendedores empresariais e colaboradores ou executivos empreendedores, muitos colaboradores ou executivos também são altamente empreendedores e por isso são chamados de intraempreendedores ou empreendedores internos, já que empreendem em empresas que não são de sua propriedade, e sim de terceiros.

Eles também são ousados, corajosos, correm riscos calculados, são focados, determinados, disciplinados e obstinados na função que exercem e, sobretudo, são extremamente criativos e inovadores.

O intraempreendedorismo consiste na atuação empreendedora de forma criativa e inovadora dos colaboradores dentro da empresa, com o intuito de criar produtos, serviços, técnicas administrativas, estratégias, tecnologias, negócios e até adotar novas posturas competitivas para ajudar a empresa a crescer e, em consequência, adquirir sustentabilidade, lucratividade e perenidade.

Essa atuação criativa e proativa dos colaboradores tem sido cada vez mais incentivada, pois contribui para a melhoria contínua dos serviços e dos produtos das empresas, colaborando para que o negócio cresça e seja mais competitivo neste mundo digital e disruptivo, além de fazer com que o intraempreendedor se sinta empoderado e partícipe do processo de crescimento da empresa e, consequentemente, possa ser muito mais valorizado.

NO TERCEIRO SETOR, POR MEIO DO EMPREENDEDORISMO SOCIAL

Existem dois tipos de empreendedorismo social. O empreendedorismo social de primeira ordem ou grandeza, que eu chamo de empreendedorismo puro, eminente ou exclusivamente social, não visa ao lucro, pois os empreendimentos dessa natureza trabalham exclusivamente para melhorar a qualidade de vida da comunidade em que está inserido e da sociedade como um todo. Um exemplo de empreendimento dessa natureza é o Instituto Êxito de Empreendedorismo, que fundei em maio de 2019 com 33 empreendedores de renome nacional com o intuito de transmitir noções de educação empreendedora aos jovens, em especial os de escolas públicas, e ajudar, no prazo de cinco anos, ao menos 1 milhão de jovens a empreender na vida e nos negócios.

Hoje o Instituto Êxito já tem centenas de sócios e cursos on-line sobre habilidades socioemocionais (*soft skills*) e habilidades técnicas (*hard skills*), além de promover palestras, mentorias e vídeos inspiracionais, todos gratuitos, para despertar o dom de empreendedor nos jovens carentes. Conheça mais sobre o instituto acessando o site: **www.institutoexito.com.br**.

Há também outro tipo de empreendedorismo social que, mesmo visando ao lucro, também gera valor para a sociedade. É aquele realizado por escolas, faculdades, hospitais, clínicas, entre outros, o chamado setor 2.5 (dois e meio).

➔ **Aponte a câmera do seu celular e experiencie a mensagem deste vídeo.**

https://youtu.be/ursgHFIOJGM

E COMO EMPREENDEDOR EMPRESARIAL

Empreender empresarialmente significa criar CNPJ, ou seja, fundar empresas ou empreendimentos com o intuito principal de auferir lucros, gerar renda, riqueza e trabalhabilidade, mas sempre mantendo como foco a sustentabilidade e a responsabilidade empresarial social. Assim, as empresas são o principal motor do desenvolvimento econômico de um país.

Se você quer se tornar uma pessoa rica financeiramente e chegar a ser milionário ou até bilionário, é fundamental aprender a usar as principais chaves explicadas neste livro, mas, acima de tudo, o empreendedorismo empresarial. Aprenda e crie uma ou mais empresas. Adquira as habilidades técnicas para fazê-las crescer, e, se puder, abra seu capital na bolsa de valores. Digo isso porque todas as empresas que chegam à bolsa de valores são bilionárias, o que me permite afirmar, sem medo de errar, que, se chegou lá, você conquistou riqueza financeira e se tornou milionário ou, quiçá, bilionário.

EMPREENDER NO BRASIL

Apesar de o Brasil ser um dos países mais empreendedores do mundo, é extremamente difícil empreender aqui **por vários motivos, entre os quais:**

- **Mão de obra altamente desqualificada;**
- **Carga tributária das maiores do planeta;**
- **Já tivemos uma das maiores taxas de juros do mundo;**
- **O Brasil é um dos países mais corruptos do mundo;**
- **É uma nação extremamente burocrática.**

Entretanto, apesar de ser difícil empreender aqui, com base em pesquisa afirmamos que três em cada quatro pessoas querem empreender empresarialmente e abrir seu próprio negócio. Outrossim, mais de 60% dos universitários brasileiros também têm interesse em empreender empresarialmente e criar empresas e 79% dos jovens planejam abrir seu próprio negócio. Apesar das dificuldades de empreender no Brasil, de acordo com estudo realizado pela Federação das Indústrias do Estado do Rio de Janeiro (Firjan), as pessoas que empreendem empresarialmente se sentem mais felizes.

Infelizmente, no Brasil, somos grandes empreendedores em quantidade e não em qualidade, porque a maioria dos que empreendem em nosso país faz isso por necessidade, ou seja, são pessoas que não tiveram a oportunidade de estudar e, por isso, não conseguem bons postos de trabalho. Ou então até estudaram, mas, devido a crises econômicas, perderam o emprego. São cidadãos que empreendem informalmente para não passar necessidade e até mesmo para não morrer de fome. É por conta disso que o Serviço Brasileiro de Apoio às Micro e Pequenas Empresas (Sebrae) afirmou, com base em pesquisa, que o empreendedorismo no Brasil é exercido de forma "atabalhoada", sem qualquer critério, disciplina ou responsabilidade empresarial. Entretanto, apesar da atitude empreendedora ser extremamente positiva, enfatizamos que empreender não deve ser uma decisão tomada por impulso, de forma atabalhoada. Não basta ter uma ideia ou sonho, tampouco a ousadia e a coragem. É imprescindível que o empreendedor busque adquirir certas habilidades inerentes ao empreendedorismo.

Apesar de em nosso país a maioria das pessoas ter a intenção de empreender, é particularmente triste frisar que apenas 14% dos empreendedores brasileiros têm formação superior, diferentemente do que ocorre em alguns países desenvolvidos, nos quais 58% possuem o diploma superior. E, pasme, do total de pessoas que empreendem empresarialmente no Brasil, 30% nem sequer chegaram a concluir o ensino fundamental.

Por conta disso, a taxa de mortalidade das empresas no Brasil é altíssima. Segundo o Sebrae, 49,4% das empresas quebram até dois anos após sua abertura, 56,4% até três anos, 59,9% até quatro anos de existência, e 85% até cinco anos de sua abertura. Importa frisar que esse índice altíssimo de mortalidade das empresas brasileiras decorre da falta de know-how essencial sobre as características do empreendedor de sucesso, tais como falta de conhecimento, de planejamento, de foco, de gestão, mas, principalmente, falta de criatividade e de inovação.

EMPREENDEDORES NO MUNDO

Importa trazer à baila que, para o Instituto Global de Empreendedorismo e Desenvolvimento (Gedi), existem no planeta Terra cerca de 7,7 bilhões de pessoas. Do total, 1,9 bilhão é jovem demais para empreender empresarialmente, pois possui idade de até 15 anos; 1,7 bilhão trabalha prestando serviços, embora possam intraempreender, mas dificilmente o fazem; 1,4 bilhão trabalha na agricultura e pode intraempreender naquele setor, mas também dificilmente o fazem. Oitocentos milhões de pessoas trabalham na indústria e podem intraempreender, contudo o fazem com muita dificuldade; 577 milhões têm idade acima dos 64 anos e não trabalham mais nem empreendem empresarialmente; 430 milhões são desempregados e não empreendem de nenhuma maneira; e apenas cerca de 400 milhões de pessoas são empreendedoras empresariais, o que dá pouco mais de 5% da população mundial. Dessa forma, insta afirmar que, em todo o planeta, somente cerca de 5% da população mundial empreende empresarialmente.

Por fim, não podemos deixar de asseverar que o empreendedor é um "mágico autodidata que enxerga o invisível e transforma sonhos e ideias em processos, produtos, serviços e negócios reais". Nesse sentido, "o bom empreendedor não faz do limão apenas uma limonada, mas sim uma grande plantação de limoeiros" (Osmar Valentim). Ademais, "a diferença entre um louco e um empreendedor é que o empreendedor é aquele que tem a capacidade de convencer os outros de sua loucura". Finalmente, Deus é o maior empreendedor da humanidade, pois construiu todo o universo e ajuda todos a construir e a inventar tudo o que existe na Terra hoje.

SEMPRE EMPREENDI EM MINHA VIDA

Inicialmente, empreendi em meu CPF, ou seja, em minha vida. Empreendi descobrindo que não importava a minha origem pobre e de pouca cultura, mas aonde eu queria chegar só dependia de mim. Empreendi em minha vida confiando na minha capacidade e nas minhas habilidades, acreditando que eu podia sonhar, transformar meu sonho em um projeto de vida e lutar, sem cessar e sem desistir, até chegar ao meu objetivo. Empreendi na vida me curando da doença da vitimização, do miseralismo, do sem sortismo e do coitadismo. Empreendi na vida sentindo-me merecedor e digno de todo o sucesso e de toda a riqueza financeira que eu almejava. Empreendi me programando, desde criança, para realizar meus sonhos.

Empreendi empresarialmente também. Desde cedo, como já mencionei. Antes de me formar em Direito, criei, juntamente com outros colegas, uma empresa chamada Praxis Cobranças, que quebrou. Posteriormente, saí da sociedade e montei sozinho a Janguiê Cobranças, que também faliu. Mais adiante, fundei o Bureau Jurídico – Cursos para Concursos, que foi um sucesso empresarial. Mais para a frente, veio a Faculdade Maurício de Nassau, embrião do Grupo Ser Educacional, um dos maiores empreendimentos educacionais do Brasil. Posteriormente, comecei a fundar empreendimentos sociais como o Instituto Uninassau, o Instituto Ser Educacional, o Instituto Janguiê Diniz e o Instituto Êxito de Empreendedorismo, minhaescolinhaonline, entre outros. Hoje sou sócio-fundador de mais de duzentos CNPJs, mas afirmo, sem medo de errar, que estou começando a minha vida empreendedora empresarial hoje. E certo de que até o fim da minha existência nesta dimensão criarei muitos outros empreendimentos sociais e empresariais para ajudar a gerar riqueza, renda, trabalhabilidade e empregabilidade para mim, minha família, meus colaboradores e para meu país.

SEGUNDA PARTE

CARACTERÍSTICAS DOS EMPREENDEDORES DE SUCESSO

Para empreender empresarialmente com sucesso e conquistar riqueza financeira, é preciso adquirir as principais características dos empreendedores bem-sucedidos:

1. TER OUSADIA E CORAGEM PARA AGIR E CORRER RISCOS

"Não é porque certas coisas são difíceis que nós não ousamos. É justamente porque não ousamos que tais coisas são difíceis",[2] já disse o filósofo Sêneca. Empreendedorismo significa, acima de tudo, ter ousadia e coragem para correr riscos, ser determinado, proativo, perseverante, criativo e, sobretudo, inovador.

Ter ousadia, coragem e iniciativa e arriscar-se são características essenciais na vida de qualquer empreendedor de sucesso, pois, conforme Jim Rohn, "se você não está disposto a arriscar, esteja disposto a uma vida comum". Ademais, para Mark Zuckerberg, "o maior risco é não correr nenhum risco".

Logo, caro leitor, para empreender com sucesso, você tem de ser ousado e ter coragem, lembrando que "a coragem não é a ausência do medo, mas o triunfo sobre ele" (Nelson Mandela). Por outro lado, você precisa correr riscos, lembrando o que ensinou Peter Drucker: "existem dois tipos de riscos: aqueles que não podemos nos dar ao luxo de correr e aqueles que não podemos nos dar ao luxo de não correr". Também nas palavras de Jeff Bezos, fundador da Amazon: "Se você decidir que irá fazer apenas o que sabe que dará certo, estará deixando um monte de oportunidades para trás".[3]

Nesse sentido, também é muito importante ter em mente as palavras de Jorge Paulo Lemann sobre correr riscos. Para ele, o empreendedor de sucesso tem que

> aprender a tomar riscos aos poucos. Risco é importante. Quem não toma risco não faz coisas grandes. Entretanto os riscos têm que ser divididos em partes menores, têm que ser calculados e de preferência compartilhados com outros. Riscos desnecessários são suicídios.

Essa é a mesma posição de Augusto Cury quando afirmou que "ser um empreendedor é executar os sonhos, mesmo que haja risco".

2. CERCAR-SE SEMPRE DE GENTE BOA E COMPETENTE

As corporações são feitas de bens materiais e imateriais, ativos tangíveis e intangíveis, como bens móveis, imóveis, produtos, marca, *branding* etc., mas, principalmente, de recursos humanos, o chamado capital intelectual. Na minha ótica, o principal ativo de uma empresa é a sua gente, e, quando falamos de gente, estamos falando não apenas dos clientes, porém, sobretudo, dos colaboradores. Os colaboradores são o bem mais importante de uma organização. São eles que podem dar sustentabilidade, perenidade e lucratividade, ou não, a uma empresa.

Concordamos com Jorge Paulo Lemann quando diz que "gente é tudo numa empresa. E gente boa é o que faz o sucesso da organização". Lemann ensina que devemos contratar pessoas excelentes para ter um exército pronto para quando as oportunidades aparecerem. Segundo ele, a lógica é a seguinte: gente boa vai trazer coisas grandes, o que vai exigir mais gente boa, e assim vão vir coisas ainda maiores. Por isso o sucesso de qualquer empreendimento está inexoravelmente ligado à contratação de recursos humanos de primeira qualidade, criativos e inovadores, motivados e, sobretudo, comprometidos com o futuro, a sustentabilidade, a perenidade e a rentabilidade da empresa. É por isso que o slogan do Grupo Ser Educacional, criado por mim, é "gente criando o futuro".

3. DESENVOLVER VISÃO DE LONGO PRAZO

O sucesso, a sustentabilidade e a perenidade de qualquer empreendimento dependem da visão a longo prazo. Ou seja, o empreendedor não pode ser imediatista, pois as coisas não acontecem da noite para o dia. Tem que pensar sempre no longo prazo, jamais no curto ou no médio.

4. VIVER EM CONSTANTE BUSCA PELA EFICIÊNCIA

A organização empresarial, para ter vida longa, tem que ser altamente eficiente e ter sempre em mente o pensamento de que tudo pode melhorar. Deve ter como base a chamada filosofia japonesa *Kaizen:* "hoje melhor do que ontem; amanhã, melhor do que hoje". E complemento: "depois de amanhã melhor do que amanhã". E para ser eficiente e melhorar sempre, mister se faz implementar a cultura diuturna de cortar custos. E aí concordamos mais uma vez com Jorge Paulo Lemann quando ensinou que, para manter a eficiência e a lucratividade em qualquer empreendimento, necessário se faz sempre cortar custos

O SUCESSO,
A SUSTENTABILIDADE
E A PERENIDADE
DE QUALQUER
EMPREENDIMENTO
DEPENDEM DA VISÃO
A LONGO PRAZO.

e despesas desnecessárias, inclusive diminuindo o excesso de colaboradores da empresa, pois "gente é como coelho: multiplica-se diariamente e gera custos" (AD) e, "despesas ou custos são como unhas: crescem minuto a minuto e têm que ser cortadas todos os dias". Com efeito, tenha cuidado até com os custos pequenos, pois, "uma pequena fenda afunda até grandes navios" (Benjamin Franklin).

5. TER CAPACIDADE DE LIDERANÇA E HABILIDADES GERENCIAIS

CONSIDERAÇÕES INICIAIS SOBRE LIDERANÇA

Uma das principais características ou habilidades técnicas do empreendedor de sucesso é a capacidade de liderança.

Sobre o assunto, ensinou o grande líder Barack Obama, ex-presidente dos Estados Unidos, que, para ser um bom líder, você não precisa saber todas as respostas, basta fazer as perguntas certas, ter pessoas melhores que você no time, servir e empoderar os liderados. Por outro lado, Ronald Reagan, também ex-presidente dos Estados Unidos e um grande líder, afirmou que "o melhor líder não é necessariamente aquele que faz as melhores coisas. É aquele que faz com que as pessoas realizem as melhores coisas".

Nessa perspectiva, para Ram Charan, "o trabalho do líder é saber qual é o lugar certo de cada um", pois "ninguém é incompetente, só está no lugar errado". Com efeito, para o consultor organizacional e escritor norte-americano Warren Bennis, "bons líderes fazem as pessoas sentir que elas estão no centro das coisas, e não na periferia. Cada um sente que ele ou ela faz a diferença para o sucesso da organização".[4]

Recrudescendo a seara de considerações, impõe-se ratificar a posição de Leandro Vieira quando vaticina que "liderar não é só dar o exemplo. É também saber enxergar a riqueza que cada membro da equipe traz dentro de si".

Agora, estamos com Geraldo Rufino quando afirma que "para liderar com eficiência você tem que realizá-la por respeito e admiração, nunca por imposição ou medo".

Nessa linha de raciocínio, eu penso que a maior função de um líder é "criar novos líderes". Para liderar, entretanto, é preciso saber dizer sins e nãos, pois, se a pessoa quer agradar a todos, não pode ser um verdadeiro líder.

CARACTERÍSTICAS DO LÍDER

CRIA BONS TIMES

Uma das principais características de um bom líder é criar boas equipes, pois, para Reid Hoffman, "não importa quão brilhante é sua mente ou estratégia, se você está jogando sozinho, você sempre perderá para um time". Logo, "se deseja ir rápido, vá sozinho. Se deseja ir longe, você precisa de um time" (AD), porque é muito difícil alguém fazer algo grandioso e extraordinário sozinho.

Nesse sentido, é importante lembrar que "dois cachorros podem matar um leão" (provérbio hebraico), pois "nenhum de nós é melhor do que todos nós juntos".

➔ Aponte a câmera do seu celular e experiencie a mensagem deste vídeo.

https://youtu.be/W0hG7Lsr85A

CAPACITA OS MEMBROS DO TIME

O bom líder procura qualificar e treinar todos os membros do seu time para que adquiram habilidades e competência para exercer suas missões.

INCENTIVA, MOTIVA E INSPIRA OS LIDERADOS

O bom líder deve ter uma conduta exemplar tanto ética como operacionalmente para inspirar seus liderados. Alegria e entusiasmo são qualidades importantes para motivá-los. O líder é o principal incentivador, motivador e inspirador dos seus liderados, pois eles, os liderados, serão sempre um espelho ou um reflexo direto da personalidade do líder. Dessa forma, amolda-se como uma luva à nossa assertiva a seguinte reflexão feita por Napoleão Bonaparte: "um exército com cem leões liderado por um cachorro vai lutar como um cachorro. Um exército de cem cachorros liderados por um leão vai lutar como um leão".

DELEGA, DESCENTRALIZA E COMPARTILHA INFORMAÇÕES COM OS LIDERADOS

O bom líder é familiarizado com o princípio da delegação. Ele delega, descentraliza e compartilha informações importantes que possam contribuir para o trabalho de seus liderados, mas acompanha e cobra rigorosamente os resultados.

ACOMPANHA AS ATIVIDADES DELEGADAS

É importante delegar, mas também estipular prazos e cobrar resultados. Sempre deleguei as atividades que requerem mais detalhes. Sou mais generalista, mas cobro o resultado.

AVALIA AS TAREFAS DOS LIDERADOS

É importante delegar, acompanhar as atividades e fazer uma avaliação final para constatar se foram realizadas de forma ruim, boa, ótima ou excelente.

ACREDITA EM SEUS LIDERADOS

Para delegar, o líder tem que confiar em seus liderados e acreditar na capacidade de trabalho deles.

COMEMORA COM OS LIDERADOS

Comemorar as vitórias e as conquistas de forma entusiasmada e vibrante com os liderados é importante para manter a motivação do time, além de recompensar o esforço feito. As pessoas se sentem até mais motivadas pelo reconhecimento do que pela própria remuneração, daí a importância de se comemorar com os liderados, pois "a vida sem comemorações é uma longa estrada sem uma hospedaria" (Demócrito de Abdera).

DIFERENCIAIS DE UM VERDADEIRO LÍDER

INTELIGÊNCIA EMOCIONAL

A inteligência emocional consiste na capacidade de a pessoa aprender a lidar com suas emoções. Quem tem inteligência emocional age de forma equilibrada, pois consegue conciliar o lado emocional com o lado racional.

> O principal elemento para adquirir inteligência emocional é o autoconhecimento. Procurar se conhecer, para saber seus pontos fortes e fracos, a chamada análise SWOT, como vimos anteriormente, é de extrema importância para desenvolver a inteligência emocional. Se a pessoa sabe o que é capaz de realizar, ela passa a confiar em si mesma. Por meio do autoconhecimento desenvolvemos a autoconfiança, o autocontrole, a autoestima e também o otimismo, a positividade e a resiliência. (AD)

MOTIVAÇÃO

A motivação nos transmite energia e força para transformarmos nossos sonhos em realidade, pois contribui decisivamente para que possamos cumprir nossos objetivos. Como mencionado anteriormente, motivação, que significa "motivo mais ação", faz a pessoa começar a agir. Entretanto, ela tem que cultivar a disciplina e o hábito para continuar e concluir.

EMPATIA

O verdadeiro líder tem empatia por seus liderados, mostrando-se solidário e amigo quando necessário. Tem compaixão para com os seus liderados quando necessita ter, mas também é muito rígido quando precisa ser, e, sobretudo, nunca faz pré-julgamentos, mostrando-se disposto a ouvir a equipe.

PACIÊNCIA

O verdadeiro líder não se afoba nem se precipita, não entra em pânico nem se deixa dominar pela ansiedade. A paciência é uma virtude extraordinária.

AUTORIDADE

O verdadeiro líder possui autoridade, mas isso é diferente de ser autoritário, arrogante ou prepotente. A autoridade natural é uma característica dos verdadeiros líderes e bem mais valiosa que a autoridade baseada no cargo. Porta-se com humildade e mostra certa vulnerabilidade para tornar-se mais humano.

Quando a pessoa perde a humildade, passa a ser arrogante, prepotente, opressiva, despótica e tirânica e isso é o prenúncio da sua derrocada.

Com efeito, nunca perca a humildade, mesmo quando chegar ao topo, pois "sempre haverá alguém maior do que você".

Entretanto, a humildade tem limite e medida certa. Ela começa quando a pessoa respeita os direitos dos outros e também exige que os seus sejam respeitados. A humildade em excesso é falta de autoestima e até burrice.

RESISTÊNCIA

O bom líder é extremamente resistente e mesmo incansável. Ele busca força e energia no fundo do coração para realizar todos os seus projetos e nunca desistir.

PREOCUPAÇÃO COM OS LIDERADOS

O grande líder se preocupa sempre com seus liderados, pois sabe que a melhor forma de liderar é ajudando e servindo. Procure tornar-se o chamado líder servidor, aquela pessoa que se interessa por saber dos problemas de seus liderados e tenta ajudá-los a solucioná-los. Sobre o assunto de como se tornar um líder servidor, é muito pertinente o livro *O monge e o executivo*, escrito por James C. Hunter.

RESILIÊNCIA

O verdadeiro líder possui extrema capacidade de adaptação a situações adversas e consegue superar as dificuldades que surgem em sua vida, além de procurar aprender muito com os reveses, os erros e fracassos. Mostra-se altamente tolerante e flexível em situações difíceis e, por conta disso, adapta-se a elas para viver mais e melhor e tem muita compaixão pelos que o rodeiam.

SAGACIDADE, TENACIDADE, CONSTÂNCIA, AFINCO E OBSTINAÇÃO

CONSIDERAÇÕES FINAIS SOBRE O LÍDER

"Os líderes convencem, os chefes mandam.

Os líderes inspiram, os chefes sufocam.

Os líderes se doam aos seus times e se preocupam com as pessoas, os chefes são egocêntricos e pouco se importam com os outros.

Os líderes influenciam pelo exemplo, os chefes se consideram especiais.

Os líderes são humildes, os chefes, arrogantes.

Os líderes são gentis, os chefes, mal-educados.

Os líderes são transparentes, os chefes não encaram a verdade.

Os líderes transpiram boas energias, os chefes são 'carregados'.

Os líderes mudam de opinião, os chefes estão sempre corretos.

Os líderes dedicam as conquistas ao time, os chefes sempre fazem tudo sozinhos.

Precisamos de mais líderes e de menos chefes." (AD)

TERCEIRA PARTE

SORTE NA VIDA E NO EMPREENDEDORISMO

Constantemente, em minhas palestras ou mentorias, as pessoas me perguntam se tive sorte na criação e no desenvolvimento dos meus vários negócios. Eu respondo de pronto que sorte e azar não existem na vida, tampouco no empreendedorismo. A meu ver, "sorte" é a conjunção de conhecimento, habilidades, competência, determinação, dedicação, compromisso, disciplina, foco, muito trabalho, não desperdiçar oportunidades e iluminação divina.

Nesse sentido, acredito que "sorte é o apelido que se dá ao preparo" (AD), pois "a diligência é a mãe da boa sorte" (Miguel de Cervantes), e, segundo Virgílio, "a sorte favorece os audazes". Com efeito, segundo André Buric, "as pessoas não sabem o quanto de preparo é necessário para ter sorte", porque "eu acredito demais na sorte e tenho constatado que, quanto mais duro eu estudo e trabalho, mais sorte eu tenho" (Coleman Cox), tendo em vista que, para Leandro Karnal, "sorte é o nome que o vagabundo dá ao esforço que ele não faz".

Vamos analisar alguns dos elementos descritos acima.

CONHECIMENTO

Esse tema, uma das doze chaves para a criação de riqueza, já foi abordado no Capítulo 5.

HABILIDADES, COMPETÊNCIA

A competência consiste na "capacidade, aptidão ou habilidade que o indivíduo tem de analisar e resolver determinado problema" (Vasco Moretto). Ademais, competência significa dizer que devemos "fazer bem o que nos propomos a fazer".

A habilidade consiste "na aplicação prática de uma determinada competência para resolver uma situação complexa" (Vasco Moretto).

DETERMINAÇÃO, DEDICAÇÃO, COMPROMISSO, DISCIPLINA, FOCO E MUITO TRABALHO

Esses temas já foram abordados anteriormente em tópicos e capítulos específicos.

NÃO DESPERDIÇAR OPORTUNIDADES

De partida, importa registrar que o sucesso e a prosperidade estão inexoravelmente vinculados à preparação intencional, prévia ou *a priori*. É que a oportunidade costuma aparecer disfarçada na nossa frente, geralmente vem como "perspicácia, sagacidade, preparo e muito trabalho". Se a pessoa não estiver alerta e preparada, não vai percebê-la e vai deixá-la escapar.

Para falar de oportunidades, temos também que falar de crise. Logo, não podemos nos esquecer da observação de John Fitzgerald Kennedy: "Quando escrita em chinês, a palavra 'crise' possui dois ideogramas. Um deles representa o perigo, e o outro significa oportunidade". Por outro lado, para Fernando Pessoa, "aproveitar oportunidades quer dizer não só não as perder, mas também achá-las". E "há três coisas que jamais voltam: a flecha lançada, a palavra dita e a oportunidade perdida" (provérbio tibetano). Com efeito, "o futuro tem muitos nomes. Para os incapazes, o inalcançável, para os medrosos, o desconhecido, para os valentes, a oportunidade" (Victor Hugo).

Agora, não podemos confundir "falta de oportunidade com falta de vontade. Se as oportunidades não aparecem, temos que criá-las". E "às vezes, não há uma próxima vez. Às vezes, não há segundas oportunidades. Às vezes, é agora ou nunca". É que, segundo velho dito, "o cavalo selado só passa uma vez em sua frente". Quando ele passar, pule em cima dele e não desça nunca mais.

ILUMINAÇÃO DIVINA

Um dos elementos que compõem a sorte é a iluminação divina. Quando falo em iluminação divina, não estou falando de religião, mas em buscar a nossa origem divina, em ter fé em Deus, no criador, na divindade, na inteligência infinita, em um ser superior. Deus não ama a religião, Ele ama as pessoas. Qualquer que seja a sua religião, procure sempre ser um ser humano melhor a cada dia, pois, como explicou o Dalai Lama a Leonardo Boff em uma mesa-redonda sobre a paz entre os povos, "a melhor religião é a que mais te aproxima de Deus, do Infinito. É aquela que te faz melhor".[5]

Temos que ter fé, pois a fé é a "matéria-prima" que dá sentido, um norte, um prumo maior à nossa vida. "Com fé tudo é possível, sem fé tudo é impossível" (Henry Sobel). É preciso acreditar em algo, em uma causa, em um propósito, em si mesmo, mas, sobretudo, em Deus. Para ser bem-sucedido na vida, é imprescindível ter muita fé.

E, para ter fé, ou aumentá-la, e confiar na palavra de Deus, é importante ler o livro mais lido do mundo: a Bíblia sagrada, livro de história. Apenas para ilustrar, um estudo recente realizado nos Estados Unidos com milhares de pessoas de 8 aos 80 anos de idade descobriu que, quando se lê a Bíblia de uma a duas vezes por semana, o efeito é quase insignificante. Entretanto, ao lê-la três vezes por semana, o coração começa a acelerar. Quando se lê a Bíblia de quatro a cinco vezes por semana, o sentimento de solidão diminui em 30%; os problemas com raiva, 32%; a amargura no casamento e os problemas de relacionamento com os filhos, 40%; o alcoolismo, 57%; o sentimento de estagnação espiritual, cerca de 60%; o contato com pornografia, cerca de 60%, mas a fé e os hábitos positivos aumentam 200%, porque a pessoa passa a confiar na palavra de Deus.

Falei de fé, mas estou falando também em esperança, pois "enquanto houver vida haverá esperança". "Enquanto houver vontade de lutar, haverá esperança de vencer" (AD), haja vista que amanhã será um novo dia, pois, "para todo *game over* existe um *play again*". Agora, saiba que "a esperança tem duas filhas lindas:

a indignação e a coragem. A indignação nos ensina a não aceitar as coisas como estão; a coragem, a mudá-las" (Santo Agostinho).

Falo também em observar e em se nortear sempre pelos princípios, preceitos e valores supremos e transcendentais para uma vida humana digna, quais sejam: honestidade, ética, integridade, retidão, correção, probidade, decência, honra, entre outros, e fazer a coisa certa.

É a base moral sólida que se constitui no caráter, imprescindível desde a época de Platão, Pitágoras e Aristóteles. Na Academia de Platão, no Museu de Pitágoras ou no Liceu de Aristóteles, por exemplo, eles não exigiam que a pessoa tivesse conhecimentos prévios para ingressar, mas que tivesse uma base moral muito sólida para o que aprenderia lá. Dizia Pitágoras que não importava o que o candidato sabia, e sim o caráter ou a base moral que possuía para o que iria aprender. Segundo Pitágoras, o conhecimento se adquire, já a base moral sólida vem de berço.

Logo, amigo vencedor, você tem que procurar encantar e impressionar as pessoas e o mundo com seu caráter, pois "um dia toda beleza envelhece, a piada perde a graça, só a essência e o caráter permanecem". Logo, "vigie seus pensamentos, eles se tornam palavras; vigie suas palavras, elas se tornam ações; vigie suas ações, elas se tornam hábitos; vigie seus hábitos, eles se tornam seu caráter; vigie seu caráter, ele se torna seu destino" (Lao-tsé).

Nessa mesma linha de raciocínio, importa lembrar a lição de William Shakespeare quando asseverou que "todo homem dá valor à vida, mas o homem de valor dá a honra e a ética um valor mais precioso do que à própria vida", pois "a ética é a estética de dentro" (Pierre Reverdy). Ademais, para Orígenes Lessa, "a honestidade não é questão de virtude, mas de inteligência", porquanto "aquele que perde a reputação pelos negócios, perde os negócios e a própria reputação" (Francisco de Quevedo).

A observância desses valores vai dar à pessoa brio e orgulho de sua trajetória. A inobservância apenas lhe trará vergonha e desonra. Não basta conquistar o sucesso criando empreendimentos e ganhando dinheiro, desprezando ou passando por cima desses princípios e valores supremos e transcendentais para uma vida humana digna sob pena de a pessoa "ser tão pobre que a única coisa que terá será dinheiro" e não conseguir colocar a cabeça no travesseiro e dormir um sono profundo, a não ser por meio de antidepressivos ou ansiolíticos.

A mais extraordinária dádiva em empreender, ter sucesso e conquistar a riqueza financeira não é "a vitória em si mesma", mas poder ensinar aos outros quais valores e de que modo foram utilizados em sua jornada até a conquista do sucesso, da prosperidade e da riqueza financeira.

E, por falar em honestidade, ética e integridade, ilustramos o nosso ponto de vista com a parábola sobre ética de autor desconhecido.

> Certa vez, perguntaram a um matemático árabe, fundador da álgebra, sobre a definição do ser humano. Ele respondeu: — Se tiver ética, atribua a nota um. Se for inteligente e talentoso, acrescente o zero e ele terá dez. Se for nobre e rico, acrescente mais um zero e ele terá cem. E se também for vistoso e formoso, ou seja, bonito, acrescente mais um zero e ele terá mil. Entretanto, se ele perder o um que corresponde à ética, à honestidade e à integridade, então perderá tudo, pois restarão apenas zeros.

➔ Aponte a câmera do seu celular e experiencie a mensagem destes dois vídeos.

https://youtu.be/lhLBL8UmlB4

https://youtu.be/EYU8TgXD3ME

12

A décima segunda chave

INVESTIMENTOS

LIBERDADE FINANCEIRA

A décima segunda chave para a criação de riqueza e a conquista da liberdade financeira é saber investir. Aqueles que se dedicam genuinamente ao bom gerenciamento dos recursos financeiros que possuem, independentemente de valores, são os que realmente conseguem criar e ampliar sua riqueza, haja vista que saber investir é uma das características fundamentais dos obstinados criadores de riqueza financeira.

E o que significa liberdade financeira? Depois de muita reflexão concordamos com o educador especialista no mercado financeiro Luiz Fernando Roxo quando afirma que uma boa medida para mensurar a chamada "liberdade financeira" é ter em investimentos pelo menos cem vezes mais do que a pessoa precisa para viver durante um mês.

Assim, se a pessoa gasta 10 mil reais por mês, para ter liberdade financeira deverá possuir 1 milhão de reais em investimentos e manter seu gasto mensal sempre nesse mesmo patamar. De nada adianta a pessoa ter 1 milhão de reais e gastar o triplo da cifra inicial estipulada. Este é o valor da sua tranquilidade: ter cem meses de contas pagas e com isso poder empreender e fazer esse dinheiro aumentar.

Com efeito, programe-se mentalmente para construir riqueza financeira, mentalize obter, a princípio, cem vezes o que você gasta por mês. Esse é o seu primeiro passo.

OS TRÊS MALES DO POTENCIAL INVESTIDOR

Três grandes males impedem as pessoas de atingir altos resultados com seus recursos financeiros: a ignorância, a impaciência e a ganância.

A **ignorância** é a assassina das virtudes humanas, é a pior doença que pode acometer o ser humano, pois é a "mãe de todos os males". Ela, a ignorância, priva alguém de desenvolver habilidades e potencialidades para enriquecer. Logo, para ganhar dinheiro, livre-se desse mal e adquira conhecimento que lhe proporcione algumas competências que o habilitem a conquistar recursos financeiros, porque sem uma boa instrução certamente você não conseguirá ganhar dinheiro e, se ganhar, não conseguirá multiplicar seu valor.

Não tolere o desconhecimento. Dedique horas do seu tempo a aprender algo e ponha seu conhecimento em prática. Desse modo, ele poderá lhe proporcionar ideias – e empreendimentos

– geradoras de riqueza. Acredito tanto que a educação proporciona conhecimento que dedico boa parte do meu tempo a guiar pessoas por essa jornada, compartilhando o que aprendi, pois conhecimento é "o único bem que quando se divide ele se multiplica".

Por outro lado, como mencionei anteriormente, a paciência é uma força extraordinária, um poder sobrenatural, porque é no fundo da paciência que se acha o diamante mais brilhante e mais caro. Lembre-se sempre de que o sol nunca se aborrece. Por outro lado, a **impaciência** é um grande mal, um dos piores inimigos dos investidores vencedores. A impaciência faz a pessoa comprar um produto ou serviço mais caro do que realmente vale e vendê-lo mais barato. Vencer a impaciência é um dos maiores desafios do empreendedor que é investidor, uma vez que a impaciência faz com que ele perca grandes oportunidades. Temos que ser pacientes e prudentes, mas também saber ser ágeis e velozes quando necessário, pois no mundo em que vivemos a paciência é imprescindível, porém agilidade e velocidade é o nome do jogo.

De outra parte, a **ganância** é o que faz a pessoa ter momentos de irracionalidade a ponto de se arriscar exageradamente e chegar a perder tudo, ou quase tudo, o que conquistou. A ganância faz com que a pessoa queira sempre mais e mais, arriscando-se desmedidamente. No mercado financeiro existe até um jargão que descreve o ganancioso. É o chamado fominha, ou "fomo" (*fear of missing out*, em inglês), que tem medo de ficar de fora da festa, de ser o único a não participar daquele novo investimento que foi lançado como uma grande promessa de lucros e no qual "todos" estão investindo apesar de sua alta volatilidade. Essa ganância, consagrada em momentos de insensatez, para ganhar "só mais um pouquinho", pode fazer você perder tudo o que investiu naquela "grande promessa".

AS TRÊS GRANDES FORÇAS DO INVESTIDOR

Conforme explica Luiz Fernando Roxo, existem três grandes forças que atuam sobre o ato de investir e podem aumentar a riqueza financeira: o **aporte**, o **tempo** e o **rendimento**.

1. O APORTE

Ele se divide em dois momentos distintos: os chamados **aporte inicial** e **aporte constante mensal**. Após ter feito o aporte inicial, é a vez dos aportes mensais. O valor, tanto do aporte inicial quanto dos aportes mensais, desde que bem investidos, define o tempo necessário para alcançar o objetivo e a riqueza (rendimentos) que será gerada.

Para conseguir o aporte inicial você poderá fazer uma "assepsia" ou "rotação" de ativos. Poderá, por exemplo, vender seu aparelho celular. Ademais, se possui ativos que lhe trazem aborrecimentos, preocupações e dívidas, como um carro que, embora seja útil, gere gastos e aborrecimentos porque está sempre na oficina ou uma empresa persistentemente problemática, você poderá vendê-los para compor o montante inicial dos seus investimentos. Isso é chamado de *tradeoff*, ou seja, você vende um pouco do que tem no presente para garantir mais retorno no futuro.

Dependendo de como alocar os recursos iniciais, a pessoa poderá ter a geração de renda mensal, também chamada de renda passiva, a seu favor. Renda passiva, portanto, é todo dinheiro ganho sem trabalho ativo e que poderá aumentar a renda mensal e a renda anual do indivíduo. Exemplos clássicos de renda passiva são aluguéis, rendimentos de cotas de fundos imobiliários, de títulos de renda fixa, royalties, dividendos de ações etc.

Para aumentar o aporte mensal, é necessário saber como economizar. Economizar não é acostumar-se com produtos ou serviços de qualidade inferior, tendo o preço como o principal parâmetro de economia. Economizar é ter a sabedoria de não desperdiçar o que se conquistou. É fechar as torneiras para barrar os desperdícios, tapar os buracos pelos quais os recursos estão vazando, indo pelo ralo para a cova do desperdício. É, dia após dia, aprimorar-se na ciência da compra, o que Steve Jobs chamou de "a incrível experiência da compra". Steve Jobs, segundo seu biógrafo, Walter Isaacson, "simplesmente não acreditava em ter muitas coisas por perto, mas era incrivelmente cuidadoso com o que escolhia. Ele não estava disposto a aceitar menos do que o melhor".[1]

A maneira de economizar dinheiro tem tudo a ver com gastar melhor e não perder. Gastar melhor é saber quanto vale cada coisa e não pagar mais do que realmente vale. É postergar uma compra com paciência para poder escolher mais e melhor. É ter atenção plena em todas as compras. Economizar dinheiro também é vender um pouco do seu presente escasso para poder comprar um futuro próspero. A pessoa deixa de ter uma satisfação momentânea em prol de uma satisfação maior no futuro.

Você pode gastar determinada quantia e comprar algo que traria um alívio, uma satisfação momentânea, ou pensar melhor e postergar a compra para juntar o dinheiro que seria gasto e transformá-lo em uma energia acumulada, potente para trazer benefícios perenes no futuro, ou até mesmo guardar o dinheiro até que surja a oportunidade ideal para fazê-lo render mais. Isso é o que se chama "opcionalidade". Ter dinheiro em caixa constitui uma verdadeira "opcionalidade", haja vista as possibilidades melhores de empregá-lo no futuro, especialmente em um cenário de crise de liquidez. Desse modo, você poderá usar o caixa acumulado quando encontrar uma excelente oportunidade de fazer um bom negócio. Em cenários de turbulência, colapso ou eventos inesperados, ter caixa é sinônimo de sobrevivência e, mais que isso, de aproveitar oportunidades.

Para economizar é importante ter conhecimento de tudo o que se gasta. Logo, é interessante fazer anotações diárias de todas as suas despesas. Há quem coloque até alarme no celular para não esquecer com o que não deve gastar.

Para economizar também não se deve contrair dívidas desnecessárias. Ter dívidas é pagar juros. Procure receber juros e não pagar juros. Na mesma sessão de cinema estão um devedor e um credor. Após as duas horas do filme, o credor sai mais rico e o devedor, mais pobre, pois está pagando juros minuto a minuto.

2. O TEMPO

Uma vez que a pessoa tenha dominado a disciplina dos aportes iniciais e mensais e tenha conseguido organizar seus investimentos visando a um rendimento adequado, chegará o momento de esperar com paciência o resultado do investimento, o qual só será consolidado com o poder do **tempo.**

A imagem que imortaliza o fantástico efeito do dinheiro rendendo ao longo do tempo é a "bola de neve". *A bola de neve:*

Warren Buffett e o negócio da vida é o título de um dos livros mais importantes para quem quer enriquecer por meio de investimentos financeiros. Trata-se da biografia do megainvestidor norte-americano Warren Buffett. O livro conta como Buffett sempre se programou mentalmente para ser o homem mais rico do mundo e para isso começou a investir desde a infância. A obra, que narra todas as fases da vida de uma pessoa que estipulou o objetivo maior de se tornar o homem mais rico do mundo por meio de investimentos financeiros certeiros, é um exemplo concreto de como o tempo, combinado com os investimentos corretos, pode proporcionar uma curva exponencial de geração de riqueza, fazendo com que a pessoa acumule rendimento sobre rendimento. Mostra que, se o indivíduo for impaciente e sacar o dinheiro investido antes da chegada do momento da grande virada, não terá o poderoso efeito dos juros compostos a seu favor.

O efeito significativo do tempo sobre os aportes corretamente investidos com paciência e disciplina gera rendimentos extraordinários.

3. O RENDIMENTO

A terceira força é o **rendimento**, quanto você consegue fazer o seu capital acumulado render mensal e anualmente. Aqui entra a enorme potência do rendimento composto da riqueza, constituído pelos juros compostos e pelo rendimento composto. Quando eu falo em rendimento composto da riqueza estou me referindo a todo rendimento constituído por investimentos de renda fixa que proporcionam juros compostos juntamente com rendimentos advindos de outros investimentos caracterizadores de renda

O EFEITO SIGNIFICATIVO DO TEMPO SOBRE OS APORTES CORRETAMENTE INVESTIDOS COM PACIÊNCIA E DISCIPLINA GERA RENDIMENTOS EXTRAORDINÁRIOS.

passiva, como aluguéis, dividendos etc. O valor total de tudo isso atualizado é chamado de rendimento composto da riqueza.

No mundo dos investimentos existem inúmeros desafios. O primeiro grande desafio é não perder o dinheiro investido. Por outro lado, rentabilizar o dinheiro é um dos maiores – talvez seja o maior – desafios do mundo das finanças. Tanto isso é verdade que rentabilizar o capital é algo que move uma indústria de trilhões de dólares, a indústria da gestão de recursos, fundos e *assets*.

Para melhorar a performance dos seus investimentos é importante:

- **Guardar e aplicar a maior quantidade de dinheiro que conseguir;**
- **Fazer uma reserva de um bom valor que proporcione uma renda passiva;**
- **Diversificar seus investimentos, ou seja, investir em renda fixa e renda variável (ações, moedas, fundos, opções, commodities etc.);**
- **Implementar um bom controle da carteira de investimentos;**
- **Ter paciência constante e disciplina genuína como investidor;**
- **Estudar técnicas de investimento e pôr em prática o que você aprender.**

3.1. AUMENTAR O RENDIMENTO CONHECENDO AS TRÊS DIMENSÕES DO MERCADO

Para aumentar o seu rendimento, você precisa primeiro entender que o mercado tem três dimensões. Isso será fundamental para conseguir surfar bem as ondas e os ciclos e ser um investidor vencedor.

a) RELAÇÃO PREÇO × VALOR

Tudo possui um preço e um valor real, e você precisa saber avaliar o preço e calcular o valor real de mercado. Afinal, tudo consiste em comprar barato e vender caro ou comprar algo barato que tenha um grande potencial de valorização.

Um exemplo pertinente disso é a análise de fundamentos das empresas listadas na bolsa de valores. Existem momentos pontuais em que as ações das empresas estão com preços abaixo de seus valores reais, e é justamente nessas horas que o investidor ganhador consegue encontrar a janela de oportunidade para investir, já que ele possui o conhecimento necessário para saber o valor real e compará-lo com o preço de mercado.

Há muitos outros exemplos de como encontrar bons negócios, seja em empreendimentos, investimentos ou mesmo na vida pessoal. Aqui o segredo é dominar a dimensão do preço.

b) TEMPO (TIMING)

A segunda dimensão do mercado é o tempo, o timing, saber se é o momento de investir ou de colher os frutos e analisar as tendências e os ciclos, os gráficos de preços.

O importante é entender que existe um momento certo para comprar e um momento certo para vender. Se não aprender a identificar e a dominar esse timing, você não conseguirá ser vencedor.

O erro mais comum de quem começa a investir é comprar quando o mercado está no topo, porque é justamente nessas horas que as grandes revistas e jornais começam a falar do mercado, que vira assunto nas academias, no supermercado e em todos os lugares imagináveis, o que nos leva a pensar: "Opa, vou entrar também". Logo depois que entramos, porém, os preços despencam, gerando grandes prejuízos.

Compre após os grandes colapsos e as grandes quedas, pois o mercado vive de ciclos que se alternam com violência: grandes altas seguidas de grandes quedas, os *crashes*.

Uma máxima do mercado que ilustra bem esse ponto é: "Compre ao som de canhões e venda ao som de violinos".

Você precisa aprender a dominar seus impulsos para comprar no fundo e vender no topo.

c) VOLATILIDADE

A terceira dimensão do mercado é a volatilidade, e poucos investidores sabem aproveitá-la. A volatilidade é a taxa de variação realizada projetada para o futuro, a fim de nortear a expectativa dos preços com o passar do tempo.

As incertezas afetam tanto a volatilidade como a exuberância dos momentos irracionais de grandes altas.

O investidor precisa aprender as maneiras de comprar e vender volatilidade e também a acompanhar a volatilidade para antecipar suas decisões estratégicas e, assim, beneficiar-se nos momentos de altas, de baixas moderadas, de grandes altas ou de grandes quedas.

3.2. AUMENTAR O RENDIMENTO COMPOSTO ALOCANDO EM CLASSES DIFERENTES DE ATIVOS

Uma vez que a pessoa tenha dado início a seus investimentos, economizado para aumentar os aportes mensais e gerado uma renda mensal, chega a hora de aumentar a performance dos investimentos, ou seja, a taxa anual de crescimento composto da sua riqueza.

É importante otimizar os investimentos em dois polos: **um polo conservador, de renda fixa e reserva de valor, e um polo agressivo, de renda variável e apostas disruptivas**.

É imprescindível ajustar anualmente a proporção entre esses dois polos, uma vez que pode ser que daqui a alguns anos a renda fixa (polo conservador) ganhe da renda variável (polo agressivo). Com efeito, ao rebalancear sua carteira, o investidor aproveitará o que ganhou com a renda fixa para comprar mais ativos de renda variável depreciados, baratos. Ou, em caso contrário, realizará parte do lucro obtido na renda variável para voltar a assegurar-se na renda fixa, aumentando sua reserva do lado conservador.

O investidor deve fazer constantemente o rebalanceamento de sua carteira e encontrar ferramentas de controle para gerenciar o seu portfólio de investimentos. Ele tem que ser obcecado por gerenciar a sua riqueza, fazendo simulações constantes, averiguando minuciosamente os detalhes de cada investimento, tomando conhecimento de quanto está ganhando ou perdendo etc.

A ESTRATÉGIA – ANTIFRÁGIL – BARBELL DE INVESTIMENTOS

A Estratégia Barbell é uma forma de fazer o gerenciamento de risco da carteira de investimentos. Ela segue a regra dos 80/20, na qual 80% do patrimônio fica alocado em ativos seguros e conservadores, como Tesouro Direto, renda fixa etc., e 20% em ativos mais agressivos, como renda variável, opções, ações, moedas etc.

O conceito da Estratégia Barbell já foi discutido por diversos autores da Antiguidade, como Pareto e Yule, que criaram a Regra 80/20 para fazer o gerenciamento de riscos. Dessa forma, 80% dos recursos deveriam ser direcionados ao risco menor enquanto os outros 20% seriam aplicados em atividades de maior risco.

Vale lembrar que *barbell*, em inglês, significa barra ou peso, e a Estratégia Barbell funciona como se o investidor colocasse seus ativos com pesos diferentes de cada lado de um haltere, focando o rendimento, a liquidez e a segurança para a carteira de investimentos como um todo.

Ao seguir essa regra, o investidor estará realizando um balanceamento dinâmico dos seus ativos, no qual aloca os investimentos com riscos diferentes em pesos extremos, sendo um lado da carteira composto de ativos extremamente conservadores (CDBs, fundos DI e Tesouro Direto) e o outro bem mais agressivo (ações, opções e moedas etc.). Ou seja, para investir seguindo a Estratégia Barbell, deve-se ter os "pesos" apenas nos extremos da barra e nada no meio dela.

A vantagem de investir seguindo a Estratégia Barbell é que a exposição aos riscos do mercado não levará o investidor à ruína, pois uma parte do seu patrimônio estará alocada em investimentos muito seguros.

Se o investidor quiser colocar mais que 20% do seu patrimônio em investimentos agressivos ou com risco de perda, é importante que, nesse caso, adquira um **seguro de carteira**. Esse é um método que permite proteger o capital e assim perder menos nas operações de renda variável. Não é difícil nem caro; estudando, o investidor poderá aprender, e isso fará uma enorme diferença no aumento de sua riqueza ao longo das décadas.

E como escolher esses ativos da melhor forma possível? Veja alguns exemplos para que você possa começar a aplicar a Estratégia Barbell agora mesmo em sua carteira de investimentos.

ATIVOS CONSERVADORES (80% DA CARTEIRA)

- **Tesouro Direto: por ser um investimento considerado seguro no Brasil (principalmente o Tesouro Selic), vale a pena investir pelo menos uma parte da sua carteira no Tesouro Direto. Afinal, se conseguir levar o patrimônio investido até a data de vencimento, você terá certeza de quanto receberá. Mas, se por algum motivo precisar fazer resgates antes do tempo, provavelmente perderá dinheiro.**
- **CDBs de liquidez diária: esses CDBs, em especial os de grandes bancos, são uma ótima opção de investimento conservador e inclusive de reserva de emergência.**
- **Fundos DI: aplicam a maior parte de seu patrimônio, pelo menos 95% por lei, no Tesouro Selic, ou seja, o foco desse tipo de fundo não é um rendimento alto, mas sim a segurança da aplicação.**
- **Letras de Crédito Imobiliário: são um tipo de investimento bastante interessante, de renda fixa também, mas relacionado ao setor imobiliário. Podem ser pré ou pós-fixadas. Geralmente as pós-fixadas são atreladas à taxa DI (depósito interbancário).**

ATIVOS AGRESSIVOS (20% DA CARTEIRA)

- **Ações:** em sua grande maioria, possuem uma volatilidade bem alta, ou seja, com muitas oscilações de preço. Por isso as ações podem gerar uma rentabilidade muito alta quando se valorizam, mas, cuidado, lembre-se de que são um dos principais investimentos agressivos.
- **Opções:** são derivativos das ações que também podem ajudar a rentabilizar bastante a parte mais agressiva da sua carteira. Isso porque, dominando a volatilidade e sabendo como assumir os riscos das suas operações sem se expor à ruína, você perderá pouco dinheiro e terá ganhos ilimitados.
- **Commodities:** é tudo que possui baixo nível de industrialização, ou seja, são as matérias-primas essenciais para a sobrevivência. O preço das commodities (mercadorias) é definido pelo mercado mundial em razão da lei da oferta e da demanda. Nesse caso, a marca da empresa não importa. Nosso país é um grande produtor e exportador de mercadorias, por isso as negociações são bem ativas e qualquer pessoa pode investir nessa modalidade. É um tipo de investimento que possui volatilidade, ou seja, ocorrem muitas mudanças nos preços, e tem mais rendimento e liquidez fora do Brasil.
- **Fundos de investimento multimercado:** certamente as cotas dos melhores fundos multimercado podem ser utilizadas para aumentar a rentabilidade de seu portfólio. Esses fundos possuem uma liberdade maior de operações. Basicamente, são bem parecidos com a Estratégia Barbell, já que podem alocar o dinheiro em

ativos conservadores e agressivos. Com um bom gestor à frente e com tantas possibilidades de estratégias e teses de investimento, os fundos multimercado podem definitivamente fazer parte de uma carteira de investimentos. Lembrando que os fundos imobiliários de tijolo também são uma alternativa de investimento em renda variável que gera renda passiva.

CONSIDERAÇÕES FINAIS

A riqueza conquistada por meio de ilegalidades, corrupção, pirâmides financeiras, sonegação, condutas sujas, desonestas, ilícitas e antiéticas trará consequências terríveis para a pessoa que obteve tais ganhos, e ela provavelmente terá de gastar toda a fortuna com advogados, psiquiatras e remédios. Definitivamente, a conquista da riqueza financeira dessa(s) forma(s) jamais caracterizará a verdadeira liberdade financeira, que implica ter recursos emocionais e morais que permitam viver bem, ajudando a tornar o mundo melhor. Quando alguém conquista a riqueza financeira sem fazer uso de artifícios tóxicos e nocivos, terá a sensação perene de tranquilidade e de dever cumprido.

Por outro lado, a liberdade financeira também passa pela liberdade de trabalho. Se a pessoa pode curtir o estilo de vida que escolheu com prazer e tranquilidade, ela pode ser livre para decidir trabalhar apenas se desejar. E liberdade de trabalho não é o mesmo que ficar parado, inerte, letárgico ou estagnado, mas simplesmente se libertar da obrigação de trabalhar, a não ser quando quiser e com muito prazer.

Os maiores investidores de todos os tempos tiveram um retorno de cerca de 30% ao ano de forma consistente ao longo das décadas em que investiram. Portanto, tenha sempre em mente que se alguém lhe prometer investimentos com rendimentos superiores a esses, especialmente se usar a expressão “o retorno é garantido”, é bem provável que esteja mentindo ou que seja algum tipo de golpe. Vacine-se contra isso.

Capítulo 13
A verdadeira riqueza

Muitas pessoas são pobres porque na verdade não reconhecem a verdadeira riqueza. Elas até têm essa riqueza nas mãos, mas são incapazes de reconhecer seu valor e continuam em uma busca alucinada pelo enriquecimento material, quando tudo o que precisariam fazer seria desfrutar do que já têm.

Isso é o que acontece com muita frequência hoje em dia. Especialmente devido à correria e ao excesso de cobranças da vida moderna, as pessoas passam os dias alucinadas atrás de seus objetivos, suas metas, seus sonhos, suas riquezas e, de repente, não percebem que já conquistaram o que realmente as faz felizes, ainda não se dão conta de que são donas dessas riquezas. E continuam em sua busca desenfreada sem nem mesmo parar para olhar em volta. Por isso quero chamar sua atenção para todas as riquezas que talvez já estejam à sua disposição e somente lhe falte perceber que já pode delas desfrutar.

Em meu ponto de vista, temos oito principais tipos de riquezas na vida: saúde (física e mental), família, vida espiritual (ou espiritualidade), conhecimento (e sabedoria), propósito de vida (ou, ainda, a causa por que lutamos e vivemos) relacionamentos (ou networking), a riqueza da reputação e, é claro, a riqueza material (ou financeira).

Tenha sempre em mente, porém, que a riqueza mais importante não é a que se toca, mas a que se sente. A riqueza financeira ou material não deve ser o fim maior, mas a consequência de uma causa. Sobre riqueza financeira assinalou o fundador da Apple Steve Jobs (1955-2011): "Sabe, minha principal reação para esse negócio de dinheiro é que ele é cômico, toda a atenção que ele recebe, já que ele dificilmente é a coisa mais importante ou valiosa que me aconteceu nos últimos dez anos".[1]

O detentor dos primeiros sete tipos de riqueza – que vou apresentar a seguir – pode facilmente construir e conquistar a riqueza material ou financeira a ponto de se tornar um milionário ou, quiçá, um bilionário. Entretanto, é do reconhecimento e do equilíbrio dos oito tipos de riqueza que se compõe uma vida feliz e plena, com mais realizações e maior probabilidade de sucesso no sentido mais amplo.

1. A RIQUEZA DA SAÚDE

O grego Hipócrates (460-377 a.C.), considerado o "pai da medicina", já dizia que "a saúde é a maior das bênçãos humanas".[2] Sem dúvida, a saúde é mesmo um dos nossos bens mais preciosos. Quando ela nos falta, todas as áreas da nossa vida são afetadas e pouco ou nenhum prazer sentimos mesmo nas coisas de que mais gostamos.

Contudo, não basta estar bem fisicamente para que nos consideremos saudáveis. Nossa saúde depende, na verdade, de quatro tipos de energia distintos. Ou seja, é influenciada não apenas pelo corpo físico mas também pelos corpos espiritual, mental e emocional.

Desde a Antiguidade a maioria das culturas já apontava para uma conexão entre corpo, mente e espírito e reconhecia a necessidade de harmonizá-los. Atualmente a medicina integrativa e a psicologia da saúde também estão começando a procurar esse equilíbrio.

O corpo físico é afetado por nossas emoções. E são nossos pensamentos que direcionam como nos sentimos. Portanto, nosso modo de pensar define a saúde do nosso corpo físico.

O corpo emocional é composto de todas as nossas experiências emocionais passadas, presentes e futuras. É nele que abrigamos emoções como raiva, tristeza, medo e tantas outras.

O corpo mental diz respeito aos nossos pensamentos e, em um nível mais profundo, se relaciona com nossas crenças, desejos, valores e objetivos.

O corpo espiritual é o que faz a nossa conexão com a energia superior que acreditamos reger nossa vida. Para algumas pessoas, pode estar mais intimamente ligado à religião do que à espiritualidade, mas o que importa é levar em conta que essa também é uma parte importante para estabelecer uma saúde plena.

Nossa boa saúde depende, então, de encontrarmos um equilíbrio entre esses quatro tipos de energia. Se optarmos, por exemplo, por ignorar nossos pensamentos, sentimentos e emoções e limitarmos o conceito de bem-estar ao corpo físico, criaremos uma falsa noção de saúde.

Quando cuidamos conscientemente de cada um desses corpos – físico, emocional, mental e espiritual –, nossa força vital se manifesta de modo mais completo e intenso e nossa energia se eleva, trazendo à nossa vida toda riqueza da nossa saúde.

E, falando sobre energia, o palestrante, escritor e filósofo norte-americano Tony Robbins afirmou: "Quanto mais alto seu nível de energia, mais eficiente seu corpo. Quanto mais eficiente o seu corpo, melhor você se sentirá e mais você utilizará seu talento para produzir resultados excepcionais".[3]

Enfim, precisamos reservar um tempo para cuidar de nós mesmos como um todo. Esse é um estilo de vida inteligente, que fornece os meios para termos uma vida plena de significado, propósito e energia e, muito importante, cheia de saúde. Como disse o filósofo e escritor norte-americano Elbert Hubbard, "se você tem saúde, provavelmente será feliz e, se tiver saúde e felicidade, terá toda a riqueza de que precisa".

2. A RIQUEZA DA FAMÍLIA

A família é, provavelmente, uma das maiores riquezas que temos. É a base sobre a qual construiremos nossa caminhada ao longo da vida rumo ao cumprimento da missão de nossa existência. A construção de uma família harmoniosa constitui uma das principais chaves para ter uma vida próspera, plena e abundante. Quanto mais conectados estivermos com a nossa família, mais felizes, saudáveis e ricos seremos. "Riqueza [...] familiar significa saber que podemos contar com pessoas que nos apoiarão em qualquer situação, independentemente de quaisquer diferenças."[4] Nesse sentido, antes de alcançar qualquer sucesso lá fora, é necessário ter sucesso dentro da nossa própria casa. Ou seja, sermos bem-sucedidos na relação com nossa família em todos os níveis. É extremamente importante que, inicialmente, a pessoa crie riqueza dentro de casa para que as demais riquezas venham como consequência.

Um relacionamento familiar saudável pode promover um sentimento de amor e segurança que nos amparará em todos os momentos da nossa jornada pela vida. "Muito do que há de melhor em nós está ligado ao nosso amor pela família, que continua a ser a medida de nossa estabilidade, porque mede nosso senso de lealdade" (Haniel Long).

Uma das maiores dádivas que os pais podem dar aos filhos é lhes fornecer um ambiente de segurança, cuidados e carinho, no qual poderão crescer e se tornar adultos equilibrados, felizes e bem-sucedidos.

É na família que aprendemos os valores, as ferramentas e as direções necessárias para que possamos dar início à busca das nossas próprias conquistas com mais segurança e autoconfiança.

"Não há dúvida de que é em torno da família e do lar que todas as maiores virtudes, as virtudes mais dominantes do ser humano, são criadas, fortalecidas e mantidas" (Winston S. Churchill).

Nossos primeiros relacionamentos acontecem no seio da nossa família, e essas relações se tornam nossas referências de socialização e de convívio com outras pessoas.

Muitas vezes, no entanto, em nossas interações familiares podem ocorrer mal-entendidos, ressentimentos, brigas e mágoas. Ainda assim, mesmo as situações negativas trazem lições que serão partes importantes do nosso aprendizado social, ajudando-nos a transitar com mais propriedade pela vida.

A importância dos bons relacionamentos em família é incomparável, uma vez que é nela que estão as nossas primeiras e mais fortes memórias emocionais, que carregamos pela vida toda e que determinam como nos relacionaremos com o mundo à nossa volta. E é por meio das histórias familiares que temos a grande chance de nos conhecermos melhor. Elas nos servem de inspiração e modelo e afetam diretamente a forma como somos, nossos sonhos, nossa capacidade de ter sucesso e até mesmo nosso nível de resiliência.

"De todas as maneiras concebíveis, a família é um elo para o nosso passado e uma ponte para o futuro", disse o escritor norte-americano Alex Haley.[5]

As histórias da nossa família nos dão um sentimento de pertencimento e criam uma identidade essencial que nos leva ao empoderamento e à autoconfiança. Elas têm um impacto direto na forma como nos vemos, porque nos dizem de onde viemos, como nos encaixamos em nossa família e como poderemos fazê-lo no mundo como um todo.

Conhecer as histórias da nossa família e descobrir as dificuldades que nossos predecessores enfrentaram nos ajuda a desenvolver compreensão, compaixão e empatia por eles, o que se reflete diretamente na nossa história, libertando-nos muitas vezes de limitações antes não percebidas e assim nos trazendo de volta a paz interior e a certeza de nosso poder de transformar nossa própria vida.

A partir de nossas histórias familiares podemos nos conscientizar do poder de nossas raízes na figura de nossos pais, mães e ancestrais que, de alguma forma, conscientemente ou não, propositadamente ou não, nos ensinaram a usar nossas asas para voar alto. Elas nos dão um sentimento de pertencimento, que é uma riqueza de valor supremo.

3. A RIQUEZA ESPIRITUAL

Riqueza espiritual ou energética significa o contato íntimo com nossa divindade interior. Se a pessoa é cristã, essa divindade pode ser Deus; caso não seja, haverá outra que faça sentido para suas crenças.

A riqueza espiritual, ademais, está ligada ao nosso senso de direção e sentido na vida, envolvendo o desenvolvimento de moral, valores e ética positivos. Quando as pessoas se tornam ricas espiritualmente, demonstram amor e senso de cuidado consigo mesmas e com os outros.

O dr. Wayne Dyer, escritor especializado em livros de autoajuda, afirmou que "não somos seres humanos vivendo uma experiência espiritual, somos seres espirituais vivendo uma experiência humana".[6]

Essa mudança de ênfase é fundamental. Olhar por esse ângulo nos permite perceber que a fonte e a origem do nosso próprio ser são espirituais; portanto, é na espiritualidade que precisamos buscar nossa realidade e a verdade sobre nosso papel nesta vida.

É a espiritualidade que determina nossa experiência neste mundo, pois lança luz nos nossos caminhos e nos mostra onde devemos buscar as soluções para os nossos problemas e qual é a verdadeira fonte da nossa paz e felicidade. Essa é a nossa verdadeira riqueza.

Ficamos tão imersos em nossas vidas físicas que confundimos causa com efeito. Passamos a buscar no mundo físico as causas para o que estamos vivendo, sentindo ou mesmo sofrendo, quando na verdade essas agruras têm causas residentes em nosso ser espiritual. Essa confusão é o que está na raiz de toda nossa dor e sofrimento.

No entanto, uma vez que aceitemos nossa natureza e origem espiritual, ajustamos nosso foco e começamos a olhar além da superfície das coisas, e assim podemos começar a apreciar e viver uma realidade diferente.

Uma vez que estejamos olhando na direção certa, dando nossa atenção à verdadeira realidade por trás de todas as coisas, passamos a ver e entender que tudo é energia, e que a essência desta energia é o amor divino, a **iluminação divina**.

É aí que reside a verdadeira riqueza espiritual. O amor é a fonte do poder de que precisamos para manifestar a harmonia e o equilíbrio necessários para uma paz profunda e duradoura, independentemente do que esteja acontecendo ao nosso redor. É também a base sólida sobre a qual podemos trabalhar para cumprir nosso propósito de vida e o que nos leva a estar bem espiritualmente.

Bem-estar espiritual é estar conectado a algo maior do que nós mesmos e ter um conjunto de valores, princípios, morais e crenças que forneça um senso de propósito e significado para nossa vida e usá-lo para guiar nossas ações. Estar espiritualmente bem também significa ter um envolvimento positivo com os outros e consigo mesmo.

Os benefícios do bem-estar espiritual incluem: estar de bem com a vida, manter-se em equilíbrio emocional, ter relacionamentos positivos, encontrar sentido em um propósito na vida, aceitar os desafios e mudanças da vida e crescer com eles e experimentar uma conexão com um poder maior.

O bem-estar espiritual faz parte da nossa riqueza espiritual, talvez a mais importante de todas as riquezas, dando-nos contexto e significado a todas as outras partes de nós mesmos e às nossas experiências de vida.

Quando a riqueza espiritual é alcançada, sentimo-nos em paz com a vida. É quando conseguimos encontrar esperança e conforto até mesmo nos momentos mais difíceis. Essa é uma condição que nos sustenta enquanto experimentamos a vida por completo tendo como guia o cumprimento do propósito pelo qual estamos por aqui.

4. A RIQUEZA DO CONHECIMENTO

O conhecimento é considerado uma das nossas principais riquezas, por ser o combustível que move a raça humana. Uma vida bem-sucedida e plena tem como base um conhecimento apurado e bem aplicado. Podemos afirmar, sem medo de errar, que sem o conhecimento adequado torna-se impossível ter sucesso na vida.

É o tipo de riqueza que não depende de nada além da nossa própria dedicação e paciência, que não podem ser tomadas nem roubadas de nós.

Contudo, a verdadeira riqueza da informação e do conhecimento manifesta-se quando está associada à sabedoria. O conhecimento é potencializado quando se transforma, ao longo do tempo, em sabedoria ou quando se guia pela sabedoria adquirida.

É importante diferenciar **informação**, **conhecimento** e **sabedoria**, pois esses três termos usualmente são tratados como se fossem sinônimos, em especial conhecimento e sabedoria. Entretanto, diferem muito.

Informação é o "dado em seu estado bruto, captado pelos sentidos de todos os níveis: odor, paladar, imagem, pressentimentos, leituras, palestras, reuniões etc.". [7]

Conhecimento, por seu turno, é a informação analisada, compreendida, interpretada, depurada e incorporada à bagagem do indivíduo.

"De tudo que o homem possuir, só o conhecimento e a cultura constitui-se num bem inalienável" (AD), pois, como assinalou

Aristóteles, "a diferença que existe entre homens cultos e incultos é a mesma que existe entre vivos e mortos".[8] Assim, "o conhecimento da mais feia realidade também é belo" (Friedrich Nietzsche), pois "torna a alma jovem e diminui a amargura da velhice" (Leonardo da Vinci). Logo, "invista em conhecimento, pois ele rende sempre os melhores juros" (Benjamin Franklin),[9] porque "não há nada mais assustador do que a ignorância em ação" (Johann von Goethe), haja vista que "a ignorância é a mãe de todos os males" (François Rabelais). Finalmente, traz-se à balia que "existem três tipos de ignorância: ignorar o que se deveria saber, saber mal o que se sabe e saber o que não se deveria saber" (François de La Rochefoucauld).

Por outro lado, **sabedoria** é "o conhecimento submetido ao julgo dos valores e crenças; ex.: honestidade, ética, integridade, caráter, moral etc.".[10]

Sabedoria não tem a ver com acumular conhecimento. Trata-se de introjetar a essência do que importa ser aprendido e usá-lo em benefício do nosso crescimento, da ajuda ao próximo e da nossa certeza de gerar uma diferença positiva no mundo. Lao-tsé, filósofo da China antiga, nos deixou uma frase sobre isso: "Para adquirir conhecimento, acrescente coisas todos os dias. Para obter sabedoria, remova coisas todos os dias". Ser sábio é atuar na essência do conhecimento.

"A sabedoria não é produto da escola, mas do esforço de uma vida inteira para adquiri-la" (Albert Einstein), porquanto "a sabedoria é uma letra que se vence a prazo, a beleza uma que se vence à vista" (Mariano da Fonseca). Dessa perspectiva, "você consegue saber se um homem é inteligente pelas suas respostas. E consegue saber se um homem é sábio pelas suas perguntas" (Naguib Mahfouz). Mas "sábio é aquele que conhece os limites da própria ignorância" (Sócrates), e "não fiques presumido pelo que sabes, porque tudo quanto sabe o mais sábio do homem, nada é em comparação com o muito que lhe falta saber" (Juan Luis Vives), pois, de acordo com Aristóteles, "o ignorante afirma, o sensato reflete, e o sábio duvida". Logo, se queres ser sábio procure estar sempre ao lado de um deles, pois, como ensinou o Rei Salomão, "quem anda com sábios sábio será". Finalmente, não se pode esquecer da lição de Albert Einstein, que afirmou: "o primeiro dever da inteligência é desconfiar dela mesma", vez que, para Confúcio, "os seres humanos inteligentes adoram aprender. Já os imbecis adoram ensinar".

Como diz Roberto Recinella, "não há sabedoria sem conhecimento, nem conhecimento sem informação, podemos dizer que são dados em estágios diferentes de processamento, semelhante a um diamante; ele bruto tem um valor, mas lapidado este valor se multiplica, mas em nenhum momento deixou de ser um diamante".[11] Entretanto, podemos afirmar que existe informação sem conhecimento e conhecimento sem sabedoria. Mas viver apenas com informação sem conhecimento ou com conhecimento sem sabedoria "é como enxergar a vida sem óculos de grau, quando necessita, fica tudo meio embaçado". Ampliando o quadro de análise, afirmamos que o conhecimento é finito, são os fatos da vida, e é limitado. É a informação que a mente apreende em sua totalidade. Porém, a sabedoria é fluida e infinita. Está aqui e ali e em todos os lugares ao mesmo tempo, e não apenas na nossa mente limitada. Portanto, é uma riqueza expandida que permeia toda nossa vida.

Conhecimento e sabedoria devem caminhar juntos. Na verdade, para termos vidas alegres, saudáveis e produtivas é essencial que esses dois elementos atuem em conjunto.

O conhecimento passa a ser mais útil e a nos servir mais adequadamente na medida em que é orientado pela nossa sabedoria e conectado ao nosso coração, o que significa usar bem o conhecimento, apoiado na sabedoria e amparado no amor.

Por fim, resta dizer que o conhecimento adquire seu valor máximo quando é compartilhado, pois é somente através do compartilhamento que nossos conhecimentos se perpetuam. Como aconselhou Margaret Fuller, jornalista norte-americana: "Se você tem conhecimento, deixe os outros acenderem suas velas nele".[12]

5. A RIQUEZA DO PROPÓSITO

Nosso propósito de vida, causa ou a razão de por que lutamos e vivemos, é uma das grandes riquezas que nos acompanham ao longo da nossa jornada. O propósito consiste em um dos objetivos centrais da nossa vida, é o conjunto dos motivos pelos quais nos levantamos pela manhã para mais um dia.

Nesse sentido, "a vida é um mistério que precisamos viver, não um problema que temos que resolver" (Mahatma Ghandi), pois "ela é uma peça de teatro que não permite ensaios. Por isso, temos que cantar, chorar, dançar, sorrir e viver intensamente, antes que a cortina se feche e a peça termine sem aplausos" (Charlie Chaplin), mas é importante ter sempre em mente a lição que Steve Jobs nos ensinou quando estava doente: "não penso muito sobre o meu tempo de vida. Simplesmente me levanto de manhã, e é um novo dia". Logo, embora "a vida só se dá para quem se deu" (Vinicius de Moraes), e "viver seja perigoso" (Guimarães Rosa), "o que importa não é o que você tem na vida, mas quem você é na vida" (William Shakespeare), e para isso "é preciso fazer a própria

O PROPÓSITO CONSISTE EM UM DOS OBJETIVOS CENTRAIS DA NOSSA VIDA, É O CONJUNTO DOS MOTIVOS PELOS QUAIS NOS LEVANTAMOS PELA MANHÃ PARA MAIS UM DIA.

vida como se faz uma obra de arte" (Gabriele D'Annunzio), haja vista que "todas as artes contribuem para a maior de todas as artes que é a arte de viver" (Bertold Brecht).

Mas viver de verdade é viver com um verdadeiro motivo, uma verdadeira razão, ou seja, um verdadeiro propósito, que consiste na missão maior da nossa existência. Pois "viver com propósito é a única maneira de viver de verdade, o resto é apenas existir, sobreviver" (AD), e "é preciso viver de verdade e não apenas existir" (Plutarco). Nesse sentido, como asseverou Dostoiévski, "o segredo da existência humana consiste não somente em existir, mas em encontrar o verdadeiro motivo para viver", pois "não temos qualquer prazer na existência, exceto quando lutamos por algo" (Arthur Schopenhauer), já que toda vida que não é dedicada a um objetivo específico não tem qualquer sentido. E esse sentido maior é o verdadeiro propósito da nossa existência. E "nada proporciona maior capacidade de superação e resistência aos problemas e dificuldades em geral que a consciência de ter um propósito ou uma missão para cumprir nesta vida" (Viktor Emil Frankl).

Ademais, o editor canadense Terry Orlick tem uma visão bastante especial sobre propósito: "O coração da excelência humana muitas vezes começa a bater quando descobrimos algo que nos absorve, nos liberta, nos desafia ou nos dá um senso de significado, alegria ou paixão". Com efeito, como assinalou Sidarta Gautama (Buda): "Seu propósito na vida é encontrar um propósito e dedicar a ele todo o seu coração e a sua alma".

Nessa perspectiva, cumpre registrar que é o nosso propósito que orienta nossas decisões, influencia nosso comportamento, ajuda a definir nossas metas e nos oferece um senso de direção, de modo a criar mais significado na nossa vida e em tudo o que fazemos. Assim, como disse o filósofo Ralph Waldo Emerson, "o propósito da vida não é ser feliz. É ser útil, ser honrado, ser compassivo, fazer alguma diferença". Ou, ainda, como afirmou o ex-senador norte-americano Robert F. Kennedy, "o propósito da vida é contribuir de alguma forma para tornar as coisas melhores".

Entretanto, é muito interessante perceber que um verdadeiro propósito, mesmo sendo nosso, na maioria das vezes não diz respeito a nós mesmos. Ou seja, ele é voltado para deixarmos no mundo algo significativo, e não para satisfazer nossas vontades.

Para algumas pessoas, seu propósito está ligado à vocação profissional, a um trabalho significativo e gratificante. Para outras, o propósito tem a ver com seu relacionamento e responsabilidades em relação a sua família. Outras ainda buscam significado no seu propósito por meio da espiritualidade ou das crenças religiosas. E há aqueles que podem encontrar seu propósito claramente expresso em todos esses aspectos da sua vida.

Um propósito de vida guia todas as nossas escolhas e molda a direção da nossa vida. Ele é a razão de ser quem somos e de agir como agimos. Tudo o que fazemos é uma expressão do nosso propósito de vida.

Nosso propósito, porém, não é imutável. Nós o chamamos "propósito de vida", mas não é para toda vida. Isso porque nosso propósito pode realmente mudar ao longo da nossa trajetória porque nossas prioridades estão em evolução e porque a vida também se molda a cada avanço que fazemos. Um propósito, uma vez cumprido, deixa de existir e cede lugar a outro que ainda precisa ser alcançado.

A vida é dinâmica e sempre nos atrai para a evolução. Para que atendamos a esse chamado da nossa natureza e efetivamente cumpramos nossos propósitos ao longo da nossa jornada neste planeta, mapeei três etapas que precisam ser cumpridas: 1) descobrir qual é o nosso propósito no momento em que estamos vivendo; 2) entender como nossos talentos e habilidades se encaixam na nossa realidade, de tal maneira que possam nos ajudar a cumprir nosso propósito; 3) agir com paixão e entusiasmo de acordo com o nosso propósito.

Mas como descobrir esse propósito? Devemos começar nos perguntando: o que me inspira? O que me faz sentir-me apaixonado pela vida? O que estou inclinado a fazer de maneira natural? Ou seja, devemos procurar qual(is) o(s) nosso(s) dom(ns) e assim descobrir qual(is) é(são) nosso(s) dom(ns).

Todos já nascemos com um ou mais dons, que se referem ao que gostamos de fazer e fazemos muito bem, como diz o escritor Mauro Schnaidman:[13] "As chamadas habilidades naturais inatas (*nature*) adquiridas com nossa formação genética e hereditária, que podem ser aprimoradas durante nossa vida, além das habilidades adquiridas ao longo de nossa vida (*nurture*)".

Para esse autor, a pessoa deve procurar encontrar seu dom, que é sua identidade, sua individualidade e marca pessoal, que está impresso em seu DNA e sua essência, para encontrar sua missão e seu propósito e, depois, cumpri-lo no mundo. Exemplo disso foi Warren Buffett, que desde criança mostrava enorme aptidão para cálculo, dinheiro e negócios. Outro exemplo foi Tony Robbins, que, em sua época de universidade, não sentia o tempo passar ao ler dezenas de livros de psicologia e era reconhecido como o cara certo para conversar quando alguém tinha um problema. Ele era procurado por vários estudantes que compartilhavam seus problemas existenciais e buscavam aconselhamento.

A descoberta de seus dons depende de você mesmo. Cabe a você descobrir o lhe dá prazer e combiná-lo com aquilo que sabe fazer melhor, de acordo com suas habilidades naturais e inatas para assim definir seu propósito e agir de acordo com seus valores. "Após descobrir seu dom, cria-se o seu propósito ou sua missão de vida que deve ser utilizada para inspirar e impactar positivamente a vida das pessoas" (James Hillman).

A título de exemplo, "o propósito de um motorista de ônibus escolar não se resume apenas em dirigir o ônibus, mas, sim, em transportar centenas de crianças de maneira segura para educá-las e ajudar o Brasil a se desenvolver através da educação". Por outro lado, "John Kennedy, ao visitar a Nasa durante o programa espacial Apollo, perguntou a um zelador o que ele fazia, e a resposta foi esta: estou ajudando a colocar o primeiro homem na lua!" (Mauro Schnaidman).

Com efeito, temos que descobrir nosso dom ou dons e, com base nele(s), definir nosso propósito para agir de acordo com nossos valores, pois estes devem ser a bússola, o norte, o guia do nosso propósito.

Sobre valores, já escrevi alhures que a busca pelo sucesso e pela riqueza financeira precisa se dar com base em valores humanos verdadeiros. Essa atitude de se basear em valores deve ser uma constante em sua vida. Afinal, não dá para ser honesto em algumas coisas e desonesto em outras. Não dá para ser ético em algumas coisas e antiético em outras. Não dá para trabalhar de maneira enganosa e ser verdadeiro, autêntico e assertivo na sua vida pessoal. Você é uma pessoa única e a sua maneira de ser é uma só. Nesse sentido, é a lição de T. Harv Eker quando enfatizou: "A maneira como você faz uma coisa é a maneira que você faz todas as coisas". Nessa mesma linha é a lição de Tyler Perry quando diz: "Desenvolver uma boa ética de trabalho é fundamental.

Aplique-se no que quer que faça, porque essa ética de trabalho será refletida em tudo que você faz na vida".

Se você quer ter sucesso, ser rico e ter uma vida digna e memorável, é preciso que trabalhe com base em valores humanos verdadeiros, pois estes são como normas de conduta para garantir uma convivência pacífica e justa entre as pessoas. Alguns desses valores são importantes em qualquer contexto, e por isso mesmo podem ser considerados valores universais.

Prosperar de verdade vem de muita luta e de muito trabalho realizado com muito empenho, de forma honesta, ética, transparente e íntegra, e respeitando os verdadeiros valores humanos universais. Uma atuação sempre correta – o que é imprescindível para prosperar perenemente – associada a garra, determinação e muito trabalho sempre faz nossos desejos se concretizarem. Por isso, trabalhe com correção, honestidade, transparência, ética, integridade e responsabilidade, e entregue sempre mais do que as pessoas esperam receber.

A título ilustrativo elencamos aqui alguns dos principais valores humanos universais que podem orientá-lo na trajetória da construção da sua prosperidade e riqueza são: agir com ética, ser honesto, solidário, ter educação no trato com as pessoas, empatia, humildade, respeito pelo próximo e senso de justiça.

Ademais, além dos valores universais que devem sempre nortear sua conduta e sua vida, cabe aqui perquirir quais são os seus reais valores que disciplinarão os seus propósitos. Além desses universais, elenco aqui meus principais valores: 1) viver intensamente e de forma saudável; 2) viver em observância aos valores da ética, honestidade e integridade; 3) viver de forma transparente, como se a vida fosse um livro aberto; 4) viver estudando e aprendendo diuturnamente; 5) viver com muita fé em mim, nos meus valores e sobretudo em Deus; 6) trabalhar diuturnamente usando a inteligência e o talento que Deus me deu; 7) viver de forma ambiciosa, sem nenhuma inveja ou ganância; 8) viver em prol da família; 9) criar relacionamentos saudáveis, positivos e seguros (network); 10) viver com segurança financeira para mim e minha família; 11) viver divertindo-me e curtindo os momentos felizes; 12) viver tendo a humildade como princípio; 13) expressar gratidão a Deus, aos familiares, aos colaboradores e aos verdadeiros amigos; 14) viver ajudando os necessitados; 15) viver com muita esperança e amor no coração.

Por fim, ao descobrir como nossos dons ou talentos se encaixam no universo como um todo, podemos começar a expressar nossa identidade individual de uma forma que funcione em harmonia com tudo e todos ao nosso redor, criando um impacto positivo para todos. Nesse sentido, procurando agir de acordo com o nosso propósito, com total alegria, encontrando nossa maior emoção, elevando nossa motivação, entramos no fluxo da vida em um estado de ação inspirado e natural que nos levará a cumprir efetivamente nosso propósito.

Para reforçar a importância de se ter um propósito, pegamos carona em uma bela frase do escritor e filósofo russo Fiódor Dostoiévski: "O mistério da existência humana não reside apenas em permanecer vivo, mas em encontrar algo pelo qual viver".[14]

Para finalizar, importa registrar que é preciso viver com propósito, mas também com muito amor, pois o amor consiste na maior das leis. É "a asa veloz que Deus deu à alma para que voe até o céu" (Michelangelo). É "a única flor que brota e cresce sem ajuda das estações" (Khalil Gibran), é "tormento, mas a falta de amor é a morte" (Marie Von Ebner-Eschenbach), é "pecado, mas quem não ama é pecador" (Noel Rosa), "o que se faz por amor está além do bem e do mal" (Nietzsche), pois "no amor, basta uma noite para fazer de um homem um Deus" (Sextus Propertius), e "quem não ama e nunca amou não nasceu e não viveu" (José Antônio da Silva). Mas "o amor construído apenas sobre a beleza morre com a beleza" (John Donne), tem que ser construído sobre a essência e a substância.

6. A RIQUEZA DOS RELACIONAMENTOS OU DO NETWORKING

O networking é uma das maiores riquezas que podemos ter ao nosso alcance. A importância de um bom networking está no fato de promover entre as pessoas a formação de laços e relacionamentos mais consistentes, que abrem portas e oportunidades para o sucesso de todos os envolvidos nas ações ou projetos a que se dedicam.

Como foi enfatizado por Michele Jennae, "networking não é apenas conectar pessoas. É conectar pessoas com pessoas, pessoas com ideias e pessoas com oportunidades". Por outro lado, afirmou com muita propriedade Robin Sharma que "o negócio dos negócios são os relacionamentos; o negócio da vida são as conexões humanas". Já que é muito importante que "saiba para onde você quer ir e se certifique também de que as pessoas certas saibam disso" (Meredith Mahoney).

Seja na vida pessoal, profissional ou empresarial, criar conexões fortes e positivas tem a ver com construir relacionamentos duradouros e direcionados, com vínculos emocionais e de confiança entre todos os envolvidos, o que é fundamental para o sucesso e a geração de riqueza financeira. Afinal, as pessoas querem estar perto daquelas prósperas e preferem fazer negócios com quem tem uma boa conexão e confiança.

Conexão refere-se a se relacionar de maneira diferenciada com as pessoas. Relacionamentos duradouros são construídos quando se estabelece um vínculo emocional e de confiança entre as partes.

Nos dias atuais, quando se fala em estabelecer conexão com alguém, é muito comum imaginar um relacionamento virtual, uma conexão a distância nos mais diversos canais disponíveis na internet. Sim, esse é um aspecto muito importante do relacionamento entre pessoas e deve ser muito bem trabalhado. E, nesse sentido, há muitas estratégias e ferramentas disponíveis para criar essa "conexão a distância". Porém não podemos nos esquecer daquele relacionamento que deve acontecer pessoalmente, de extrema importância para gerar empatia e confiança.

Relacionamentos saudáveis são um componente vital para a felicidade e o bem-estar do ser humano. Em termos profissionais, são o combustível para bons negócios e parcerias sólidas e produtivas. Além disso, relacionamentos fortes e bem construídos, nos quais existe respeito e bem-querer, contribuem para uma vida mais longa, saudável e feliz dos envolvidos.[15]

Do ponto de vista dos ganhos pessoais obtidos de relacionamentos saudáveis, podemos afirmar, segundo pesquisa do Gallup internacional feita em 2012. 1) Bons relacionamentos nos ajudam a viver mais: pessoas com relacionamentos sociais fortes têm menos probabilidade de morrer prematuramente; 2) Bons relacionamentos nos ajudam a lidar melhor com o estresse. O apoio oferecido por um amigo atencioso e solícito pode fornecer uma proteção contra os efeitos do estresse; 3) Bons relacionamentos nos ajudam a ser mais saudáveis. Relacionamentos fortes contribuem para a saúde em qualquer idade. Já a solidão é um indicador significativo de problemas de saúde. A pesquisa descobriu que as pessoas que têm amigos e família com quem contar geralmente estão mais satisfeitas com sua saúde pessoal do que as que se sentem isoladas; 4) Bons relacionamentos nos ajudam a nos sentirmos mais ricos. Ademais, uma pesquisa do National Bureau of Economic Research com 5 mil pessoas descobriu que dobrar nosso grupo de amigos tem o mesmo efeito emocional sobre nosso bem-estar que um aumento de 50% na nossa renda.

Nesse contexto, relacionamentos nunca são um desperdício. Ou eles existem para somar forças, ou nos desafiam e ensinam a viver. Como bem disse Madre Teresa de Calcutá, "algumas pessoas entram em nossa vida como bênçãos. Outras entram como lições".

Através de uma boa rede de relacionamento, ou networking, a pessoa pode: 1) conhecer pessoas novas com histórias inspiradoras; 2) compartilhar conhecimento; 3) criar conteúdos completamente novos; 4) contar com maior número de ideias para aprimorar projetos; 5) receber apoio em momentos decisivos da carreira; 6) ter um currículo robusto, repleto de boas indicações; 7) aumentar as chances de ter sucesso profissional para conquistar objetivos profissionais.

Assim sendo, networking é, portanto, uma das maiores riquezas que podemos ter ao nosso alcance, seja profissionalmente ou no âmbito da nossa vida pessoal.

Todo relacionamento expande horizontes e abre portas que muitas vezes nem mesmo imaginávamos existir. A autora francesa Anaïs Nin expressou isso de forma muito bela ao dizer: "Cada amigo representa um mundo em nós, um mundo possivelmente não nascido até que eles cheguem; e é somente por meio desse encontro que um novo mundo nasce".[16]

7. A RIQUEZA DA REPUTAÇÃO

O QUE É REPUTAÇÃO

Reputação, de forma bem simples, é a maneira como os outros enxergam você. Isso vale tanto para as pessoas com quem você convive quanto para aquelas com quem faz negócios e pretende se associar ou a quem pretende vender algum produto ou serviço.

Quando a sua reputação é boa, as chances de tudo dar certo, de os negócios se concretizarem e de seus relacionamentos se consolidarem aumentam substancialmente. Afinal, as qualidades que você possui falam por si mesmas.

Pessoas bem-sucedidas sabem que a construção de uma boa reputação é um ingrediente fundamental para alcançar e manter suas conquistas. Sem dúvida, sejam quais forem os relacionamentos ou negócios em que você estiver envolvido, a reputação sempre será a sua maior riqueza. Ela é considerada um ativo essencial para os negócios, já que agrega grande valor aos seus resultados profissionais e pessoais, valor esse que vai além do sucesso em si e da riqueza material.

A palavra "reputação" vem do latim *reputatio*, que significa "consideração ou reflexão sobre alguma coisa". Tem ainda o sentido de usar os pensamentos, analisando alguma coisa com cuidado. Em português, o significado de reputação ficou associado também ao caráter das pessoas, e a palavra passou a ser atrelada ao ato de considerar o valor moral de alguém.

Ter uma boa reputação profissional e pessoal, portanto, significa ser querido, ser tido em alta estima, ser bem-visto e respeitado pelas outras pessoas. Reputação é, em resumo, a soma de todas as nossas ações, que se reflete nas pessoas ao nosso redor e na forma como nos tratam ou interagem conosco. Mas também é o modo como nos olhamos no espelho, como nos vemos, como nos avaliamos.

Ter uma boa reputação requer esforços e ações consistentes que demonstrem um bom caráter, como a honestidade, a transparência, a ética, a responsabilidade e o compromisso, entre outras qualidades.

Nesse contexto, construir uma carreira ou perseguir um objetivo motivado somente pelo dinheiro e pelas vantagens obtidas a qualquer custo pode prejudicar significativamente a sua reputação e tornar difícil conquistar a confiança de outras pessoas.

SUCESSO E REPUTAÇÃO

Penso que todo sucesso deve ser fundamentado em uma boa e irrepreensível reputação. Somente assim todas as suas conquistas serão legítimas e duradouras. Sem uma boa reputação, não existem pessoas, profissionais ou empresas realmente saudáveis e de sucesso verdadeiro.

Basicamente, é deste tipo de reputação que estamos falando: da reputação da pessoa e do profissional que constrói seu sucesso com base em valores e princípios éticos que lhe conferem uma imagem excelente, bem além do que o próprio sucesso e a riqueza material poderiam oferecer.

Sendo assim, é muito importante agir de tal modo que sua reputação somente valorize suas conquistas – e nunca desabone a sua imagem ou desvirtue o valor das suas vitórias.

Construída dessa forma, a sua reputação lhe permitirá servir de exemplo para inspirar as pessoas a buscar a realização de seus próprios sonhos, vivendo de maneira digna todos os seus erros e acertos, suas dificuldades, suas derrotas e conquistas.

Como empreendedor na vida e nos negócios, ou seja, como empreendedor empresarial que inspira as pessoas, quero realçar que acredito que construir uma boa reputação passa pela educação, por muito estudo e pelo trabalho honesto e ético. Os estudos são um instrumento de transformação pessoal e social que tornam possível a realização de nossos sonhos, deixando um rastro de exemplos positivos que podem ser usados para motivar e inspirar outras pessoas a também trilhar esse caminho.

A IMPORTÂNCIA DA BOA REPUTAÇÃO

Estamos falando aqui de reputação de modo geral, e essas ideias se aplicam tanto à vida pessoal quanto à profissional, ao empreendedorismo, às empresas que querem se estabelecer ou às que desejam manter e reforçar o bom nome de sua marca no mercado.

A reputação tem a ver com a maneira como enxergamos uma pessoa, uma empresa, um produto ou serviço. Se consideramos que algo ou alguém tem boa reputação, sabemos que estamos lidando com uma pessoa ou empresa confiável e íntegra.

A sua reputação molda o modo como as pessoas se comportam diante de você – e, mais importante ainda, como se referem a você quando você não está presente. A sua reputação define o que as pessoas compram de você, o que elas pensam a seu respeito e por que agem de determinada maneira em relação a você. Portanto, tem muito a ver com os traços ou qualidades da sua personalidade e dos seus comportamentos que vêm à mente dos outros quando pensam em você, em seus negócios ou em sua empresa.

A BOA REPUTAÇÃO ABRE PORTAS PARA O SUCESSO

Ter uma boa reputação significa ter mais e melhores oportunidades, já que é ela que determina a posição social de uma pessoa, assim como a influência que essa pessoa possui em seu meio. E a influência é o combustível que move os bons relacionamentos, a base de todo e qualquer sucesso verdadeiramente consistente.

Quando a sua imagem é positiva, as chances de você estabelecer relacionamentos mais confiáveis e duradouros aumentam significativamente. Uma pessoa que goza de boa reputação tem as portas sempre abertas. É, definitivamente, indicada para os melhores empregos e para assumir funções de liderança, assim como se torna bastante querida em seu círculo de amizades. Construir uma boa reputação faz com que o fiel da balança dos nossos resultados penda mais vezes para o sucesso que para o fracasso.

Ter boa reputação só traz benefícios. Para alcançar o mais alto nível de sucesso em seus empreendimentos, você deve prestar atenção especial à sua imagem. Uma pessoa bem reputada é capaz de abrir portas para muito mais oportunidades e tem acesso a bem mais recursos para vencer e ter sucesso.

A SUA REPUTAÇÃO SEMPRE CHEGA ANTES

Essa é uma verdade irrefutável. Você será avaliado e julgado de acordo com sua reputação. Tenha em mente que, não importa a situação, a sua reputação sempre chegará antes de você, estabelecendo a maneira como as pessoas vão enxergá-lo, recebê-lo e quanto confiarão no que você diz.

QUANDO A SUA REPUTAÇÃO É BOA, AS CHANCES DE TUDO DAR CERTO, DE OS NEGÓCIOS SE CONCRETIZAREM E DE SEUS RELACIONAMENTOS SE CONSOLIDAREM AUMENTAM SUBSTANCIALMENTE.

A pessoa com quem você vai negociar ou que vai avaliá-lo para um emprego sempre terá à mão informações prévias a seu respeito, que deem uma ideia de sua reputação, o que também vale para as suas relações nos seus círculos pessoais. Ainda mais hoje em dia, quando a internet e as redes sociais são tão ricas em informações sobre grande parte dos seres humanos do planeta.

Portanto, se não se preocupar em construir uma boa reputação, você começará qualquer eventual encontro em desvantagem.

A SUA REPUTAÇÃO E AS REDES SOCIAIS

Antigamente, a reputação de uma pessoa ou de uma empresa dependia em grande parte do "boca a boca". Hoje, com a internet e as redes sociais, isso se ampliou ainda mais. O "boca a boca" se transformou em algo ainda mais poderoso, devido à força das interações no ambiente virtual.

No mundo digital, as pessoas têm acesso a um enorme volume de informações a seu respeito ou sobre sua empresa, o que pode ser muito bom ou muito ruim, dependendo de como você vem construindo a sua reputação. Assim como é possível obter uma projeção positiva, a sua reputação também pode ser arruinada pelas redes sociais.

Quando você possui uma boa reputação, em geral é lembrado de maneira positiva nas redes sociais, o que reforça a sua imagem e confiabilidade. Em contrapartida, se há qualquer aspecto negativo na sua trajetória, a tendência, no ambiente virtual, é que as informações a seu respeito se alastrem rapidamente, prejudicando os seus relacionamentos e os seus negócios e comprometendo todos os seus resultados.

Em síntese, hoje em dia, o que ocorre no mundo digital enfatiza ainda mais a importância de ter uma boa reputação, seja pessoal, seja empresarial. Nele, a sua imagem ou a de sua empresa está à mercê da opinião das pessoas. Tais opiniões, assim como muitas crenças, não se baseiam necessariamente em fatos verídicos, mas apenas em sentimentos, experiências passadas, preconceitos e mesmo no humor de cada usuário das redes sociais. Basta deixar uma pequena fresta aberta que mostre alguma falha sua para que inúmeras pessoas se disponham a criticá-lo.

Devido à natureza humana, a rapidez com que se espalham notícias e alegações ruins é infinitamente superior à da disseminação de coisas boas. A tendência das pessoas é de serem melhores portadoras de notícias negativas, pois estas parecem mais interessantes. Notícias e histórias nocivas a respeito de alguém ou de uma empresa ou fatos passados são os preferidas do ser humano, por razão irracional ligada à própria frustração de quem fala mal, em especial quando se trata de notícias negativas sobre a reputação alheia: essas são as que se espalham mais rapidamente e nem ao menos precisam ser verdadeiras para viralizar.

Desse modo, com a facilidade proporcionada pela internet, a reputação de qualquer pessoa fica a um único clique de distância dos difamadores.

A SUA REPUTAÇÃO É RESULTADO DE TUDO O QUE VOCÊ FAZ

Com todas as facilidades de comunicação que o mundo interligado nos oferece, infelizmente também ficou muito mais fácil e rápido destruir a reputação de alguém e muito mais difícil construir

– e manter – uma boa imagem. Com frequência, isso acontece sem que tenhamos qualquer controle.

Assim, devemos redobrar nossos cuidados com a imagem que passamos adiante. Temos de estar conscientes sobre o que fazemos, pensamos e transparecemos, de modo que a construção de nossa reputação seja baseada em boas atitudes e elementos desejáveis e verdadeiros.

Vale ressaltar que de nada adianta pregar uma coisa e fazer outra. A sua reputação é resultado direto de tudo o que você faz e da coerência que você demonstra.

Nossos atos e as pessoas com quem interagimos ao longo desta jornada têm o potencial de nos ajudar a construir ou a destruir a nossa reputação, dependendo da maneira como nos conduzimos.

Também é importante lembrar que construir uma reputação não é algo que possa ser feito do dia para a noite. É preciso coerência, constância e dedicação àquilo que você faz ou pretende ser, além de resiliência e paciência para aguardar que tudo o que vem plantando dê frutos.

A reputação é o resultado de um trabalho consistente e contínuo, feito pacientemente por um período relativamente longo. Mas uma boa reputação também é um ativo valoroso, uma das maiores riquezas do ser humano. Lembre-se de que manter a sua boa reputação é tão ou ainda mais importante do que construí-la do zero.

COMO CONSTRUIR UMA BOA REPUTAÇÃO

Um dos pilares fundamentais para a realização de um indivíduo e a lucratividade de seu negócio, a boa reputação proporciona várias coisas que buscamos na vida, como segurança, amigos, autoestima elevada e felicidade.

Contudo, sabemos que uma boa reputação profissional, pessoal ou empresarial não é algo que simplesmente cai no nosso colo da noite para o dia. Ela é produto de bastante trabalho e de um comportamento consistente ao longo do tempo, baseado em valores verdadeiros.

Segundo especialistas, é preciso agir com coerência, demonstrar seus valores, cuidar da sua cultura e personalidade em todos os sentidos e trabalhar arduamente em seus relacionamentos a fim de construir a sua reputação, seja ela pessoal, seja profissional. Para que essa edificação seja realizada de modo positivo e desejável, alguns pontos são especialmente importantes:

- **Alinhe o que você diz com o que realmente faz. As pessoas percebem com facilidade o menor sinal de incoerência entre o que você diz e o modo como se comporta. A sua reputação é resultado de suas atividades e ações diárias, que devem estar alinhadas com bons princípios e valores. Lembre-se de que não basta parecer. Tem que ser. E também não basta ser. Tem que parecer.**
- **Ande sempre em boas companhias. A sua imagem será afetada, para o bem ou para o mal, pelo tipo de pessoas com quem você anda e convive. Conhece o ditado "Diz-me com quem andas e te direi quem és"? Tenha muito cuidado ao escolher suas companhias.**
- **Invista na sua habilidade de comunicação. Quanto mais clara for sua comunicação com as pessoas, melhor elas compreenderão suas razões e argumentos e passarão a confiar mais em você.**

- **Melhore seu relacionamento.** A forma como você trata os outros é fundamental na construção de sua boa reputação. Estudar o comportamento humano é uma importante ferramenta para tornar suas interações positivas, agradáveis, prazerosas e produtivas.
- **Participe de ações sociais e beneméritas.** Mostre que você se preocupa com assuntos de cunho social e promova e/ou participe de ações que visem ao bem comum. Habitue-se a ajudar as pessoas.
- **Seja autêntico e conquiste a confiança das pessoas.** Preste atenção nos comentários que os outros fazem a seu respeito e descubra em que você pode melhorar. Em seus relacionamentos, seja honesto, confiável e consistente em tudo que fizer.
- **Mantenha-se sempre bem informado e seja confiante.** Para construir uma boa reputação, a sua segurança sobre o que você diz e faz ajuda bastante. As pessoas sentem que podem confiar mais em quem sabe do que está falando. A sua autoridade vai influir diretamente na sua credibilidade.
- **Seja transparente.** Uma reputação forte é resultado da transparência nas suas ações. Mantenha uma boa proximidade com as pessoas e invista continuamente no diálogo para esclarecer dúvidas e mal-entendidos.
- **Tenha um propósito de vida claro e valoroso.** Tenha clareza sobre como você pode colaborar com as pessoas, o bem que pode gerar no mundo e de que modo pode contribuir com a sociedade. Invista tempo e energia nesse propósito diariamente.
- **Use as redes sociais com responsabilidade.** Utilize esse recurso de modo responsável, para divulgar fatos positivos,

verdadeiros e úteis, que tenham valor para quem os acessa. Dessa maneira, você conseguirá se aproximar mais das pessoas de uma forma positiva e desejável.

A REPUTAÇÃO É UMA FLOR MUITO FRÁGIL

Como disse Warren Buffet: "Levam-se vinte anos para construir uma reputação e cinco minutos para arruiná-la". São necessárias inúmeras boas ações para construir uma boa reputação e pouquíssimos erros de conduta para destruí-la.

Uma empresa ou uma pessoa que levaram anos para construir uma boa reputação podem vê-la destruída em apenas alguns minutos, dependendo de suas atitudes. Nas redes sociais, em especial, como já dissemos, um erro ou uma polêmica aparentemente inofensiva podem adquirir grandes proporções e gerar muitos prejuízos para a sua imagem.

Não adianta construir uma boa reputação e depois abandoná-la sem os devidos cuidados. Ela vai morrer, pois é uma planta delicada que demanda cuidados constantes.

Também devemos assumir o compromisso de construir uma vida e uma carreira baseadas em valores verdadeiros. Nesse caso, o nosso sucesso será autêntico e a nossa reputação sempre nos precederá de maneira digna e louvável.

Por outro lado, uma reputação construída com foco apenas na busca por dinheiro e vantagens a qualquer custo estará assentada sobre um alicerce frágil. Nesses casos, o sucesso na verdade nem mesmo chega a existir.

Hoje a minha reputação como pessoa e como profissional é bastante clara e reconhecida: sou um empreendedor da educação e social, que cuida com enlevo da educação, procurando sempre promover o crescimento das pessoas. Sou um motivador e inspirador de pessoas para que elas lutem por seus sonhos e pelo que realmente tem valor.

Como empreendedor da educação e social, tenho muito prazer e orgulho em dizer que fundei um dos maiores grupos de educação superior do país, o Ser Educacional. Mas, para chegar a esse ponto, foram necessários muito esforço, dedicação, consistência, coerência e persistência. Tive uma vida pautada pela superação de inúmeras adversidades a fim de transformar os meus sonhos em realidade, sempre primando pelos melhores valores humanos.

Essa é a base da reputação que construí ao longo de muitos anos de trabalho honesto, ético e com grande dedicação às coisas que acredito fazerem uma diferença positiva no mundo e para as pessoas.

Para construir a sua reputação de maneira a deixar ao mundo a imagem que você deseja, comece perguntando a si mesmo:

- **Como eu quero que as pessoas me enxerguem?**
- **Qual é o legado que eu quero deixar ao mundo?**

As respostas a essas duas perguntas o ajudarão a definir o caminho que você trilhará rumo à construção de uma reputação da qual se orgulhe.

Para finalizar, quero que você reflita a respeito do que disse o empresário e escritor norte-americano Harvey Mackay: "Você não pode comprar uma boa reputação; você deve merecê-la".

Espero que você faça bom uso de tudo o que sabe agora sobre construir e manter a riqueza da reputação e empenhe-se em fazer por merecer uma boa imagem pessoal, que o faça sentir orgulho e satisfação.

8. A RIQUEZA FINANCEIRA

Se alguém declarar em alto e bom som algo como "Eu amo dinheiro! Eu adoro ser rico!" certamente causará espanto e até mesmo indignação em muita gente. As pessoas dirão que isso está errado, que o dinheiro não é tudo, que existem coisas mais importantes e uma série de coisas parecidas.

É até possível levar em consideração certas alegações preconceituosas sobre a riqueza material, mas não podemos negar a importância do dinheiro, da riqueza financeira na nossa vida, pois, como asseverou José Roberto Marques, "a vida é bela, o céu é azul, mas sem dinheiro a pessoa morre de fome". O dinheiro é ferramenta de construção. Da forma como nossa sociedade está organizada, quase nada se faz sem que haja dinheiro envolvido. Portanto, o dinheiro é, sim, fundamental. Precisamos deixar o preconceito e as falsas crenças de lado e considerar a importância das riquezas material e financeira em nossa vida.

Logo, fuja daquela crença limitante incutida na cabeça da maioria dos brasileiros de que "nasceu pobre, morre pobre", pois "se você nasceu pobre a culpa não é sua. Mas, se você morrer pobre, a culpa é sua" (Bill Gates), haja vista que "quem não vê grandes riquezas na imaginação, jamais as verá no bolso ou no extrato bancário". É que, "se você não escolheu a riqueza, a pobreza já te escolheu" (Marcos Trombetta).

Com efeito, é importante querer ser rico financeiramente, já que o dinheiro é um meio para adquirirmos e ampliarmos outros tipos de riqueza, pois, embora o dinheiro por si só não compre felicidade, "a pobreza também não compra coisa nenhuma" (AD), e, "apesar de ele não comprar felicidade, pode deixá-lo muito

PRECISAMOS DEIXAR O PRECONCEITO E AS FALSAS CRENÇAS DE LADO E CONSIDERAR A IMPORTÂNCIA DAS RIQUEZAS MATERIAL E FINANCEIRA EM NOSSA VIDA.

confortável enquanto você está infeliz". É pouco provável que alguém se sinta feliz se não tiver condição financeira de levar o pão de cada dia para casa, se faltar o dinheiro para alimentar seus filhos, se não tiver dinheiro para fazer um bom curso com a finalidade de adquirir conhecimento, se não tiver dinheiro para ir a um bom restaurante com um amigo com o objetivo de fazer networking etc. Nessa linha de raciocínio, segundo Oscar Wilde, "os jovens de hoje pensam que dinheiro é quase tudo". Para ele, os jovens estão certos, pois quando ficarem mais velhos terão a comprovação disso". Por outro lado, afirmou Albert Camus que "só um grande esnobismo espiritual faz com que as pessoas acreditem que podem ser felizes sem dinheiro".

Portanto, é preciso abandonar o preconceito contra as riquezas materiais e passar a alimentar seus sonhos de ter em sua vida coisas maravilhosas que dependam de dinheiro. É preciso aprender a gostar do dinheiro, admitir que gosta dele e que quer ter muito dinheiro na sua vida.

A questão aqui é muito simples e clara: ninguém consegue lutar por algo que odeia, abomina e quer ver longe. Portanto, se não amar o dinheiro, vai mantê-lo afastado de você e da realização dos seus sonhos.

Uma vez que isso esteja claro, é importante trabalhar bastante, preparar-se muito e empreender tudo o que for possível para conseguir conquistar seu dinheiro e formar sua riqueza material. Afinal, nada cai do céu... muito menos o dinheiro.

Saiba que viemos ao mundo para ser agentes de transformação do mundo, do nosso mundo, do mundo da nossa família e do mundo onde vivemos. E também para sermos agentes geradores e conquistadores de riquezas, inclusive a material ou financeira.

A pergunta que se impõe é: como gerar e conquistar riqueza financeira?

Thiago Nigro, criador do projeto "O primo rico", canal do YouTube, responde com muita lucidez. Para ele, riqueza financeira não se ganha, constrói-se ou se conquista. Ela não é um processo de curto prazo, mas contínuo, de longo prazo.

Para ele, não importa em que situação a pessoa esteja hoje, sua vida pode seguir três rumos: o da pobreza, o da mediocridade e o da riqueza.

O caminho da pobreza é o da prisão e da miséria, já que a pessoa é excluída da sociedade. Não tem dignidade. Suas escolhas são feitas por obrigação, não por espontânea vontade. A pessoa come onde e quando dá. Quase nunca viaja. E é muito difícil mudar de um lugar para outro.

O caminho da mediocridade é o da medianidade e do parcelamento. Até dá para comer bem, desde que seja uma vez por semana; para viajar, desde que se parcele as passagens e os hotéis; até dá para ler no ônibus no caminho para o trabalho. Até dá. Mas o "mas" sempre existe, e terminamos criando desculpas para aquilo que desistimos de fazer. O caminho da riqueza é o da liberdade. A pessoa pode fazer tudo que quiser, desde que dentro da legalidade, da moral e dos bons costumes. Pode viajar quando quiser e para onde quiser. Trabalhar por amor e prazer, e recusar-se a fazer aquilo de que não gosta sem dar satisfação. A pessoa pode doar se quiser, ganhar mais se quiser, parar se quiser. Sua satisfação é com ela mesma.

Segundo Thiago Nigro, a mente pobre se conforma. A mente medíocre se conforta. A mente rica se disciplina e não rima com as duas primeiras. Ele enfatiza que é no trabalho duro que se conquista, mas é na cabeça, na mente, ou seja, na programação mental onde começa e termina cada um desses caminhos, o da pobreza, o da mediocridade e o da riqueza.

Ampliando o quadro de considerações, é importante asseverar que a pessoa que lutou e conquistou riqueza financeira de forma honesta, ética e íntegra deve disso usufruir, pois "é loucura manifesta viver parcimoniosamente, ou seja, de forma regrada, para poder morrer rico" (Décimo Júnio Juvenal), já que caixão de defunto não tem gaveta. Entretanto, deve-se saber usufruir e usufruí-la com moderação e sem ostentação, pois, além de o dinheiro não "aguentar desaforo", "é igual cristal: quanto mais brilhoso, mais frágil" (Públio Siro).

Segundo essa perspectiva, querido amigo, é importante compreender bem que gostar do dinheiro, correr atrás da riqueza material, batalhar para ter bens e conforto não significa se tornar escravo do dinheiro. Ter sucesso financeiro não tem a ver com ganância e dependência do dinheiro. Edmund Burke, filósofo e escritor irlandês, escreveu: "Se comandarmos nossa riqueza, seremos ricos e livres; se nossa riqueza nos comandar, seremos realmente pobres".

Muitos empreendedores desgastam-se construindo seus impérios, sempre perseguindo mais e mais, nunca parando para apreciar o que já construíram. Eles trabalham tanto que se esquecem de viver e colher as recompensas de já ser bem-sucedidos. Essa é a maior das armadilhas. Quando construir um negócio se torna apenas um jogo de números e não se traduz em um estilo de vida melhor, não existe riqueza financeira. Existe, sim, escravidão bem remunerada.

A verdadeira riqueza material ou financeira não é egoísta nem opressora. A verdadeira riqueza significa liberdade, segurança e oportunidade para ajudar os outros. Significa ter folga financeira para fazer as coisas de que gosta e que o fazem se sentir verdadeiramente vivo.

A verdadeira riqueza material é poder cuidar da sua saúde e da saúde de sua família, desfrutar do contentamento de fazer coisas que só o dinheiro pode pagar, poder investir em seu crescimento pessoal, contribuir para o crescimento dos seus entes queridos, ajudar aqueles que necessitam e se dar ao luxo de ficar sem fazer nada de vez em quando, só para estar rodeado de pessoas que o inspiram e que você ama.

Uma forma bem simples e clara de definir a riqueza material nos é presenteada pelo empreendedor Francisco Colayco: "Riqueza financeira não significa necessariamente ter muitos milhões. Ser rico significa simplesmente ter os recursos financeiros para sustentar seu estilo de vida escolhido. Riqueza nada mais é do que ter dinheiro para financiar suas necessidades particulares em um determinado momento".

Finalmente, é preciso compreender e aceitar que a riqueza material ou financeira é um bem e uma bênção. Somente assim será possível desfrutar de todas as boas coisas que o dinheiro pode comprar. Certo autor desconhecido afirmou algo que dá a exata dimensão da importância do dinheiro como riqueza em nossa vida: "Ser rico é nunca mais deixar de fazer algo que desejo por falta de dinheiro; nem ter de fazer algo que não quero por causa do dinheiro". Eis aí uma ótima sugestão de reflexão.

VOCÊ É RICO?

Para concluir eu gostaria de trazer à baila duas belas histórias, ambas de autores desconhecidos mas conhecidas publicamente. A primeira fala do diálogo entre um milionário e um matuto.

Conta-se que o caboclo estava sentado tranquilamente à beira de um lago pescando, enquanto admirava toda beleza daquela região e respirava aquele ar incomparavelmente puro e com cheiro de mato molhado. Vez por outra era chacoalhado pelo puxão de um ou outro peixe que ficara preso no anzol. Um empresário milionário, que estava de passagem por aquelas bandas, parou ao lado dele e viu que era muito habilidoso com a pesca, de modo que já estava com vários peixes graúdos em sua sacola. Resolveu, por diversão, testar qual era a capacidade de iniciativa daquele homem simples. Cumprimentou-o e puxou conversa:

— Vejo que você é bom pescador. Já pensou em fazer disso uma profissão?

— Para quê? — perguntou o caboclo.

— Para ganhar dinheiro com a pesca! Eu poderia ser seu sócio, fornecer todo o equipamento necessário, entregar-lhe barcos equipados para pescar, redes e outros acessórios que fariam que pegasse muito mais peixes.

— Para quê? — o homem repetiu a pergunta.

— Assim poderíamos vender os peixes, voltar a investir o dinheiro e pescar ainda mais, industrializar o que pescássemos e fazer disso um negócio muito rentável.

— Para quê? — De novo a pergunta.

— Para que possamos ganhar muito dinheiro e ficar ricos.

— E o que eu poderia fazer quando ficasse rico?

— Bem... Quando você tiver sua empresa funcionando a pleno vapor, terá muito dinheiro e poderá tirar alguns dias de folga por ano para descansar, fazer o que lhe dê prazer.

— Mas o que eu gosto mesmo é de pescar!

— Então você poderia tirar alguns dias de férias para sentar tranquilamente à beira de um lago e pescar tranquilamente...

> Foi então que o empresário olhou à sua volta, viu onde estava e o que o caboclo estava fazendo. Sorriu, virou-se de costas e se retirou, sem dizer mais nada.

A segunda, o diálogo entre um pai de família rica e seu filho.

> Conta-se que[17] um determinado dia um pai de família rica decidiu ensinar ao filho como é bom ser rico. Para isso resolveu levar o garoto para viajar ao interior e mostrar como é difícil a vida de pessoas pobres. Eles passaram um dia e uma noite num pequeno sítio de uma família muito pobre. Quando retornaram, o pai perguntou ao filho como tinha sido a viagem.
> — Foi muito boa papai — respondeu o filho.
> — Você entendeu a diferença entre a riqueza e a pobreza?
> — Sim, exclamou o menino.
> — E o que você aprendeu? — perguntou o pai.
> O filho respondeu:
> — Eu vi que nós temos um cachorro em casa e eles têm quatro; nós temos uma piscina que alcança o meio do jardim, e eles têm um riacho que não tem fim; nós temos uma varanda coberta e iluminada, e eles têm uma floresta inteira.
> Ao final da resposta o pai ficou boquiaberto, sem reação, e o garotinho, abraçando fortemente seu pai completou:
> — Obrigado pai por me mostrar o quanto somos pobres.

Moral da história: tudo depende da maneira como a pessoa olha para as coisas, pois, como assinalou o autor e palestrante norte-americano Wayne Dyer, "quando mudamos a maneira de olhar as coisas, as coisas que olhamos mudam".

Depois de conhecermos essas histórias, se eu lhe perguntasse o que significa a "verdadeira riqueza", o que você diria?

Dinheiro, fama, prestígio, respeito, liberdade, poder, saúde? Certamente significa coisas diferentes para pessoas diferentes.

Eu diria que a verdadeira riqueza é uma composição de todas essas possibilidades que apresentamos e algumas outras mais... Riqueza é aquilo que nos faz sentir bem, que nos enche de satisfação e nos faz sentir realizados. Então tudo que contribui para satisfazer nossa vontade de crescer, estar melhor a cada dia e nos tornar mais felizes pode ser chamado de riqueza.

E nunca se esqueça de que a coisa mais importante que devemos deixar a nossos filhos e nossa família "é o que somos, e não o que temos" (Leo Buscaglia).[18]

ORAÇÃO DAS 12 CHAVES PARA CRIAÇÃO DE RIQUEZA

Hoje DECIDI MUDAR DE VIDA, e essa decisão veio do fundo do meu coração.

Alterei consideravelmente minha PROGRAMAÇÃO MENTAL. Hoje compreendo e percebo os padrões que tive, para deles tirar aprendizagens necessárias para me tornar o que eu quiser ser. Minha mente é controlada por mim, me observo, cuido da minha vida e dou aos outros o direito de ser quem são. Ajudo sempre que sou solicitado.

A minha competição é comigo mesmo e, por conta disso, sonho SONHOS GRANDIOSOS que se tornaram meus propósitos de vida.

Por meio de muita RESILIÊNCIA, adquiro CONHECIMENTO diuturnamente e o aplico, sempre MODELANDO grandes paradigmas de pessoas que escolhi para que eu melhore a cada dia, com o intuído de ser hoje melhor que ontem, amanhã melhor do que hoje e depois de amanhã, melhor do que amanhã, sendo sempre a minha melhor versão.

Meu TRABALHO é constante. Trabalho com a mente e com o coração e tenho muito amor, paixão e tesão em tudo que faço.

Como um eterno aprendiz, crio redes de relacionamento e NETWORKING de qualidade, com o objetivo de compartilhar projetos e propósitos, dividindo amor e conhecimento nas diversas relações que alimento diariamente.

Sigo minha jornada diária com muita inspiração e Fé na força celestial eterna, alimento mais sagrado, sempre com OTIMISTO e POSITIVIDADE, doutrinando meus sentimentos, pensamentos e ações, na oração e na vigília.

Uso minha CRIATIVIDADE e INOVAÇÃO para fazer diariamente o meu melhor com as ferramentas que tenho disponíveis, e a cada dia que passa, estudo, trabalho e batalho de forma árdua e extenuante para criar e inovar mais e mais, na vida, nos negócios, na sociedade e no mundo, pois, para mim não existem limites, somos seres ilimitados.

Uso o EMPREENDEDORISMO para empreender, primeiramente, em meu CPF e em minha vida, para depois, empreender em CNPJs e empresas, e com ele encontrar o caminho das riquezas da vida, inclusive a financeira. Amor ao próximo é a força motriz que me conduz, contribuição é meu combustível principal. Sim, sou merecedor de todas as riquezas e todos que me cercam são prósperos e felizes como eu.

Hoje, através de INVESTIMENTOS lícitos e calculados sustento meus sonhos de ser bem-sucedido na empreitada chamada VIDA.

AMÉM

Janguiê Diniz

MANTRA DA RIQUEZA

Eu sou um empreendedor, vencedor, poderoso, extraordinário, imparável, rico e bilionário de juventude, vitalidade, energia, força de vontade, ousadia, coragem, determinação, disciplina, dedicação, compromisso, foco, persistência, paciência, otimismo, positividade, autoconhecimento, motivação, autoconfiança, autoestima elevada, ideias, criatividade e inovação, dons, propósitos e valores, amor, amizades, humildade, gratidão, e, principalmente, de uma força espiritual extraordinária que consiste na iluminação divina. Eu sou um obstinado!

Posfácio

Dizem que o sucesso é para poucos. Eu, ao contrário, defendo – e sei que o amigo Janguiê Diniz, autor desta tão relevante obra, concorda comigo – que o sucesso é para os que o escolhem e trabalham por ele. É preciso determinação, foco, planejamento, mente aberta, inovação e, principalmente, dedicação. Quando você domina esses pontos, o sucesso é uma consequência. E, nesse rol, a riqueza financeira é um dos indicadores do sucesso.

Como você pôde notar ao longo da leitura deste livro, a liberdade financeira é uma das riquezas que podemos ter na vida, e é válido ressaltar: é apenas uma, e não necessariamente a mais importante. Há vários outros tipos de riqueza além da material, e todas eles estão, no fim das contas, interligados.

Atingir a liberdade financeira não é apenas enriquecer. Ora, pode-se ficar milionário apenas em um "golpe de sorte" ao ganhar um prêmio de loteria. No entanto, se o ganhador não souber lidar bem com o dinheiro, todo aquele montante se esvairá em pouco tempo. Conclusão: a riqueza financeira pode ser passageira; a liberdade financeira, no entanto, é mais concreta, posto que é construída ao longo do tempo e calcada sobre diversos pilares.

Como Janguiê bem explicita, ter liberdade financeira é poder fazer o que deseja ou não precisar fazer o que não deseja por causa do dinheiro. É um estado de "conforto" em que a condição financeira já não é uma preocupação constante, como quando o fim do mês chega e o saldo no banco já não cobre os gastos. Analisando o tema por esse prisma, vemos também que a liberdade financeira reverbera em outros pontos da vida. Ao alcançá-la, você tem a possibilidade de não mais se preocupar tanto com as contas e se dedicar, por exemplo, a empreender, a fortalecer seus laços afetivos com a família e com os amigos, enfim, a correr atrás de seus sonhos.

O empreendedorismo é, sem dúvida, um grande caminho para chegar à liberdade financeira, por isso é uma das doze chaves aqui citadas pelo Janguiê. A trajetória do autor é puramente empreendedora: desde os 8 anos Janguiê empreende. Desenvolveu-se e, hoje, é referência nacional no assunto. Também vejo como o empreendedorismo mudou a minha vida. A Polishop, que eu criei, hoje é reconhecida como uma grande rede baseada na inovação. Essa foi uma premissa que estabeleci para a empresa desde o seu início. Fomos ousados, determinados, disruptivos e dedicados em nosso propósito de criar e desenvolver produtos que realmente apresentassem características diferenciadas em relação à concorrência. Tudo isso é atitude empreendedora que leva ao sucesso e à liberdade financeira.

Nessa trajetória, todo empreendedor precisa "coletar" as chaves que vão abrir as portas para que ele se torne próspero e feliz. E não há outra forma de encontrar essas chaves a não ser pelo trabalho dedicado e zeloso, com planejamento, determinação e, principalmente, ação. Quem não corre atrás nunca vai conseguir. Já os que se esforçam de verdade, pelo contrário, atingem seus objetivos, não importa quanto tempo leve.

Além do empreendedorismo, podemos destacar outras chaves, como a decisão de mudar de vida. Quem tem um sonho precisa, antes de qualquer coisa, decidir verdadeiramente realizá-lo. É só a partir da internalização do desejo que o corpo e a mente compreendem o objetivo e unem-se em sintonia para alcançar aquele propósito. A resiliência também é uma chave relevante. Resiliência é a qualidade de conseguir suportar os reveses da vida e os obstáculos que se apresentam em seu caminho sem desanimar ou desistir, mas manter a cabeça erguida e seguir na caminhada.

Por fim, destaco a educação e o conhecimento. Ninguém consegue fazer nada sem saber o que está fazendo, certo? Então vemos que o conhecimento, obtido por meio da educação, é um dos principais instrumentos para alcançar o sucesso e a consequente liberdade financeira. Janguiê é um grande defensor da educação e sempre ressalta que o conhecimento é considerado instrumento de poder. Corroboro sua afirmação: quando falamos em conhecimento, falamos em preparo, em saber o que deverá ser feito antes de começar. Busquemos, sempre, o conhecimento, afinal ele é um dos bens mais preciosos que podemos ter na sociedade atual.

E ATENÇÃO para a chave mestra deste livro:

Ele não é apenas um livro de princípios da riqueza. Ele é um livro de ATIVIDADES.

O mundo está cheio de boas intenções, mas as verdadeiras riquezas nascem das AÇÕES!

A cada chave aprendida, busque uma porta para abri-la.

Cada porta que se abre traz consigo novas oportunidades e novos resultados.

Comece agora mesmo a seguir esse Mapa da Riqueza e desenvolva para sempre a sua inteligência financeira.

Esse patrimônio ninguém o tomará de você!

Por fim, amigo leitor, *O código secreto da riqueza* é uma obra de extrema relevância para qualquer pessoa que deseja se desenvolver e alcançar um patamar superior na vida. Se você chegou até aqui, espero que a leitura tenha sido mentalmente enriquecedora e inspiradora. Agora vem a melhor parte: pôr tudo isso em prática. Que as palavras de Janguiê aqui registradas reverberem em sua mente e sirvam de mola a impulsionar sua ação, com a consciência de que atingir a liberdade financeira não é apenas ganhar dinheiro, mas ter uma vida plena e próspera. Fica aqui o meu desejo de que você possa internalizar os conceitos expostos neste livro e aplicá-los em sua vida para também poder se declarar livre.

João Appolinário

Fundador e CEO da Polishop

Notas

MOVIMENTO OBSTINADOS

1 BUONOCORE, J. "A ignorância é a mãe de todos os males" François Rabelais. **O Segredo**, 16 jan. 2020. Disponível em: https://osegredo.com.br/a-ignorancia-e-a-mae-de-todos-os-males/. Acesso em: 25 jul. 2021.

2 IGNORÂNCIA. In: RÓNAI, P. **Dicionário universal Nova Fronteira de citações**. 3. ed. Rio de Janeiro: Nova Fronteira, 1985. p. 468.

INTRODUÇÃO

1 O NÚMERO 12: uma metáfora para a iluminação total. **WeMystic Brasil**. Disponível em: https://www.wemystic.com.br/o-numero-12-e-seus-significados-simbolicos/. Acesso em: 25 jul. 2021.

2 *Ibidem*.

3 NÚMERO 12: significados e influências na numerologia. **Os Núm3ros**. Disponível em: https://osnumeros.com/numero-12/. Acesso em: 26 jul. 2021.

CAPÍTULO 1

1 JUNQUEIRA, I. Dante Milano: o pensamento emocionado. **Revista Brasileira - Academia Brasileira de Letras**, ano II, n. 98, p. 31- 47, jan.-fev.-mar. 2019. Disponível em: https://www.academia.org.br/sites/default/files/publicacoes/arquivos/revista_brasileira_098_internet.pdf. Acesso em: 26 jul. 2021.

2 SHETTY, J. Os altos e baixos da vida. 28 jun. 2019. Vídeo (3min24s). Publicado pelo canal Eu só sei dizer que. Disponível em: https://www.youtube.com/watch?v=2se9H8Oym4c. Acesso em: 27 jul. 2021.

3 *Ibidem*.

4 *Ibidem*.

5 *Ibidem.*

6 SERPA, F. C. "Fantasma" de Einstein ainda cerca física. **Folha de S.Paulo**, 8 dez. 2007. Disponível em: https://www1.folha.uol.com.br/fsp/ciencia/fe0812200710.htm. Acesso em: 27 jul. 2021.

7 MONTEIRO, G. A tela mental e a visão interior: o que você vê quando fecha os olhos?. **WeMystic**. Disponível em: https://www.wemystic.com.br/tela-mental-visao-interior/. Acesso em: 27 jul. 2021.

8 MARSHALL, G C. **Pensador**. Disponível em: https://www.pensador.com/autor/george_c_marshall/. Acesso em: 27 jul. 2021.

9 NEIL, T. **Pensador**. Disponível em: https://www.pensador.com/frase/MTg2OTMwNg/. Acesso em: 27 jul. 2021.

10 GANDHI, M. **O Explorador**. Disponível em: https://www.oexplorador.com.br/tags/mahatma-gandhi/. Acesso em: 27 jul. 2021.

11 SHAW, G. B. **Citações e Frases Famosas**. Disponível em: https://citacoes.in/pesquisa/?h=george+bernard+shaw. Acesso em: 27 jul. 2021.

12 KLINK, A. **Linha D'Água**: Entre estaleiros e homens do mar. São Paulo: Companhia das Letras, 2006.

13 PENSADOR. Disponível em: https://www.pensador.com/frase/MjA0MzE5Ng/. Acesso em: 27 jul. 2021.

14 MACEDO, B. Tempos difíceis fazem os fortes. **Universal**, 23 mar. 2019. Disponível em: https://www.universal.org/bispo-macedo/post/tempos-dificeis-fazem-os-fortes/. Acesso em: 27 jul. 2021.

15 SHERMAN, J. R. Rejection, 1982. In: **Pensador**. Disponível em: https://www.pensador.com/frase/MTgyMDk/. Acesso em: 27 jul. 2021.

16 PALAVRA. In: RÓNAI, P. *Op. cit.*, p. 723.

17 PEREIRA, S. **Atenção: o maior ativo do mundo**: o caminho mais efetivo para ser conhecido, gerar valor para seu público. São Paulo: Gente, 2018.

18 BUFFETT, W. **Citador.pt**. Disponível em: https://www.citador.pt/frases/a-preparacao-e-tudo-noe-nao-comecou-a-construir-warren-buffett-25502. Acesso em: 29 jul. 2021.

19 TSÉ, L. **Citações e Frases Famosas**, 18 jan. 2019. Disponível em: https://citacoes.in/citacoes/604461-lao-tse-conhecer-os-outros-e-inteligencia-conhecer-se-a-s/. Acesso em: 29 jul. 2021.

20 ROCHA, A. L. Sinais da modernidade pela ótica da literatura feminina. **Revista Garrafa**, vol. 17., n. 50, out.-dez. 2019, p. 17. Disponível em: https://revistas.ufrj.br/index.php/garrafa/article/view/30938. Acesso em: 31 jul. 2021.

21 HESSE, H. **Frases e Versos**. Disponível em: https://www.fraseseversos.com/autores/herman-hesse/voce-ja-sabe-onde-se-oculta-esse-outro-mundo-ja-sabe-que-esse-outro-mundo-que-busca-e-a-sua/. Acesso em: 29 jul. 2021.

22 Processo Hoffman da Quadrinidade

23 VOCÊ É O SELO INDELÉVEL DE DEUS. 24 maio 2020. Vídeo (2min37). Publicado pelo canal O Chamado das Estrelas. Disponível em: https://www.youtube.com/watch?v=2E4QQbZ9WO8. Acesso em: 29 jul. 2021.

24 ABDALLAH, A. A zona de conforto é realmente confortável? **Forbes**, 1 jun. 2021. Disponível em: https://forbes.com.br/forbes-collab/2021/06/ariane-abdallah-a-zona-de-conforto-e-real mente-confortavel/. Acesso em: 31 jul. 2021.

25 EKER, T. H. **Os segredos da mente milionária**: aprenda a enriquecer mudando seus conceitos sobre o dinheiro e adotando os hábitos das pessoas bem-sucedidas. Rio de Janeiro: Sextante, 1992.

26 VILLAR, S. Conselhos de Buda para tempos difíceis. **O Imparcial digital**, 17 maio 2020. Disponível em: https://www.imparcial.com.br/noticias/conselhos-de-buda-para-tempos-dificeis,34968. Acesso em: 30 jul. 2021.

27 PEALE, N. V. **Pensador**. Disponível em: https://www.pensador.com/frase/ODExNjE4/. Acesso em: 30 jul. 2021.

28 60 FRASES motivacionais para levar você mais longe. **PE&GN**, 7 abr. 2016. Disponível em: https://revistapegn.globo.com/Noticias/noticia/2014/08/60-frases-motivacionais-para-levar-voce-mais-longe.html. Acesso em: 30 jul. 2021.

29 GODOY, G. Saudação à primavera – Cecília Meireles. **Blog Gilberto Godoy**, 25 set. 2020. Disponível em: https://www.gilbertogodoy.com.br/ler-post/saudacao-a-primavera---cecilia-meireles. Acesso em: 30 jul. 2021.

CAPÍTULO 2

1 DWECK, C. S. **Mindset**: a nova psicologia do sucesso. Rio de Janeiro: Objetiva, 2017.

2 HILL, N. Mais esperto que o diabo. *In*: **Praticando Livros**. Disponível em: https://www.praticandolivros.com.br/resumos/frases-mais-esperto-que-o-diabo/. Acesso em: 31 jul. 2021.

3 Adaptado de FLETCHER, L. A árvore dos desejos: a parábola que nos mostra como sabotamos nossas vidas. **O Segredo**, 11 set. 2018. Disponível em: https://osegredo.com.br/a-arvore-dos-desejos-a-parabola-que-nos-mostra-como-sabotamos-nossas-vidas/. Acesso em: 1 out. 2021.

CAPÍTULO 3

1 WARREN, R. Uma vida com propósitos. In: **Frases Cristãs**, 10 maio 2012. Disponível em: https://frasescristas.wordpress.com/2012/05/10/frases-de-rick-warren/. Acesso em: 31 jul. 2021.

2 PIOVESAN, F. **Passei Direto**. Disponível em: https://www.passeidireto.com/arquivo/79496901/flavia-piovesan-constitucional/9. Acesso em: 31 jul. 2021.

3 LEVY, G. 6 lições inspiradoras de Jorge Paulo Lemann. **Endeavor**, 23 fev. 2015. Disponível em: https://endeavor.org.br/historia-de-empreendedores/grandes-lideres/licoes-inspiradoras-jorge-paulo-lemann/. Acesso em: 31 jul. 2021.

4 COLETÂNEA de frases. **SBC – Sociedade Brasileira de Canonistas**, 12 mar. 2012. Disponível em: https://www.infosbc.org.br/site/artigos/1381-coletanea-de-frases. Acesso em: 31 jul. 2021.

5 EMERSON, R. W. **Citações e Frases Famosas**, 29 jun. 2021. Disponível em: https://citacoes.in/citacoes/566695-ralph-waldo-emerson-o-medo-derrota-mais-pessoas-que-qualquer-outra-coi/. Acesso em: 31 jul. 2021.

6 SÊNECA: "O homem que sofre antes de ser necessário sofre mais que o necessário". **Superinteressante**, 7 ago. 2019. Disponível em: https://super.abril.com.br/ideias/o-homem-que-sofre-antes-de-ser-necessario-sofre-mais-que-o-necessario-seneca/. Acesso em: 31 jul. 2021.

7 EMERSON, R. W. **Pensador**. Disponível em: https://www.pensador.com/frase/MTA2ODA1Mg/. Acesso em: 31 jul. 2021.

8 BROWN Jr., H. **Pensador**. Disponível em: https://www.pensador.com/frase/MTU4NDM/. Acesso em: 31 jul. 2021.

9 RUBERT, H. A. Antigos ditados chineses. **CNBB Sul/3**, 15 jun. 2019. Disponível em: https://cnbbsul3.org.br/antigos-ditados-chineses/. Acesso em: 31 jul. 2021.

10 CONFÚCIO. **Citador**. Disponível em: https://www.citador.pt/frases/coisa-feita-com-pressa-e-coisa-mal-feita-confucio-13219. Acesso em: 31 jul. 2021.

11 PY, L. A. Quem não se ama não pode amar o outro. Cuide de sua autoestima. **Caras**, 7 dez. 2010. Disponível em: https://caras.uol.com.br/arquivo/amor-por-luiz-alberto-py.phtml. Acesso em: 31 jul. 2021.

12 ROBBINS, T. 101 melhores citações de Tony Robbins sobre vida, medos, metas e sucesso. **Economia e Negócios**. Disponível em: https://economiaenegocios.com/101-melhores-citacoes-de-tony-robbins-sobre-vida-medos-metas-e-sucesso/. Acesso em: 31 jul. 2021.

13 CAMERON, J. **Pensador**. Disponível em: https://www.pensador.com/frase/MTY2NTE5Mw/. Acesso em: 31 jul. 2021.

14 FRANKLIN, B. **Escritas.org**. Disponível em: https://www.escritas.org/pt/t/14402/aquele-que-persegue-duas-lebres. Acesso em: 31 jul. 2021.

CAPÍTULO 4

1 Ainda não publicado.

2 GREITENS, E. Como ser resiliente em tempos de crise. **Ichi.pro**. Disponível em: https://ichi.pro/pt/como-ser-resiliente-em-tempos-de-crise-273016541389135. Acesso em: 1 ago. 2021.

3 MARQUES, J. R. O que é resiliência?. **IBC Coaching**, 18 maio 2020. Disponível em: https://www.ibccoaching.com.br/portal/artigos/o-que-e-resiliencia/. Acesso em: 1 ago. 2021.

4 LI, C. **Liderança aberta**: como as mídias sociais transformam o modo de liderarmos. São Paulo: Évora, 2010.

5 10 FRASES de Nelson Mandela, um dos maiores líderes da história. **Exame**, 18 jul. 2018. Disponível em: https://exame.com/mundo/10-frases-marcantes-de-nelson-mandela-um-dos-maiores-lideres-da-historia/. Acesso em: 1 ago. 2021.

6 LAZZARINI, G. Valor da gratidão. **Folha do ABC**, 7 maio 2021. Disponível em: http://www.folhadoabc.com.br/index.php/guilherme-lazzarini/item/18830-valor-da-gratidao. Acesso em: 1 ago. 2021.

7 KETTERING, C. **Wikiquote**, 10 ago. 2015. Disponível em: https://pt.wikiquote.org/wiki/Charles_Kettering. Acesso em: 1 ago. 2021.

8 AS 20 MELHORES frases de Steve Jobs. **Época Negócios online**, 8 set. 2015. Disponível em: https://epocanegocios.globo.com/Inspiracao/Vida/noticia/2015/09/20-melhores-frases-de-steve-jobs.html. Acesso em: 1 ago. 2018.

9 SOUZA, F. Elogios e críticas: o aumento e a diminuição do comportamento. **Psicologia MSN.** Disponível em: https://www.psicologiamsn.com/2015/07/elogios-e-criticas-o-aumento-e-a-diminuicao-do-comportamento.html. Acesso em: 1 ago. 2021.

10 O ERRO do professor. **Arauto FM**, 14 fev. 2020. Disponível em: https://www.arautofm.com.br/Blog/mensagem-do-dia/174030/o-erro-do-professor. Acesso em: 1 out. 2021.

11 A FÁBULA do burro: seja um vencedor! **Vereador Ronilço Guerreiro**, 4 ago. 2019. Disponível em: https://www.souguerreiro.com.br/a-fabula-do-burro/. Acesso em: 1 out. 2021.

12 5 MELHORES frases para lembrar nos piores dias. **EBVendas,** 15 jul. 2015. Disponível em: http://ebvendas.com.br/atitude/5-melhores-frases-para-lembrar-nos-piores-dias/. Acesso em: 1 ago. 2021.

13 MARQUES, J. R. Compassivo – O que podemos aprender com esse comportamento?. **JRM Coaching**. Disponível em: https://www.jrmcoaching.com.br/blog/compassivo-o-que-podemos-aprender-com-esse-comportamento/. Acesso em: 1 ago. 2021.

14 BARBOSA, J. Propaganda tailandesa já emocionou mais de 2 milhões de pessoas ao ressaltar o poder da gentileza. **Hypeness**, 8 abr. 2014. Disponível em: https://www.hypeness.com.br/2014/04/propaganda-tailandesa-ja-emocionou-mais-de-2-milhoes-de-pessoas-ao-ressaltar-o-poder-da-gentileza/. Acesso em: 20 set. 2021.

15 RODRIGO, T. Ubuntu. **Erresenha**, 29 maio 2016. Disponível em: http://erresenha.blogspot.com/2016/05/ubuntu-por-thiago-rodrigo.html. Acesso em: 1 ago. 2021.

16 MARQUES, J. R. O que é resiliência? **IBC Coaching**, 18 maio 2020. Disponível em: https://www.ibccoaching.com.br/portal/artigos/o-que-e-resiliencia/. Acesso em: 1 ago. 2021.

17 ASSIS, P. Como utilizar as virtudes para desenvolver a minha resiliência? **Sobrare**. Disponível em: http://sobrare.com.br/virtudes-para-desenvolver-resiliencia/. Acesso em: 20 abr. 2020.

18 QUEM dobrou seu paraquedas hoje? **Contando Histórias**. Disponível em: https://www.contandohistorias.com.br/historias/2006215.php. Acesso em: 1 ago. 2021.

CAPÍTULO 5

1 OSHIMA, F. Y. Claudio Naranjo: "A educação atual produz zumbis". **Época**, 31 maio 2015. Disponível em: https://epoca.oglobo.globo.com/ideias/noticia/2015/05/claudio-naranjo-educacao-atual-produz-zumbis.html. Acesso em: 7 out. 2021.

2 DANTON, G. J. **Citações e Frases Famosas**, 29 jan. 2021. Disponível em: https://citacoes.in/citacoes/2001573-georges-jacques-danton-depois-do-pao-a-educacao-e-a-primeira-necessidade/. Acesso em: 1 ago. 2021.

3 CAVALCANTE, A. Quem abre uma escola fecha uma prisão. **O Povo**. Disponível em: https://www.opovo.com.br/jornal/opiniao/2019/02/30753-quem-abre-uma-escola-fecha-uma-prisao.html. Acesso em: 1 ago. 2021.

4 FREIRE, P. **Pedagogia da autonomia**. 58. ed. Rio de Janeiro: Paz & Terra, 1997.

5 SÓCRATES: "Só sei que nada sei." **Superinteressante**, 31 jul. 2019. Disponível em: https://super.abril.com.br/ideias/so-sei-que-nada-sei-socrates/. Acesso em: 2 ago. 2021.

6 BORGES, J. L. **Borges oral & sete noites**. São Paulo: Companhia das Letras, 2011.

7 ROSA, C. Saber e não colocar em prática é o mesmo que não saber. **Catho**, 5 fev. 2013. Disponível em: https://www.catho.com.br/carreira-sucesso/carreira/carlos-rosa/saber-e-nao-colocar-em-pratica-e-o-mesmo-que-nao-saber/. Acesso em: 2 ago. 2021.

8 GUIMARÃES, J. F. da C. O guarda-livros "Fernando Pessoa". **Revista Electrónica "INFOCONTAB"**, n. 12, 12 set. 2006. Disponível em: docplayer.com.br/24623055-O-guarda-livros-fernando-pessoa.html. Acesso em: 2 ago. 2021.

CAPÍTULO 6

1 SANTOS, R. Sobre os ombros dos gigantes. **Brasil de Fato**, 31 out. 2017. Disponível em: https://www.brasildefatomg.com.br/2017/10/31/coluna-or-sobre-os-ombros-dos-gigantes. Acesso em: 2 ago. 2021.

2 ROBBINS, T. **Poder sem limites**: a nova ciência do sucesso pessoal. Rio de Janeiro: BestSeller, 2017.

3 COMO DOMINEI a arte da aprovação em concursos públicos. **Sou Concurseiro**. Disponível em: https://souconcurseiroevoupassar.blog/2019/01/14/como-dominei-a-arte-da-aprovacao-em-concursos-publicos/. Acesso em: 3 ago. 2021.

4 ROBBINS, T. *Op. cit.*

5 MELO-DIAS, C.; SILVA, Carlos F. Teoria da aprendizagem social de Bandura na formação de habilidades de conversação. **Psicologia, Saúde & Doenças**. Lisboa, 2019, p. 101-113. Disponível em: https://pdfs.semanticscholar.org/6c6b/b3d825648cf83dcadfdeaea359f7b8718985.pdf. Acesso em: 3 ago. 2021.

CAPÍTULO 7

1 FLETCHER, L. 14 citações de Chanakya que falam sobre a importância da verdade na vida! **O Segredo**, 20 dez. 2007. Disponível em: https://osegredo.com.br/14-citacoes-de-chanakya-que-falam-sobre-importancia-da-verdade-na-vida/. Acesso em: 3 ago. 2021.

2 JOKURA, T. Escute as melhores frases de Stephen Hawking. **Superinteressante**, 14 mar. 2018. Disponível em: https://super.abril.com.br/ciencia/escute-as-melhores-frases-de-stephen-hawking-na-voz-do-proprio/. Acesso em: 3 ago. 2021.

3 KING, S. **Frases e Versos**. Disponível em: https://www.fraseseversos.com/autores/stephen-king/amadores-se-sentam-e-esperam-pela-inspiracao-o-resto-de-nos-apenas-se-levanta-e-vai-trabalhar/. Acesso em: 3 ago. 2021.

4 BUSINESS Press Blog. 5 jul. 2010. Disponível em: https://businesspressblog.wordpress.com/2010/07/05/para-descontrair/. Acesso em: 23 set. 2021.

5 CHURCHILL, W. **O Explorador**, 16 ago. 2012. Disponível em: http://www.oexplorador.com.br/as-pessoas-afortunadas-do-mundo-as-unicas-pessoas-realmente-afortunadas-winston-churchill/. Acesso em: 3 ago. 2021.

6 FRASES de Miguel de Unamuno. **Mundifrases.com**, 1 out. 2014. Disponível em: https://www.mundifrases.com/frases-de/miguel-de-unamuno/. Acesso em: 4 ago. 2021.

7 COMO obter o controle do seu tempo e da sua vida. **Ichi.pro**. Disponível em: https://ichi.pro/pt/como-obter-o-controle-do-seu-tempo-e-da-sua-vida-255940189099184. Acesso em: 4 ago. 2021.

8 SCHNAIDMAN, M. Ciclos – Nos negócios, assim como na vida, é preciso preparar-se bem para aproveitá-los. **Empreenda Êxito**, 5 jul. 2020. Disponível em: https://empreendaexito.ig.com.br/2020-07-05/e-preciso-se-preparar-bem-para-aproveitar-os-ciclos.html. Acesso em: 4 ago. 2021.

CAPÍTULO 8

1 25 FRASES de Dale Carnegie mais conhecidas. **Dale Carnegie**, 2 out. 2018. Disponível em: https://portaldalecarnegie.com/25-frases-de-dale-carnegie-mais-conhecidas/. Acesso em: 4 ago. 2021.

2 ESQUÁRCIO, F. Métodos de vendas diferentes para pessoas diferentes. **Edeal Group**, 30 nov. 2020. Disponível em: https://edeal.com.br/vendas-metodos-de-vendas-diferentes-para-pessoas-diferentes/ Acesso em: 4 ago. 2021.

3 80 CITAÇÕES de marketing gloriosas para capacitar e inspirar você. **Affde**, 20 jun. 2021. Disponível em: https://www.affde.com/pt/marketing-quotes-1.html. Acesso em: 4 ago. 2021.

4 ZIGLAR, Z. **Pensador**. Disponível em: https://www.pensador.com/frase/NzcxNjMz/. Acesso em: 4 ago. 2021.

5 FERRAZZI, K.; RAZ, T. **Nunca almoce sozinho**. Coimbra: Actual, 2018.

6 CHOPRA, D. **As sete leis espirituais do sucesso**. 83. ed. Rio de Janeiro: BestSeller, 2019.

7 CITAÇÕES E FRASES FAMOSAS, 22 maio 2020. Disponível em: https://citacoes.in/citacoes/571055-rudyard-kipling-as-palavras-sào-e-claro-a-mais-poderosa-droga-ut/. Acesso em: 4 ago. 2021.

8 NORONHA, J. R. Networking é a arte de ser interessante sem ser interesseiro. **José Ricardo Noronha**, 24 maio 2018. Disponível em: https://josericardonoronha.com.br/networking-interessante-interesseiro/. Acesso em: 4 ago. 2021.

9 FRASES E VERSOS. Disponível em: https://www.fraseseversos.com/autores/george-bernard-shaw/se-voce-tem-uma-maca-e-eu-tenho-outra-e-nos-trocamos-as-macas-entao-cada-um-tera-sua/. Acesso em: 4 ago. 2021.

10 AS MELHORES FRASES. Disponível em: https://www.asmelhoresfrases.com.br/7490/henry-adams/. Acesso em: 5 ago. 2021.

CAPÍTULO 9

1 ESCRITAS.ORG. Disponível em: https://www.escritas.org/pt/t/27129/raramente-pensamos-no-que-temos. Acesso em: 5 ago. 2021.

2 MUNDO FRASES. Disponível em: http://www.mundofrases.com.br/frase/o-otimismo-e-a-fe-que-leva-a-realizacao-nada-pode-ser-feito-se. Acesso em: 5 ago. 2021.

3 ZIGLAR, Z. **Além do topo**: o sucesso e sua felicidade não tem limites. Rio de Janeiro: Thomas Nelson Brasil, 2011.

4 *Ibidem.*

CAPÍTULO 10

1 PIMENTA, M. Do mundo VUCA para o mundo BANI. **Revista EBS**, 3 nov. 2020. Disponível em: https://www.revistaebs.com.br/artigos/do-mundo-vuca-para-o-mundo-bani/. Acesso em: 5 ago. 2021.

2 GERBER, M. E. **O mito do empreendedor**. Curitiba: Fundamento, 2011.

3 OSHIMA, F. Y. Claudio Naranjo: "A educação atual produz zumbis". **Época**, 31 maio 2015.

4 PATO ou águia?. Disponível em: https://silmoreli.blogspot.com. Acesso em: 23 set. 2021.

CAPÍTULO 11

1 10 FRASES inspiradoras para quem pretende mudar de rumo e empreender. **Rumo**, 22 fev. 2017. Disponível em: http://www.rumomarketing.com.br/blog/10-frases-inspiradoras-para-quem-pretende-mudar-de-rumo-e-abrir-o-proprio-negocio/. Acesso em: 6 ago. 2021.

2 PENSADOR. Disponível em: https://www.pensador.com/frase/MTU2NDU/. Acesso em: 6 ago. 2021.

3 15 FRASES de Jeff Bezos, o gênio e pai da Amazon. **Em Alta**, 22 jul. 2020. Disponível em: https://emalta.com.br/15-frases-de-jeff-bezos/. Acesso em: 6 ago. 2021.

4 CITAÇÕES E FRASES FAMOSAS. Disponível em: citacoes.in/citacoes/566926-warren-g-bennis-bons-lideres-fazem-as-pessoas-sentir-que-elas-esta/. Acesso em: 6 ago. 2021.

5 LEONARDO BOFF: qual a melhor religião? **Pensador**. Disponível em: https://www.pensador.com/frase/MjA1OTAyMw/. Acesso em: 6 ago. 2021.

CAPÍTULO 12

1 ISAACSON, W. **Steve Jobs**. São Paulo: Companhia das Letras, 2011.

CAPÍTULO 13

1 Revista Leia de 7 dez. 2013. E no Jornal do Empreendedor de 5 set. 2011 (tradução da entrevista que ele deu à Playboy em 1985).

2 AS 70 FRASES mais famosas de Hipócrates. **NSP-IE**. Disponível em: https://pt.nsp-ie.org/frases-hipocrates-4727#menu-22. Acesso em: 6 ago. 2021.

3 ROBINS, A. Nível de energia. **Mensagens com amor**. Disponível em: https://www.mensagenscomamor.com/mensagem/15014. Acesso em: 5 abr. 2021.

4 MARQUES, J. R. As 7 Riquezas – Riqueza de Relacionamentos/Familiar. **JRM Coaching**. Disponível em: https://www.jrmcoaching.com.br/blog/as-7-riquezas-relacionamentos-familiar/. Acesso em: 6 ago. 2021.

5 91 FRASES de famílias unidas e felizes. **Thpanorama**. Disponível em: https://pt.thpanorama.com/blog/superacion-personal/91-frases-de-familia-unida-y-feliz.html. Acesso em: 6 ago. 2021.

6 PENSADOR. Disponível em: https://www.pensador.com/frase/NTU3NTIz/. Acesso em: 7 ago. 2021.

7 RECINELLA, R. O que difere a sabedoria de conhecimento? **Administradores.com**, 7 mar. 2008. Disponível em: https://administradores.com.br/artigos/o-que-difere-a-sabedoria-de-conhecimento. Acesso em: 7 ago. 2021.

8 CITADO em Diogenes Laercio. **Vidas dos Filósofos Ilustres**. Aristóteles. Lisboa: Omega, 2002.

9 CAMPAGNARO, R. Investir em conhecimento rende sempre os melhores juros. **Fiis.com.br** [s.d]. Disponível em: https://fiis.com.br/artigos/investir-em-conhecimento-rende-sempre-os-melhores-juros/. Acesso em: 4 abr. 2021.

10 *Ibidem.*

11 *Ibidem.*

12 FRASES e VERSOS. Disponível em: https://www.fraseseversos.com/autores/margaret-fuller/se-voce-tem-conhecimento-deixe-os-outros-acenderem-suas-velas-nele/. Acesso em: 7 ago. 2021.

13 *Ibidem.*

14 DOSTOIÉVSKI, F. **Os Irmãos Karamázov.** São Paulo: Editora 34, 2008.

15 SILVA, L. Relacionamentos fazem parte da evolução. **Evoluir Espiritual**, 13 jan. 2021. Disponível em: https://evoluirespiritual.com.br/nossa-evolucao/relaciona mentos-fazem-parte-da-evolucao/. Acesso em: 7 ago. 2021.

16 NIN, A. **O Diário de Anaïs Nin**. Rio de Janeiro: Bertrand, 1983.

17 HISTÓRIAS para reflexão. **Refletir para refletir**, 30 out. 2015. Disponível em: https://www.refletirpararefletir.com.br/historias-para-reflexao. Acesso em: 23 set. 2021.

18 **Pensador**. Disponível em: https://www.pensador.com/frase/NzkxODI2/. Acesso em: 3 ago. 2021.

Sobre o autor

Janguiê Diniz, o engenheiro da educação e do empreendedorismo no Brasil

Em 21 de março de 1964 nasce, em Santana dos Garrotes, pequena cidade do sertão da Paraíba, Janguiê Diniz. Um retirante. Quando ele tinha 5 anos, seus pais, fugindo da seca, se mudam para Mato Grosso do Sul e, posteriormente, para Rondônia. É a natureza local inquietando os seus. Aos 14 anos, já há um propósito em seus passos: seguir a carreira jurídica. Dessa vez, são seus próprios pés que trilham mais uma estrada, rumo a Pernambuco.

Dentro de si, ebulições oníricas. Em breve, frequentará a Faculdade de Direito do Recife da UFPE, onde iniciará sua formação tão desejada. Dedicando-se aos estudos, torna-se bacharel em Direito pela UFPE e, reconhecendo a necessidade de se tornar íntimo da palavra, conclui também o curso de Letras na Universidade Católica de Pernambuco (Unicap). Na Aliança Francesa, termina o curso de francês e, na Cultura Inglesa, em parceria com a Universidade de Cambridge, Inglaterra, o de inglês. Na Escola Superior da Magistratura de Pernambuco faz a pós-graduação e se prepara para a magistratura. Vencendo o tempo, participa de vários congressos nacionais e internacionais de Ciências Jurídicas. Atraído pela carreira diplomática, presta concurso em 1986, vindo depois a desistir ao descobrir que a diplomacia não retratava suas aspirações. Trata-se de um homem em emersões e imersões. Aprendeu com Jean-Paul Sartre que a idade da razão é não entravar a própria liberdade. Em contínua formação, em 1992, torna-se juiz federal do trabalho do TRT da 6ª Região; de dezembro de 1993 a setembro de 2013, é procurador regional do Ministério Público do Trabalho em Pernambuco. Não se distancia de sua formação acadêmica. Especializa-se em Direito do Trabalho pela Unicap e, em seguida, em Direito Coletivo pela Organização Internacional do Trabalho (OIT) em Turim, na Itália. Conclui o mestrado e o doutorado em Direito Processual do Trabalho pela UFPE. Pernambuco o agraciará com os títulos de cidadão recifense, pela Câmara Municipal do Recife, e cidadão pernambucano, pela Assembleia Legislativa de Pernambuco. Seguiram-se a esses títulos de outras cidades e estados. Depois de anos como professor efetivo da cadeira de Processo Civil e Trabalhista da Faculdade de Direito do Recife da UFPE, exonerado a pedido, e do Centro

Universitário Maurício de Nassau (Uninassau), alça mais um voo alto, nobre e lúcido: edificar a própria instituição de ensino superior. Suas mãos agora estão voltadas ao empreendedorismo. E, estando sólido em suas imersões, emerge em Pernambuco a Faculdade Maurício de Nassau, embrião do grupo Ser Educacional. É a natureza do homem contribuindo expressivamente para o desenvolvimento coletivo. Sua capacidade de intervir no coletivo constrói alicerces fortes e estáveis para o desenvolvimento de Pernambuco e para a ascensão do Brasil. Com a pena sempre às mãos, escreve. Decanta em páginas o conhecimento adquirido e o pragmático. Aprendeu com Camões, em *Os lusíadas*, que o conhecimento não se adquire apenas sonhando, imaginando e estudando, mas vendo, tratando e pelejando. E, assim, utiliza-se de suas substanciosas lições para assentar em páginas sua visão de mundo. É autor de diversos livros jurídicos, de educação e empreendedorismo: *Os recursos no processo trabalhista; Ação rescisória dos julgados; Ministério Público do Trabalho: ação civil pública, ação anulatória, ação de cumprimento; Sentença trabalhista; Temas de processo trabalhista; O Direito e justiça do trabalho diante da globalização; Manual para pagamento de dívida com títulos da dívida pública; A atuação do Ministério Público do Trabalho como árbitro; Educação superior no Brasil; Educação na Era Lula; O Brasil e o mundo sob o olhar de um brasileiro; Política e economia na contemporaneidade; Discursos em palavras e pergaminhos; Transformando sonhos em realidade: a trajetória do ex-engraxate que chegou à lista da* Forbes; *O Brasil da política e da politicagem: desafios e perspectivas; Falta de educação gera corrupção; Fábrica de vencedores: aprendendo a ser um gigante; O sucesso é para todos: manual do livro Fábrica de vencedores; A arte de empreender: manual do empreendedor e do gestor das empresas de sucesso; Axiomas da prosperidade; Inovação em uma sociedade disruptiva; Vem Ser S/A: lições de empreendedores de sucesso,* vol. I e II, além de ter centenas de artigos publicados nas mais destacadas revistas jurídicas nacionais e em jornais de grande circulação. Eis a polifonia em única voz e em páginas. Também se revelou poeta com a obra *Desvelo – Poemas*. É a expressão catártica que também transpira em si, escorrendo pela pena, instrumento nunca em repouso em sua mesa de trabalho. Janguiê Diniz é um condor, pássaro de voo exponencial. Jovem estudioso e dedicado, empreendedor vitorioso, não apenas por edificar instituições, mas, sobretudo, por proporcionar edificações aos que integram nossa sociedade e por garantir desenvolvimento diretamente ao Brasil. Sua plataforma se apoia em pilastras como o conhecimento denso, a maturidade em ser coenunciador da cultura com a qual convive e a capacidade de empreender obras voltadas à coletividade. Aprendeu bem com o poeta Carlos Drummond de Andrade que deve usar as duas mãos, mas com o sentimento do mundo. Esse sentimento o fez fundar o Bureau Jurídico – Complexo Educacional de Ensino e Pesquisa. Fundador e acionista controlador do grupo Ser Educacional, hoje um dos maiores do país, com cerca de 320 mil alunos, 12 mil colaboradores, mantenedor do Centro Universitário Maurício de Nassau (Uninassau), Centro Universitário Joaquim Nabuco (Uninabuco), Universidade do Amazonas (Unama), Universidade de Guarulhos (UNG), Centro Universitário Universus Veritas (Univeritas), Centro Universitário do Norte (Uninorte), Unifacimed, Unesc, Unijuazeiro, entre outras instituições que se têm destacado por promover um ensino superior de qualidade e que, indiscutivelmente, fazem parte da história dos cidadãos nordestinos e de todo o Brasil.

Homem de muitos sonhos impossíveis, pois, como ele próprio diz, "só o impossível é digno de ser sonhado", já que o "possível se colhe facilmente no solo fértil de cada dia", fundou, em Santana dos Garrotes, sua cidade natal, na Paraíba, o Instituto Janguiê Diniz, que concede anualmente, para os jovens daquela cidade, centenas de bolsas de estudos para dezenas de cursos em suas universidades, visando formar todos aqueles que, assim como ele, têm o sonho de mudar sua vida, história e destino com a consciência de que só a educação e o empreendedorismo podem fazer isso. Empreendedor nato e visionário, criou, juntamente com outros grandes empreendedores, o Instituto Êxito de Empreendedorismo, um projeto coletivo no qual milhares de empreendedores almejam ajudar milhões de pessoas por meio de uma grande corrente de solidariedade. O objetivo do instituto é ajudar os jovens menos favorecidos, em especial os de escolas públicas, a empreender na vida e, posteriormente, nos negócios, pois, segundo ele, "antes de a pessoa empreender nos negócios, tem que empreender na vida, porque precisa se conscientizar de que ela própria é a maior responsável por sua história. Só após empreender na vida, a pessoa está apta a empreender empresarialmente, já que empreendedorismo é atitude, é ação, é estado de espírito, é estilo de vida, é criar e fazer acontecer, ao transformar pensamentos em ação e sonhos em realidade". O Êxito está ajudando as pessoas a empreender na vida e nos negócios por meio de uma grande plataforma de cursos on-line, gratuitos, sobre habilidades socioemocionais (*soft skills*), técnicas (*hard skills*) e principalmente sobre empreendedorismo. Com palestras motivacionais e mentorias virtuais dos sócios e também com vídeos inspiracionais gravados por grandes empreendedores, ajuda a transformar em realidade o ditado "é mais importante ensinar a pescar que dar o peixe". Os programas têm grande influência não apenas na vida dos jovens, mas, principalmente, na vida de seus colegas, amigos e familiares. Janguiê é um homem que sonha e testemunha o nascimento de sua obra. Um homem que alça voo para estudar a dimensão de cada construção, para que as pessoas não sejam retirantes como ele o foi em sua infância e adolescência. Pelo contrário: seus projetos buscam enraizar mais e mais as populações em seu próprio ambiente para que não se dispersem por estradas insensíveis e não germinativas em busca de um futuro mais promissor. Fecundar a estrada de seu semelhante e de seu país o torna um empreendedor firme e construtor da sociedade. Assim são seus projetos, suas ações e sua manifestação em vida, andando horizontal e verticalmente. Ele se mostra vizinho em sociedade, e sonha continuamente. Muitas surpresas, porém, ainda estão por vir. A cada dia surgem novos projetos, novos ideais, novos horizontes, como o Family Office Epitychia, *venture capital* que já investiu em dezenas de startups. A inércia não consta em sua agenda, tampouco em seu dicionário. Eis um exemplo daqueles que lutam por um país onde a educação e o empreendedorismo são os alicerces para o desenvolvimento econômico e social, onde as pessoas podem ser mais felizes vivendo bem mais perto de Deus.

Celso Niskier, doutor em inteligência artificial, é fundador e reitor da UniCarioca e diretor-presidente da Associação Brasileira de Mantenedoras de Ensino Superior (Abmes)

Livros publicados

Os recursos no processo trabalhista: teoria e prática. Brasília: Consulex, 1994.

Os recursos no processo trabalhista: teoria e prática. 2. ed. Brasília: Consulex, 1994.

Sentença trabalhista: teoria e prática. Brasília: Consulex, 1996.

Temas de processo trabalhista. v. 1. Brasília: Consulex, 1996.

Ação rescisória dos julgados. São Paulo: LTr, 1997.

Manual para pagamento de dívidas com títulos da dívida pública. Brasília: Consulex, 1998.

O Direito e a justiça do trabalho diante da globalização. São Paulo: LTr, 1999.

Os recursos no processo trabalhista: teoria, prática e jurisprudência. 3. ed. São Paulo: LTr, 1999.

Ministério Público do Trabalho: ação civil pública, ação anulatória, ação de cumprimento. Brasília: Consulex, 2004.

Os recursos no processo trabalhista: teoria, prática e jurisprudência. 4. ed. São Paulo: LTr, 2005.

Atuação do Ministério Público do Trabalho como árbitro nos dissídios individuais de competência da justiça do trabalho. São Paulo: LTr, 2005.

Educação superior no Brasil. Rio de Janeiro: Lumen Juris, 2007.

Desvelo (Poemas). Recife: Bargaço, 1990. Reed. 2011.

Educação na Era Lula. Rio de Janeiro: Lumen Juris, 2011.

O Brasil e o mundo sob o olhar de um brasileiro. Rio de Janeiro: Lumen Juris, 2012.

Política e economia na contemporaneidade. Rio de Janeiro: Lumen Juris, 2012.

Palavras em pergaminho. Rio de Janeiro: Lumen Juris, 2013.378

Os recursos no processo trabalhista: teoria, prática e jurisprudência. 5. ed. São Paulo: Atlas, 2015.

Transformando sonhos em realidade. Barueri: Novo Século, 2015.

Ação rescisória dos julgados. 2. ed. São Paulo: GEN/Atlas, 2016.

Ministério Público do Trabalho: ação civil pública, ação anulatória, ação de cumprimento. 2. ed. São Paulo: GEN/Atlas, 2016.

O Brasil da política e da politicagem: desafios e perspectivas. Rio de Janeiro: Sextante, 2017.

Falta de educação gera corrupção. Barueri: Novo Século, 2018.

Discursos em palavras e pergaminho. Barueri: Novo Século, 2018.

Fábrica de vencedores: aprendendo a ser um gigante. Barueri: Novo Século, 2018.

O sucesso é para todos: manual do livro Fábrica de vencedores. Barueri: Novo Século, 2018.

A Arte de Empreender: manual do Empreendedor e do Gestor das Empresas de Sucesso. Barueri: Novo Século, 2018.

Axiomas da prosperidade. Barueri: Novo Século, 2019.

Inovação em uma sociedade disruptiva. Barueri: Novo Século, 2019.

Vem Ser SA. Lições de empreendedores de sucesso. v. I e II. Barueri: Novo Século, 2020.

LIVROS PUBLICADOS EM COORDENAÇÃO

Estudo de Direito processual (trabalhista, civil e penal). Brasília: Consulex, 1996.

Estudos de Direito constitucional (administrativo e tributário). Brasília: Consulex, 1998.

Direito processual (penal, civil, trabalhista e administrativo). Recife: Litoral, 1999.

Direito constitucional (administrativo, tributário e filosofia do Direito), v. II. Brasília: Esaf, 2000.

Direito penal (processo penal, criminologia e vitimologia), v. III. Brasília: Esaf, 2002.

Direito constitucional (administrativo, tributário e gestão pública), v. IV. Brasília: Esaf, 2002.

Direito civil (processo trabalhista e processo civil), v. V. Brasília: Esaf, 2002.

Direito (coletânea jurídica), v. VI. Recife: Ibed, 2002

Direito & relações internacionais, v. VII. Recife: Ibed, 2005.

Direito processual (civil, penal, trabalhista, constitucional e administrativo). Recife: Ibed, 2006.

Revista de Comunicação Social, v. I (Anais do Congresso de Comunicação), Recife, Faculdade Maurício de Nassau, 2005.

Sapere, Revista Bimestral do Curso de Comunicação Social, v. 1, Recife, Faculdade Maurício de Nassau, 2006.

Revista da Faculdade de Direito Maurício de Nassau, ano 1, n. 1, Recife, Faculdade Maurício de Nassau, 2006.

Revista do Curso de Administração da Faculdade Maurício de Nassau, v. 1, n. 1, Recife, Faculdade Maurício de Nassau, abr.-set. 2006.

Revista Turismo, Ciência e Sociedade, v. 1, n. 1, Recife, Faculdade Maurício de Nassau, abr.-set. 2006.

Revista do Curso de Comunicação Social, v. 1, Recife, Faculdade Maurício de Nassau, 2006.

Revista da Faculdade de Direito Maurício de Nassau, ano 2, n. 2, Recife, Faculdade Maurício de Nassau, 2007.

Revista do Curso de Administração da Faculdade Maurício de Nassau, v. 2, n. 2, Recife, Faculdade Maurício de Nassau, jun.-jul. 2007.

Revista da Faculdade de Direito Maurício de Nassau, ano 3, n. 3, Recife, Faculdade Maurício de Nassau, 2008.

Revista da Faculdade de Direito Maurício de Nassau. Direito Constitucional, v. XI, Recife, Faculdade Maurício de Nassau, 2009.

Revista da Faculdade de Direito Maurício de Nassau. Direito Público e Direito processual, v. XII. Recife, Faculdade Maurício de Nassau, 2010.

FOTOS DE ALGUNS CAMPI DO GRUPO SER EDUCACIONAL

Uninassau Recife (PE) – campus Graças

Uninassau Recife (PE) – campus Boa Viagem

Uninabuco Recife (PE)

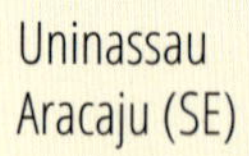

Uninassau
Aracaju (SE)

Uninassau Maceió (AL)

Uninassau João Pessoa (PB)

UNG – Guarulhos (SP)

Univeritas – Rio de Janeiro (RJ)

Unama Alcindo Cacela – Belém (PA)

Unama Ananindeua – Belém (PA)

Uninorte – Manaus (AM)

Unifasb –
Barreiras (BA)

Unijuazeiro – Juazeiro do Norte (CE)

Unesc – Rondônia

Unifacimed – Cacoal (RO)

FOTO DA ABERTURA DE CAPITAL DO GRUPO SER EDUCACIONAL

Sessão de abertura de capital (IPO) do Ser Educacional na Bolsa de Valores – 29/10/2013

FOTOS DE ALGUMAS REVISTAS EM QUE O AUTOR FOI CAPA

Capa da revista *Forbes Brasil* – novembro de 2018

Capa da revista *IstoÉ Dinheiro* – 09/07/2014

Capa da revista *IstoÉ Dinheiro* – 25/03/2015

Capa da revista *Premium* – abril/maio de 2015

Capa da revista *IstoÉ Dinheiro* – 05/11/2014

Capa da revista *Terra Magazine*

Capa da revista *Let's Go* – novembro de 2014

Capa da Revista *Perfil*

FOTOS DE ALGUNS JORNAIS EM QUE O AUTOR APARECEU

www.valor.com.br

Sexta-feira, 12 de março de 2021 | Ano 21 | Número 5206 | R$ 5,00

Valor Econômico — 20 anos

Fome aumenta e ONGs tentam reverter queda nas doações B2

Pesquisa mostra derrota de Bolsonaro em 2º turno contra Mandetta, Lula e Ciro A13

Na 'Live do Valor', Jereissati vê "larga avenida para o centro" A15

EU&Destaques

À Mesa com o Valor "Minha vida de empreendedor está só começando", diz Janguiê Diniz, da Ser Educacional, a Maria Luíza Filgueiras. **Pág. 14**

2 | Valor | Sexta-feira, 12 de março de 2021

Novos voos

Janguiê Diniz, fundador da Ser Educacional, alcançou a meta de se tornar muito rico, mas diz 'À Mesa com o Valor' que sua carreira de empreendedor está só começando. EU& Fim de Semana

À MESA COM O VALOR - JANGUIÊ DINIZ

A programação mental do fundador da Ser Educacional para enriquecer deu certo – mas ele não quer parar por aí e diz que está só começando. Por Maria Luíza Filgueiras, de São Paulo

Bilionário em início de carreira

Quando entra no pequeno Chez Claude, Janguiê Diniz é recepcionado efusivamente pela gerente e duas funcionárias, que o reconhecem imediatamente. Com um terno azul bem cortado, em seu 1,85 m de altura e máscara descartável no rosto, Diniz já virou habitué do restaurante, aberto há pouco mais de quatro meses no Itaim Bibi, zona sul de São Paulo.

O empresário se mudou de vez do Recife para São Paulo há dois anos e começou a estabelecer uma rotina mesmo em plena pandemia. Depois que a covid-19 pegou de uma só vez ele e mais sete pessoas de casa, entre familiares e funcionários, apenas alguns limitados encontros presenciais voltaram à agenda. Neste "À Mesa com o Valor", vem acompanhado da jornalista recifense Mirella Ribeiro, assessora do grupo e do empresário há seis anos.

Janguiê é conhecido no mundo dos negócios como acionista controlador da Ser Educacional, companhia que fundou na capital pernambucana há 28 anos. Listada em bolsa, a companhia de ensino superior é avaliada em R$ 1,55 bilhão. A uma semana de completar 57 anos e com um patrimônio estimado em mais de R$ 1,2 bilhão (somente sua fatia na Ser vale R$ 880 milhões), seu assunto preferido no momento é empreendedorismo. "Minha vida de empreendedor está só começando", diz.

Janguiê tem um programa no YouTube chamado "Vencer S/A", participa do "reality show" "Batalha de Startups", da Record, quer ter o próprio programa em TV aberta e fundou há dois anos o Instituto Êxito de Empreendedorismo. "Eu criei o Instituto Janguiê Diniz lá na minha cidade, para dar bolsa de estudos para os jovens que terminam o segundo grau e não podem pagar faculdade. Mas eu queria algo maior e tive a ideia de um projeto coletivo", conta. "No Êxito, nossa meta é ajudar 1 milhão de jovens em cinco anos com educação empreendedora."

Depois de instalado em todas as cidades do país, Janguiê quer expandir a atuação do Êxito para outros países de língua portuguesa e para países da língua espanhola. "Como a Endeavor. É o modelo que eu busco, e modelagem é muito importante na vida de qualquer empreendedor", diz. Na educação, seus modelos foram Antônio Carbonari Netto, fundador da Anhanguera, e Gabriel Mario Rodrigues (1932-2021), fundador da Anhembi Morumbi.

"No empreendedorismo lato senso acho Jorge Paulo Lemann um grande modelo. Ele, mesmo tendo mais de 80 anos, está sempre adquirindo empresas, investindo, tem projetos sociais. Por que ele não para? O próprio [Guilherme] Benchimol [fundador da XP], que é mais jovem do que eu, é um cara para se modelar também."

Foi por isso, aliás, que mudou de Estado. "São Paulo é a terra do empreendedor, aqui todo mundo fala em empreendedorismo, as coisas acontecem mais rápido. Aqui ganhar dinheiro não é pecado." Para quem foi criado no catolicismo, é um peso a menos. Ele continua frequentando a igreja aos domingos, mas acha que a religião precisa se modernizar.

O centro administrativo da Ser continua no Recife, mas o escritório de relações com investidores é em São Paulo. Janguiê admite também que a mudança tem a ver com a busca por um reconhecimento nacional de sua empreitada, deixando de ser o empresário que é famoso no Nordeste. "Quero ter uma posição de destaque nisso, e em Pernambuco fico muito regionalizado. Em dois anos que estou aqui, já fiz mais coisa que em cinco anos lá. Gosto de São Paulo, acho que tem minha cara", diz ele, que gosta de frequentar restaurantes, fazer viagens, tem seu helicóptero e avião e casas de praia.

Praia é o que lhe falta em São Paulo, mas ele mantém a prática de vôlei na areia num "beach club" artificial, espaços que têm virado moda na capital. Sempre foi seu esporte predile-

14 | Valor | Sexta-feira, 12 de março de 2021

Capa do jornal *Valor Econômico* – 12/03/2021

[illegible]

"Na vida e nos negócios, se você acredita em você, foge das crenças limitantes, criar qualquer negócio é uma consequência muito fácil"

[illegible]

[illegible]

Detalhe jornal *Valor Econômico* – 12/03/2021

DIARIO de PERNAMBUCO

brasil

Janguiê deixa de ser servidor público

Empresário pede exoneração da função de procurador do Ministério Público

Ex-procurador, Janguiê vai se dedicar apenas à educação

tópicos da entrevista

"A vida é feita de escolhas. É preciso ter coragem para fazer escolhas, e algumas vezes as escolhas implicam em renúncias"

Capa do jornal *Diario de Pernambuco* – 27/08/2013

entrevista especial

A3

José Janguiê Bezerra Diniz

Vocação para empreendedor

"O segredo é a alma do negócio"

Jornal *Diario de Pernambuco* – 12/09/2011

DIARIO de PERNAMBUCO

LOCAL

C3

Trocando a frustração pela realização

Lançado por Janguiê Diniz e Ricardo Bellino, Instituto SOL vai realizar eventos, cursos, palestras, mentorias e consultoria com foco na motivação

O empreendedor Janguiê ressalta que a proposta é abordar assuntos que não são dados em salas de aula convencionais

"Nosso objetivo é ajudar outros sonhadores a transformarem seus sonhos em projetos de vida. Isso é possível com metas, disciplina e muito trabalho"

Capa do jornal *Diario de Pernambuco* – 16/03/2018

O LIBERAL

CIDADES

CDP ainda não retirou gado morto do porto da Vila do Conde. Página 11.

De engraxate a empresário de sucesso

"Se minha história servir de inspiração, minha missão foi cumprida"

Capa do jornal *O Liberal* – 09/10/2015

Jornal de Letras

Número: 232

Mês: Abril

Ano: 2018

Entrevista

Janguê Bezerra

Um ensino de qualidade

Capa do *Jornal de Letras* – abril de 2018

Sábado, domingo e segunda-feira, 12, 13 e 14 de dezembro de 2015 | Valor | B11

Empresas | Serviços&Tecnologia

Educação Meta é ter até 40% dos alunos estudando pela web em 2020

Ser tem plano ambicioso para ensino a distância

Beth Koike
De São Paulo

Após um 2015 turbulento, com menos verba pública para financiar alunos e aumento na taxa de desemprego, a Ser Educacional entra o próximo ano focada em duas frentes: eficiência operacional para compensar a perda de alunos e ensino a distância. A meta da companhia é que essa modalidade de aprendizado on-line represente entre 30% e 40% da base total de estudantes em 2020. Hoje, esse percentual é de apenas 2%, uma vez que a Ser começou a atuar em ensino a distância neste ano.

Para isso, a companhia pretende ter daqui cinco anos 1 mil polos de ensino a distância, com 200 alunos cada. Atualmente, há 400 polos da Ser em análise no Ministério da Educação (MEC). O otimismo da Ser Educacional é baseado em algumas tendências. Uma delas é o marco regulatório do ensino a distância, que está em processo final de aprovação pelo governo, poderá dar autonomia às instituições com melhor qualificação para abertura de cursos e polos. "Estamos muito otimistas porque os polos de ensino a distância de nossos centros universitários UnG e Uninassau receberam notas 5 e 4. Isso nos qualifica para abrirmos os polos num tempo menor, sem necessidade de visitas do MEC em cada unidade", disse Janguiê Diniz, presidente do conselho da Ser Educacional.

Além disso, a Ser quer se valer da força de sua marca para entrar no interior do Norte e Nordeste. Atualmente, a instituição está presente nas capitais. Mas, pesquisas do setor mostram que uma marca regional em ensino a distância tem a preferência dos alunos. No próximo ano, a companhia ampliará a oferta de cursos profissionalizantes, preparatórios para concurso e idiomas online — modalidades não reguladas pelo MEC. Outra aposta do grupo é a expansão no interior do Norte e Nordeste tanto com unidades e a distância.

O presidente da Ser Educacional, Jânyo Diniz, informou que outra prioridade é o ganho de eficiência operacional diante da redução do Fies e cenário macroeconômico que provocaram perda de alunos. A companhia iniciou, neste segundo semestre, uma forte reestruturação envolvendo desde as áreas comerciais a pedagógica [...] está acompanhando em tempo real a presença do aluno em sala de aula. A lista de chamada é eletrônica, o que possibilita acompanhar se o estudante está comparecendo às aulas. Um dos sinais de que o aluno pode desistir da faculdade são as faltas nas aulas e provas.

Na área comercial, a Ser Educacional renegociou contratos de aluguel e com fornecedores que vão gerar uma economia de R$ [...] milhões, por ano. Além disso, haverá uma redução de custos de R$ 10 milhões proveniente da sinergias de duas instituições adquiridas, a Unama e UnG. Na área acadêmica, o grupo inicia o próximo ano com uma otimização de salas de aula e matriz curricular. Por exemplo, as disciplinas comuns de cursos da área da saúde serão ministradas a distância, tendo em vista que a legislação permite que 20% do conteúdo seja ministrado on-line e seu custo é inferior.

Em relação à expansão por meio de aquisições, Janguiê disse que vai analisá-las a partir de março. "Depois desse prazo, poderemos sentir melhor o mercado porque já terá passado o processo seletivo, vamos ver melhor como está a economia e se haverá ou não impeachment", disse o presidente do conselho da Ser. "Eu particularmente sou contra o impeachment porque o Brasil vai ficar paralisado mais seis meses. E olha que não sou petista não", disse Janguiê, em encontro com investidores e analistas na sexta-feira, em São Paulo.

Janguiê Diniz, da Ser: aquisição depende de cenários político e econômico

Capa do jornal *Valor Econômico* – 12/12/2015

Empresas | Serviços&Tecnologia

Ensino MEC flexibiliza regras do segmento; preço dos ativos tende a cair

Concorrência nos cursos a distância deve aumentar

Fies fica com 20% das novas vagas ociosas neste primeiro semestre

Especial

"A única alternativa para a mobilidade social é a educação"

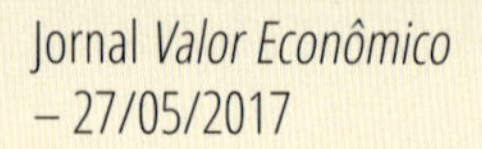

Jornal *Valor Econômico* – 27/05/2017

Jornal *O Norte* – 30/03/2008

O ESTADO DE S. PAULO

Negócios
DE VENDEDOR DE PICOLÉ A BILIONÁRIO

E&N
ECONOMIA & NEGÓCIOS

Como o ex-engraxate e ex-vendedor de picolés criou a Ser Educacional e colocou a empresa entre os dez maiores grupos privados de educação superior do País

O dono do ensino superior no Nordeste

Capa do jornal *O Estado de S. Paulo* – 16/12/2013

Perfil
José Janguiê Diniz

DE ENGRAXATE A DONO DA MAIOR REDE DE FACULDADES DO NORDESTE

Como Janguiê Diniz transformou o Grupo Ser em negócio que vale R$ 2,7 bilhões

Jornal *O Estado de S. Paulo* – 16/12/2013

Diário do Pará

BRASIL B9

INFORME PUBLICITÁRIO

Instituto Êxito de Empreendedorismo é fundado visando ajudar jovens de escolas públicas

Iniciativa, com foco no empreendedorismo, foi criada por um time de renomados empreendedores brasileiros

Jornal *Diário do Pará* – 27/05/2019

DIARIO de PERNAMBUCO

SUPEREDIÇÃO de FIM DE SEMANA

diariodepernambuco.com.br

Para ajudar jovens de escolas públicas

Iniciativa, com foco no empreendedorismo, foi criada por um time de renomados empreendedores

Entrevista

Jornal *Diario de Pernambuco* – 01/06/2019

ATUALIDADES | O LIBERAL CIDADES | 7

EXTRAS

PROJETO

Instituto Êxito ajuda jovens empreendedores

INCENTIVO - Estudantes de escolas públicas terão atendimento nas áreas de empreendedorismo, inovação e desenvolvimento sustentável a partir do conhecimento de profissionais de áreas diversificadas

Jovens interessados no projeto podem se inscrever pelo site institutoexito.com.br

ATIVIDADES

Fundadores do instituto se destacam pela história de vida

Saúde encomenda doses de vacina contra difteria

Direitos Humanos é tema de gincana em escola do Pará

Hemopa abre campanha e atinge meta

Jornal *O Liberal* – 10/06/2019

Valor ECONÔMICO ano 20

MP da 'Liberdade Econômica' prevê mudanças em plano diretor de cidades A8

Em meio a 'tempestade perfeita', Nissan reduz produção em 10% e corta 12,5 mil empregos B5

"Se o país não estivesse vivendo este momento de polarização, Bolsonaro nunca teria sido eleito", diz o ex-ministro Bebianno EU& Fim de Semana

Projeto de empreendedorismo é o novo foco do dono da Ser

Curtas

Capa do jornal *Valor Econômico* – 26/07/2019

Empreendedorismo e inovação como foco

Esses assuntos estiveram em destaque durante o 1º Summit Êxito, que contou com três mil participantes

PATRÍCIA MONTEIRO
ESPECIAL PARA O DIARIO

Eventou teve a participação 34 palestrantes durante os três dias de imersão

Empreendedorismo, tecnologia e inovação. Palavras recorrentes em praticamente todas as 34 palestras da primeira edição do Summit Êxito, evento promovido pelo Instituto Êxito, em São Paulo, de sexta-feira até ontem, com o objetivo de reunir alguns dos maiores atores do setor empresarial do país. Dentre os palestrantes, Fábio Coelho (CEO do Google), Gustavo Caetano (Sambatech), João Appolinário (Polishop), Edgar Ueda (setor imobiliário) além do próprio Janguiê Diniz (Ser Educacional e presidente do Instituto Êxito). Nomes que atraíram cerca de três mil participantes e lotaram praticamente todas as palestras. O Summit faz parte da programação do Welcome Tomorrow (WTW 19), evento existente há sete anos e que se tornou referência em mobilidade na América Latina.

Gustavo Caetano, fundador e presidente da Sambatech e autor do livro *Pense Simples*, falou sobre o tema durante sua palestra, destacando a importância de os empresários ou desenvolvedores utilizarem o produto ou serviço que oferecem. "Deve-se diminuir o ego, descer do pedestal, ir até a ponta, no lugar do cliente", afirmou. "É fundamental, também, fazer com que um produto ou serviço seja 10 vezes mais barato, de maior valor e mais rápido. Por que 10 vezes? Porque só assim ele será 10 vezes maior. O importante é parar de pensar demais e fazer".

Edgar Ueda, empresário do setor imobiliário e autor do best-seller *Kintsugi – O poder de dar a volta por cima*, narrou um pouco da sua história de vida e superação. Começou a empreender ainda jovem, vendendo coxinhas, e foi à falência nada menos do que seis vezes. O segredo da virada, segundo ele, é encontrar o própio caminho e agir com resiliência, persistência e se concentrar nas finalizações dos propósitos. "Muitos começam, mas poucos vão até o final. Seja eternamente inconformado. O bom é inimigo do ótimo".

Outro palestrante que impactou os presentes foi José Alberto Jr, CEO da Life Seguros. Em sua palestra *Do mil ao milhão*, contou sua trajetória de vendedor de porta a porta dos mais variados produtos (de purificador de água à Bíblia), desde os 17 anos, da dívida que contraiu do pai no valor de R$ 23 milhões e de como conseguiu superar os problemas e acumular uma fortuna pessoal de mais de R$ 30 milhões. "Em 90% dos casos, utilize sua maior habilidade ou fragilidade. Às vezes, esta segunda é a maior força que você tem", ensina.

O ator Nizo Neto, filho do falecido humorista Chico Anysio, também esteve presente com apresentação de pílulas de sua palestra *O Sucesso, segundo Chico Anysio*. "O meio artístico é muito complicado. Então, temos que pegar uma espécie de desvio e começar a buscar alternativas. Quanto mais habilidades e competências tivermos, melhor", informa. Além de atuar, Nizo faz dublagens, shows de stand-up comedy e ainda possui uma marca de produtos eróticos junto com sua esposa, educadora sexual. Na palestra, ele fala sobre táticas e estratégias que seu pai utilizou para manter-se no topo por 60 anos. "Versatilidade, trabalho em equipe, saber delegar. Tudo isso aprendi com ele. Dicas simples, mas de um cara que é um dos maiores exemplos de sucesso", finalizou.

Janguiê Diniz, presidente do Instituto Êxito, afirmou que o evento superou as expectativas. "Fundamos o instituto no final de maio e tivemos apenas três meses para idealizar, planejar e executar este encontro. Então, nem imaginávamos tanto sucesso", afirma. Ele credita o êxito à quantidade de "cabeças pensantes", ao conteúdo forte, substancial, e ao propósito do instituto de ajudar os jovens a empreender na vida e nos negócios. "Descobrir os dons que nem sabiam que tinham. Não importa de onde a pessoa venha, mas onde queira ir. Ela pode sonhar, transformar isto em projeto de vida e construir algo grandioso", explica.

Toda a receita arrecadada com a venda dos ingressos será revertida para atividades filantrópicas do Instituto Êxito. Em 2020, o Summit acontecerá novamente em São Paulo, em outubro. Haverá ainda, no próximo ano, 11 edições regionais realizadas, simultaneamente, em cidades próximas, a exemplo de Recife e João Pessoa, Goiânia e Campo Grande.

Jornal *Diario de Pernambuco*

FOLHA DE S.PAULO

DESDE 1921 ★★★ UM JORNAL A SERVIÇO DO BRASIL

SEXTA-FEIRA, 21 DE FEVEREIRO DE 2020

Casa de Edemar Cid Ferreira vai virar escola de alto padrão

Empresário que arrematou imóvel quer instituição como a do fundador da Tesla

Eduardo Bolsonaro diz que governo quer fábrica da Tesla no Brasil

Capa do jornal *Folha de S.Paulo* – 21/02/2020

O ESTADO DE S. PAULO

estadão.com.br

Mansão de Edemar Cid Ferreira vai virar escola

Empresário Janguiê Diniz, da Ser Educação, comprou imóvel por R$ 27,5 milhões para construir projeto inspirado em Elon Musk

Capa do jornal *O Estado de S. Paulo* – 21/02/2020

RESPOSTAS CAPITAIS

GZH

Leia a entrevista completa em gzh.rs/JanguieDiniz

JOSÉ JANGUIÊ DINIZ Controlador do Grupo Ser Educacional

"Trabalhar enaltece o homem, engrandece a alma e enriquece o bolso"

José Janguiê Diniz é o fundador, controlador e presidente do conselho de administração do Grupo Ser Educacional, que ofereceu R$ 4 bilhões para comprar a Laureate, incluídas duas universidades do Estado, UniRitter e Fadergs. Da infância no sertão da Paraíba, passando pelo abandono de cobiçados cargos públicos, sua história deu um livro, que ele escreveu: Transformando Sonhos em Realidade – A Trajetória do Ex-engraxate que Chegou à Lista da Forbes. *Nesta entrevista por e-mail à coluna, Janguiê se confessa um "workaholic saudável" e sustenta que, sem instituições privadas, o Brasil não daria conta da Educação Superior.*

Qual é a lembrança mais forte da infância?

Minha infância em Santana dos Garrotes (PB) foi muito difícil. A cidade era pequena, com cerca de 5 mil habitantes. Meus pais eram trabalhadores rurais, vivíamos de forma precária. Aos sábados, depois da feira, meu avô me levava para o sítio, na garupa do cavalo. Foi para fugir da seca e da pobreza que fomos para Naviraí (MS), onde conseguimos uma condição de vida um pouco melhor, mas ainda muito simples. Mesmo assim, meus pais faziam questão que eu estudasse. Era o mais velho dos filhos e precisava dar o exemplo.

Como virou engraxate?

Via meus colegas de escola que podiam comprar coisas, ir às matinês aos sábados, e eu não tinha dinheiro e meu pai não podia me dar. Foi aí que resolvi começar a engraxar sapatos. Isso me permitiu ganhar um dinheirinho, o suficiente para ir à matinê e levar algo para casa. Ali, comecei a aprender o valor do trabalho. Ia para a escola, estudava em casa e engraxava quando tinha tempo livre. Também fui vendedor de picolés e laranjas, garçom, locutor infantil. Eu me virava.

Como essa vivência define sua visão de trabalho infantil?

Acredito que o trabalho é sempre digno, independentemente da idade. No caso das crianças e adolescentes, no entanto, enfrentamos um grave problema que é a exploração do trabalho infantil, que precisa ser combatida.

Por que, após passar em concurso para juiz federal do Trabalho, em 1992, pediu exoneração e fez para procurador?

Seria transferido para o interior de Pernambuco, e não queria. Atuava no Recife substituindo um colega juiz, mas sabia que, quando voltasse, precisaria assumir uma comarca no Interior. Como meu desejo era continuar na capital para me desenvolver, fazer mestrado, doutorado, ser professor da universidade, empreender, pedi exoneração e, por ter passado entre os primeiros colocados, escolhi trabalhar em Recife. Depois de exercer cargo de procurador por alguns anos, pedi exoneração para empreender. Pensam que me aposentei. Não, pedi exoneração.

Considera-se workaholic?

Sempre trabalhei muito. Me modelei ao meu pai. Aprendi a trabalhar muito com ele. Sempre foi um guerreiro. Trabalhar enaltece o homem, engrandece a alma e enriquece o bolso. E não podemos esquecer que trabalhar duro por algo em que acreditamos chama-se propósito e, quando é feito com alegria, jamais deixará o ser humano cansado. Acho que sou um workaholic saudável, trabalho bastante, mas amo o que faço e não me faz mal.

Como vê as críticas de que grandes corporações, como o Ser Educacional, transformam educação em mercadoria?

Existem empreendimentos sociais que visam ao lucro e os que não visam. Instituições de ensino privadas são empreendimentos sociais, transformam vidas. É utopia pensar que o poder público seria capaz de fornecer educação gratuita de qualidade e universal. O Brasil só tem 17% da população de 17 a 25 anos no Ensino Superior, pior índice da América Latina. E 76% das matrículas estão nas instituições privadas. Os grandes grupos têm qualidade de ensino, senão não sobrevivem nem dois anos. Existem três graus de qualidade. Um é o ensino de massa, presencial ou EaD, para as classes C, D e E. Outro é para classes A e B e C, que além de qualificar, oferece pesquisa e extensão, com tíquete médio de R$ 290 a R$ 2 mil, onde estão todas as nossas instituições. E a terceira são as de nicho, para classes A e AA, com tíquete de R$ 2 mil a R$ 6 mil, como a FGV.

Jornal *GZH*

POLÍTICA

Recife, sexta-feira, 16/06/2017

A6 | DIARIO de PERNAMBUCO

Janguiê Diniz transforma pensamentos em livro

Obra reúne 200 artigos escritos e publicados pelo empresário em veículos de comunicação do país

Janguiê explicou suas motivações para lançar o livro a Maurício e Alexandre Rands

Reunindo mais de 200 artigos escritos e publicados em jornais e portais de notícias do Brasil, o empreendedor, doutor em direito, reitor da Uninassau e presidente do Conselho de Administração do Grupo Ser Educacional, José Janguiê Bezerra Diniz, vai lançar sua 16ª obra: *O Brasil da política e da politicagem - perspectivas e desafios*. "São textos que escrevi ao longo de dois anos, tratando dos mais diversos temas, entre eles, política, economia, empreendedorismo, esporte e educação", explicou o empresário, em visita ao **Diario de Pernambuco**, ontem, quando foi recebido por Alexandre e Maurício Rands, presidente e vice-presidente, respectivamente, do jornal.

O título do livro, distribuído pela Novo Século, foi escolhido a partir do artigo homônimo, publicado em junho de 2013, sobre as manifestações populares contra a corrupção que tomaram o país naquele ano. "Vivemos em um momento no qual se faz muito mais politicagem do que política no Brasil. Ao longo dos textos, chamo a atenção do público para a diferença entre a má política e a boa política praticada. Enquanto almejamos a política com ética, honestidade, da moral e dos bons costumes, o que se tem visto é a política com desonestidade. A Lava-Jato está aí para mostrar isso".

A obra foi prefaciada pelo ministro da Defesa, o pernambucano Raul Jungmann. "Ele (Raul) é um dos poucos, assim como Maurício (Rands) foi no passado, que fazem a verdadeira política. Ou seja, não estão vinculados a desonestidades e falcatruas. Ele é uma das figuras mais importantes hoje no Brasil", afirmou. Autor de outros 15 títulos, Janguiê decidiu compilar textos opinativos e questionamentos para propor uma reflexão acerca do desenvolvimento socioeconômico e político do Brasil e do mundo neste momento atual.

O Brasil da política e da politicagem - perspectivas e desafios é dividido em cinco capítulos: política, economia e desenvolvimento, educação, atualidades e esporte. "É um livro para quem se interessa por esses temas e tem o objetivo de adquirir conhecimento. Uma leitura que flui rapidamente, com textos curtos e leves", explicou.

O empresário destacou ainda alguns trechos importantes, entre eles, o intitulado *A aliança de Eduardo e Marina* - publicado em outubro de 2013 pelo *Diário do Povo* -, que trata da aliança entre o ex-governador de Pernambuco Eduardo Campos com a ex-senadora Marina Silva, durante a corrida presidencial daquele ano. Em outro artigo, *Joaquim Barbosa na presidência do STF* - publicado pelo *Diário do Sudoeste* da Bahia (novembro de 2012) -, o autor comenta sobre o primeiro negro a assumir a presidência do Supremo Tribunal Federal. Em *A deficiência da saúde no Brasil* (junho de 2012), o empresário aponta as deficiências do setor e indica soluções. "Defendo que deveriam ser abertas mais faculdades de medicina. Não temos a quantidade de profissionais que o Brasil precisa. A saída é investir na formação de mais profissionais".

Publicação é dividida nos capítulos: política, esporte, economia, educação, atualidades, e desenvolvimento

SERVIÇO

O Brasil da política e da politicagem - perspectivas e desafios
(528 páginas)
Editora: Novo Século; Edição: 1
Preço: R$ 42,24
Lançamento no dia 26, às 19h
Local: Auditório da Uninassau (Rua Jonatas de Vasconcelos, 316, Boa Viagem)

Jornal *Diario de Pernambuco* – 16/06/2017

DIARIO de PERNAMBUCO

SEXTA-FEIRA Recife, 18 de setembro de 2020 nº 262 — RUMO AOS 200 ANOS — diariodepernambuco.com.br

PARCERIA

Instituto Êxito e Unesco juntos na formação de empreendedores

O Instituto Êxito de Empreendedorismo e a Unesco no Brasil assinaram ontem uma parceria inédita para o desenvolvimento do espírito empreendedor entre jovens no país. O acordo de cooperação técnica e financeira prevê a criação do projeto Lições de Empreendedorismo para o Alcance de uma Educação Emancipadora e Transformadora.

Serão desenvolvidas iniciativas de criação, produção e oferta em um curso voltado para estudantes do ensino básico da rede pública. A expectativa é atender 10 mil jovens com o projeto-piloto, que, depois, será estendido para toda a rede pública brasileira. "O Instituto Êxito de Empreendedorismo nasceu com a missão de promover uma verdadeira transformação na vida de jovens brasileiros, por meio da educação empreendedora. Ficamos felizes em poder contar com parceiro tão renomado internacionalmente como a Unesco", afirma o presidente do Instituto Êxito, Janguiê Diniz.

"Os jovens beneficiários receberão valiosas lições sobre o empreendedorismo, adquirindo competências pessoais, técnicas e gerenciais para que possam construir uma mentalidade de crescimento e transformar suas vidas para melhor", explica o vice-presidente do Instituto, Celso Niskier.

"Para a Unesco, é um privilégio ser parceira dessa iniciativa. A pandemia afetou severamente o sistema educacional, especialmente as populações mais vulneráveis", disse a diretora e representante da Unesco no Brasil, Marlova Jovchelovitch Noleto.

Êxito tem como fundadores o conselheiro fiscal Marcelo Chucre, o presidente Janguiê Diniz e o vice-presidente Celso Niskier

Jornal *Diario de Pernambuco* – 18/09/2020

Jornal *Diario de Pernambuco* – 27/04/2021

ECONOMIA

www.diariodepernambuco.com.br/economia 06

DIARIOdePERNAMBUCO Recife, terça-feira, 27/04/2021

Telefone: 2122.7508 e-mail: politica@diariodepernambuco.com.br **Editor:** Filipe Assis **Editor assistente:** Jailson da Paz

DÓLAR	EURO	BOLSAS	POUPANÇA	CDB	SELIC	INFLAÇÃO
5,448	6,817	0,05% / -61,92%	0,5000 / 0,1590	5,17	2,75	0,93 / 0,86 / 0,25 / 1,35

Bossanova anuncia entrada de Janguiê

O novo acionista, com know-how no mercado de capitais, terá como missão ajudar na estratégia empresarial e gestão da investidora

A Bossanova Investimentos, micro venture capital que investe em startups em estágio pré-seed com atuação em todo o país, anunciou a chegada do empresário Janguiê Diniz em seu quadro de acionistas. Ele adquiriu 25% da empresa por valor não revelado.

Com o novo acionista, a investidora pretende acelerar sua missão de democratizar o acesso ao capital por meio de investimentos em série no estágio inicial. E isso terá o reforço da expertise e know-how de Janguiê no mercado de capitais. Dono do family office Epitychia e fundador do grupo Ser Educacional, o empreendedor vai ajudar na estratégia empresarial e gestão da investidora.

Janguiê passa a atuar ativamente na Bossanova a patir da próxima segunda-feira. "É muito bom ver como minha relação com a Bossanova vem sendo construída e se fortalecendo ao longo dos últimos anos, sempre baseada na confiança e parceria, e que culminou nessa sociedade. Espero colaborar com o crescimento de todo o grupo e também ajudar no estímulo às startups brasileiras, pois sabemos o potencial que o nosso país tem nesse campo", avalia.

O novo acionista da Bossanova teve a trajetória pautada na educação. Em 2003 criou a Faculdade Maurício de Nassau, embrião do grupo Ser Educacional, um dos maiores grupos de ensino superior do País e listado na Bolsa de Valores desde 2013. Além de fundador, Janguiê preside o Conselho de Administração do grupo. Em 2014 criou a Epitychia, seu family office focado em Private Equity, Venture Capital e Real Estate e que fica sediado em São Paulo. Desde então, investiu em startups e empresas com modelos de negócios escaláveis.

Segundo João Kepler, CEO da investidora, apesar de Janguiê ter investimentos junto à Bossanova em diversas startups, a entrada dele como acionista é um passo maior."É um empresário que veio para nos agregar com sua visão e conhecimento no mercado de capitais, por já possuir uma empresa listada na Bolsa de Valores. Essa adição vai contribuir para o crescimento da Bossanova e do ecossistema brasileiro de startups", finaliza.

BOSSANOVA/DIVULGAÇÃO

Janguiê passa a atuar na investidora a partir de segunda-feira

Sobre a Bossanova

A empresa surgiu em 2015 com a união do portfólio dos investidores-anjos João Kepler e Pierre Schurmann, a Bossanova Investimentos cresceu com novos sócios: o Grupo BMG, desde 2017; o empresário Thiago Oliveira, desde 2019; o Grupo Primo, desde março deste ano, liderado por Thiago Nigro; e agora Janguiê Diniz, da Epitychia. Em seu portfólio, mais de 550 startups como RankMyApp, Smarthint, Kinvo, Hand Talk e saídas (exits) em startups,como dLieve, Agenda Edu e Pedala.

Grand Monde

AMAZONIA

A VONTADE DE VENCER DO JANGUIÊ

Jornal *O Liberal* – 13/09/2020

FOLHA DE S.PAULO

★★★ UM JORNAL A SERVIÇO DO BRASIL

Oferta de rival precipitou proposta, diz presidente da Ser

Para criador da 9ª empresa do país em número de alunos, Estácio tem menos chances de crescer com a Kroton

Capa do jornal *Folha de S.Paulo* – 22/06/2016

O LIBERAL

BELÉM ▪ PARÁ ▪ BRASIL

PRESIDENTE LUCIDÉA MAIORANA · www.oliberal.com.br · PRESIDENTE EXECUTIVO ROMULO MAIORANA JR.

BELÉM, QUARTA-FEIRA, 17 DE MAIO DE 2017 · DOMINGOS: R$ 5,00 · DIAS ÚTEIS: R$ 2,00

6 ▪ ATUALIDADES · O LIBERAL · BELÉM, QUARTA-FEIRA, 17 DE MAIO

Instituto Janguiê Diniz inaugura filial em Santana dos Garrotes, na Paraíba

TRANSFORMAÇÃO

Da alfabetização à universidade, os programas vão beneficiar população

Janguiê Diniz (à direita) diz que instituto cria oportunidades para a cidade paraibana

empreendedores individuais e programas de microcrédito, entre outros. O Instituto Janguiê Diniz tem sede no Recife e a uni...

sua primeira filial. "A educação transforma vidas, histórias e destinos. Ela transformou a minha vida, minha história e meu...

vida de todo mundo. Gostaria de ressaltar hoje a importância da educação na minha vida. A educação é um instrumento...

indivíduo", ressaltou Diniz em seu discurso.

Na cidade de Santana dos Garrotes serão oferecidas bolsas de estudos para cursos de graduação a distância, através da Uninassau - Centro Universitário Maurício de Nassau, tais como Administração, Ciências Contábeis, Ciências Aeronáuticas, Pedagogia, Letras Inglês/Português, Processos Gerenciais, Marketing, Logística, Gestão Ambiental, Gestão Financeira, Gestão Hospitalar, Gestão Pública, Gestão de Recursos Humanos e Gestão de Qualidade.

Também serão oferecidas centenas de bolsas de estudos para os cursos de capacitação, através do Bureau de Cursos, e para cursos de informática, todas para estudantes do município. O Instituto Janguiê Diniz possui salas de estudos climatizadas, laboratório de informática, biblioteca e inter...

Jornal *O Liberal* – 17/05/2017

Diário do Pará

DOMINGO, Belém-PA, 14/05/2017

GERAL A11

24h de notícias · www.diarioonline.com.br

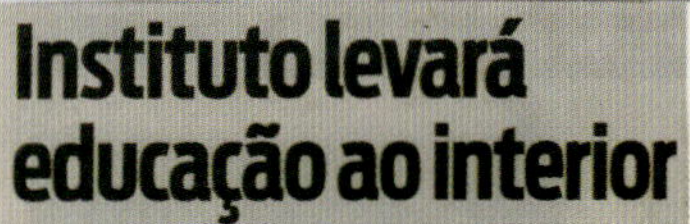

Instituto levará educação ao interior

Projeto inaugurado em município no interior da Paraíba é de criador do grupo Ser Educacional

EDUCAÇÃO

Ontem (13), a cidade de Santana dos Garrotes, no interior da Paraíba se tornou a sede do Instituto Janguiê Diniz, idealizada pelo empreendedor e fundador de um dos maiores grupos de educação particular do Brasil (o grupo Ser Educacional), José Janguiê Bezerra Diniz. O instituto funcionará no antigo Hotel Central da cidade. O Ser Educacional possui sedes em todo o País, inclusive em Belém, com a Universidade da Amazônia (Unama). Nacionalmente, o Instituto é parceiro do Instituto Ayrton Sena e da LIDE Educação. Diversos projetos na área educacional estão sendo financiados no Brasil com o apoio do Instituto Janguiê Diniz.

O empreendedor defende a bandeira que apenas através da educação é possível vencer na vida e, pensando nisso, criou o Instituto Janguiê Diniz, para realizar projetos de responsabilidade social que buscam a conscientização e o desenvolvimento da população. Entre os objetivos dele está a instalação de filiais do Instituto Janguiê nas cidades que marcaram...

Janguiê Diniz possui universidades em todo o País, inclusive em Belém, onde o Ser Educacional é dono da Unama DIVULGAÇÃO

O Instituto Janguiê Diniz tem sede no Recife e terá sua primeira filial em Santana dos Garrotes. A partir de agora, as cidades irão receber os projetos que serão realizados pelo Instituto, como Programas de Alfabetização e Formação Superior; Programas de Estímulo à Leitura; Programas de fomento ao empreendedorismo e de apoio aos Empreendedores Individuais e outros. Santana dos Garrotes fica no interior da Paraíba, a 415km da capital e tem aproximadamente 8 mil habitantes em uma área territorial de 354 km². A cidade possui um déficit educacional e os moradores precisam se deslocar para outras cidades para realizar cursos de graduação e...

HISTÓRIA

JANGUIÊ DINIZ

- Nascido em Santana dos Garrotes, Janguiê, 53 anos, deixou a cidade aos 6 anos, quando se mudou para Naviraí, no Mato Grosso, e, depois, para Pimenta Bueno, em Rondônia. Ainda garoto foi engraxate, vendedor de picolés, locutor de rádio. Até que, aos 14 anos seguiu para o Recife para continuar os estudos. Prestou vestibular para Direito, tornou-se Mestre e Doutor na área. Foi Juiz do Trabalho do TRT 6ª Região, Procurador do Ministério Público do Trabalho e professor universitário.

Jornal *Diário do Pará* – 14/05/2017

1. DIARIO de PERNAMBUCO

SUPEREDIÇÃO de FIM DE SEMANA

diariodepernambuco.com.br

Instituto leva ensino à Paraíba

Jornal *Diario de Pernambuco* – 13/05/2017

Valor

Empresas

Janguiê, o ex-engraxate que comanda a maior rede de ensino do Nordeste B4

Empresas Perfil

Janguiê vai do sertão à Bovespa

Empresário que criou maior grupo educacional do Nordeste vai vender ações para seguir crescendo
Por Murillo Camarotto, de Recife

Nascido em Santana dos Garrotes, na Paraíba, Janguiê engraxou sapato, vendeu roupa e foi locutor de rádio

Maior grupo de ensino do Nordeste

Capa do Jornal *Valor Econômico* – 12/09/2013

DIARIO de PERNAMBUCO

diariodepernambuco.com.br

viver

Com a palavra, Janguiê Diniz

Empresário lança hoje coletânea de 120 discursos realizados ao longo de 22 anos

A própria história

Para o próximo ano, Janguiê promete uma autobiografia

"Discursar é ter a oportunidade de falar ao mundo. Através de palavras, pensamentos"

Palavras em Pergaminho

trecho

Jornal *Diario de Pernambuco* – 12/09/2013

Jornal da Paraíba

DOMINGO

2 Vida&Arte

VALOR com Carol Marques

JANGUIÊ DINIZ

me disse...

Jornal da Paraíba – 14/09/2014

ENTREVISTA

DIARIO DE PERNAMBUCO

Janguiê Diniz

“O Brasil não pode parar”

Presidente do Conselho de Administração do Grupo Ser Educacional lança, nesta segunda-feira, seu 16º livro

Jornal *Diario de Pernambuco* – 24/06/2017

Jornal do Commercio

Cultura • Social 1 • Esportes

JC+

Paula Bujes e Pedro Huff entram na alma regional

Maturidade chega para os quarentões do CPM 22

Cidades

Jornal do Commercio – 14/05/2017

UNINASSAU

Instituto investe em formação profissional

O DIA

odia.com.br | QUARTA-FEIRA, 5/6/2019 | Nº 24.450 | R$ 1,50 | 2ª EDIÇÃO

Jornal *O Dia* –05/06/2019

DIVULGAÇÃO

O Instituto Êxito foi lançado durante cerimônia em São Paulo

Cursos gratuitos em empreendedorismo

Aulas em plataforma online são voltadas para jovens de baixa renda

Um grupo formado por 34 empreendedores colocou no ar uma plataforma online para capacitação de jovens de baixa renda em temas voltados para o empreendedorismo. O lançamento do Instituto Êxito aconteceu em São Paulo. Segundo a organização, já estão previstos os cursos 'Empreendedorismo com Êxito', 'Passos para o Sucesso' e 'A Arte de Empreender', que serão realizados por meio do site www.institutoexito.com.br para alunos de todo o país.

Segundo o Instituto Êxito de Empreendedorismo, grande parte dos cursos, seminários, workshops, simpósios, congressos e palestras, que serão oferecidos também de forma presencial, serão gratuitos e voltados preferencialmente para estudantes da rede pública de ensino. O objetivo é despertar o espírito empreendedor nos jovens de baixa renda.

"Nós estamos engajados em contribuir para a transformação social que o Brasil precisa. Por isso, os jovens potenciais empreendedores, principalmente os que vivem em regiões carentes, estão no eixo central dos nossos projetos", explica o presidente do Instituto Êxito e controlador do grupo Ser Educacional, Janguiê Diniz.

Além da plataforma de cursos online, a organização terá um fundo de investimentos. Os recursos serão destinados para aportes financeiros em ideias e startups de empreendedores que participarem de ações do Instituto Êxito. "Precisamos orientar os jovens para que possam criar seus próprios negócios", destaca Celso Niskier, reitor da UniCarioca.

ESPECIAL

OS PREMIADOS

Jornal *Diario de Pernambuco* – 07/11/2003

ORGULHO DE PERNAMBUCO

DIARIO DE PERNAMBUCO

ESPECIAL

SUPERAÇÃO DE OBSTÁCULOS

José Janguiê tem história de conquistas profissionais

Faculdade é nova vitória em PE

Jornal *Diario de Pernambuco* – 07/11/2003

Instituto Êxito é criado para incentivar o empreendedorismo

Iniciativa foi idealizada por 34 empreendedores de renome nacional e visa ajudar jovens e estudantes

Programa desenvolvido para abranger cinco categorias

Mídias sociais fortemente integradas ao DNA do grupo

Jornal *Diario de Pernambuco* – 18/05/2019

Summit de empreendedorismo do Êxito

Evento reúne palestrantes de renome e terá hackathons, mentorias, torneio de games e shark tank

Janguiê Diniz, fundador e controlador do grupo Ser Educacional, será um dos palestrantes do evento

Jornal *Diario de Pernambuco* – 14/09/2019

E&N
ECONOMIA & NEGÓCIOS

Negócios

Carnes e frutas
Falta de contêineres refrigerados ameaça exportações

Educação. Com a constatação de que as certificações técnicas aumentam a empregabilidade dos alunos, grupo fechou parcerias com empresas como Google e IBM e investiu em cursos livres; empresa aumentou o total de alunos e teve avanço de 21% nos lucros em 2020

Exceção no setor, Grupo Ser tem alta de lucro com aposta em 'shopping de cursos'

Jornal *O Estado de S. Paulo* – 27/03/2021

DIARIO de PERNAMBUCO
SUPEREDIÇÃO de FIM DE SEMANA

Instituto Êxito lançado em São Paulo

Entidade visa despertar o espírito empreendedor nos jovens carentes, sobretudo de escolas públicas

Investimento e incentivo a projetos e empreendedores

As mudanças nas obrigações de publicação das sociedades anônimas

Jornal *Diario de Pernambuco* – 25/05/2019

CORREIO DA PARAÍBA

DOMINGO, 01 DE JANEIRO DE 2012

Brasil precisa investir em educação

Fundador do Grupo Ser Educacional, Janguiê Diniz defende a implantação da meritocracia nas escolas

Jornal *Correio da Paraíba* – 01/01/2012

DIARIO de PERNAMBUCO

diariodepernambuco.com.br

Janguiê Diniz transforma pensamentos em livro

Obra reúne 200 artigos escritos e publicados pelo empresário em veículos de comunicação do país

Jornal *Diario de Pernambuco* – 16/06/2017

DIARIO de PERNAMBUCO

diariodepernambuco.com.br

ENTREVISTA ESPECIAL

DIARIO de PERNAMBUCO | A8

Janguiê Diniz

"ACREDITO NA **EDUCAÇÃO** PARA MUDAR O BRASIL"

Jornal *Diario de Pernambuco* – 02/05/2016

1. DIARIO de PERNAMBUCO

SUPEREDIÇÃO de FIM DE SEMANA

Janguiê Diniz

O futuro do mercado de trabalho

Presidente do Conselho de Administração do Grupo Ser Educacional diz que profissionais precisam ir além da qualificação para se consolidar nas carreiras

Jornal *Diario de Pernambuco* – 02/09/2017

1. DIARIO de PERNAMBUCO

SUPEREDIÇÃO de FIM DE SEMANA

Entrevista

"Falta de educação gera corrupção"

Jornal *Diario de Pernambuco* – 16/06/2018

LIVROS PUBLICADOS

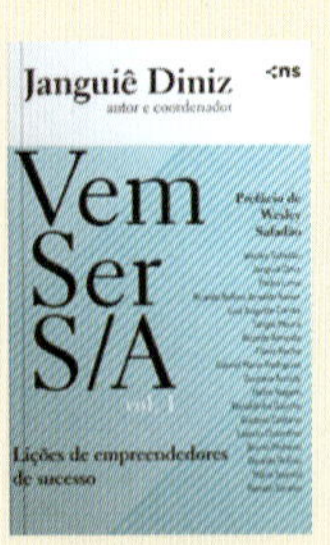

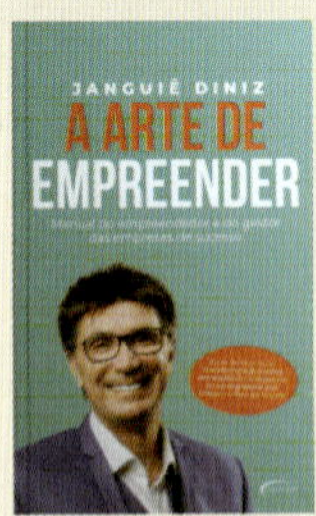

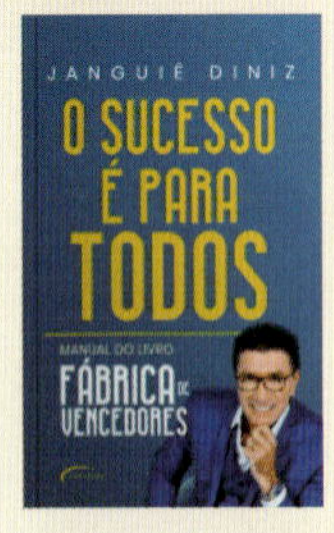

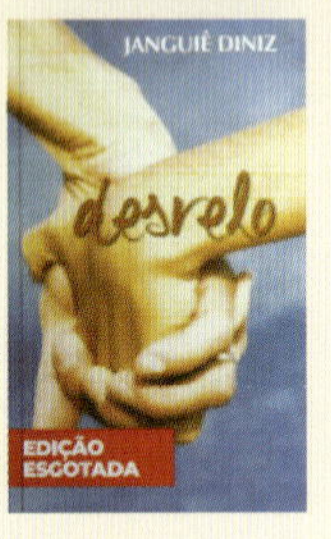

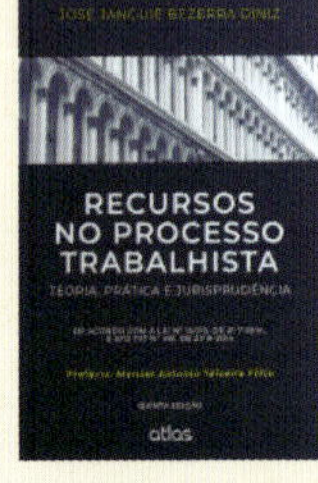